La fabrication des espèces

Douglas Dewar, Frank Finn

Writat

Cette édition parue en 2023

ISBN : 9789359255347

Publié par
Writat
email : info@writat.com

Contenu

PRÉFACE

Les livres postdarwiniens sur l'évolution se répartissent naturellement en quatre classes. I. Ceux qui prêchent le wallacisme, comme, par exemple, *le darwinisme de Wallace, les Essais sur l'évolution* de Poulton et les volumineux ouvrages de Weismann. II. Ceux qui prônent le lamarckisme. *Les Facteurs d'évolution* de Cope et les écrits de Haeckel appartiennent à cette classe. III. Les écrits de De Vries, formant un groupe à part. Ils défendent la théorie selon laquelle les espèces naissent soudainement ; que les nouvelles espèces résultent de mutations d'espèces préexistantes. IV. Le grand nombre de livres de nature plus judiciaire, des livres écrits par des hommes qui refusent de souscrire à l'un des trois credo ci-dessus. D'excellents exemples de tels travaux sont *Darwinism To-Day de Kellog, Les progrès récents* de Lock dans l'étude de la variation, de l'hérédité et de l'évolution et *Evolution and Adaptation* de TH Morgan .

Les quatre classes sont caractérisées par des défauts.

Les livres des deux premières classes présentent les défauts d'une partisanerie ardente. Ils formulent des croyances et, comme Huxley l'a justement fait remarquer, « la science se suicide lorsqu'elle adopte une croyance ». Les livres qui rentrent dans la troisième catégorie ont les défauts de l'extrême jeunesse. De Vries a découvert un principe nouveau, et il est naturel qu'il en exagère l'importance et qu'il y voie plus que ce qu'il contient. Mais, à mesure que le temps passe, ces défauts disparaîtront et la théorie des mutations prendra sa vraie forme et tombera à sa juste place, qui se situe quelque part entre la poubelle, dans laquelle les Wallaceiens la relèguent, et le sommet exalté où elle se trouve. De Vries l'élèverait.

Dans l'état actuel de nos connaissances, les livres de classe IV. sont les plus utiles à l'étudiant, car ils sont impartiaux et contiennent un résumé judiciaire des preuves pour et contre les diverses théories évolutionnistes qui occupent actuellement le domaine. Leur principal défaut est d'être presque entièrement destructeurs. Ils brisent la foi du lecteur, mais n'offrent rien à la place de ce qu'ils ont détruit. Cependant, *Evolution and Adaptation* de TH Morgan contient beaucoup de matière constructive et constitue donc l'ouvrage le plus précieux de cette classe qui existe.

La science zoologique a un besoin urgent de livres constructifs sur l'évolution – des livres qui ne penchent ni vers le wallacisme, ni vers le lamarckisme, ni vers le de Vriesisme ; des livres qui exposeront des faits de toutes sortes, sans n'en cacher aucun, pas même ceux qui n'admettent pas d'explication dans l'état actuel de nos connaissances. — Notre objectif a été de produire un livre de cette description.

Nous avons essayé de démontrer que ni le lamarckisme pur ni le wallaceisme pur ne permettent d'expliquer de manière satisfaisante les divers phénomènes du monde organique. Nous avons en outre, tout en reconnaissant la très grande valeur de l'ouvrage de De Vries, essayé de montrer que cet éminent botaniste s'était laissé entraîner un peu trop loin par son enthousiasme dans le domaine de la spéculation. Nous avons fait suivre l'exposition des points faibles des théories qui occupent actuellement le terrain de certaines suggestions qui, croyons-nous, jettent une lumière nouvelle sur de nombreux problèmes biologiques.

Notre objectif en écrivant ce livre a été double. En premier lieu, nous avons essayé de présenter au grand public, dans un langage simple, une description exacte de la situation actuelle de la science biologique. En second lieu, nous avons essayé de fournir aux hommes de science d'aujourd'hui matière à réflexion.

Même si la nation britannique semble perdre lentement mais sûrement, à cause de son conservatisme, la suprématie commerciale qu'elle a eu la chance d'acquérir au siècle dernier, elle perd également, à cause du refus de beaucoup de nos scientifiques de se tenir au courant de l'époque. , cette suprématie scientifique que nous avons acquise au milieu du siècle dernier grâce aux travaux de Charles Darwin et d'Alfred Russell Wallace. Aujourd'hui, ce n'est pas chez les Anglais, mais chez les Américains et les Continentaux, qu'il faut chercher des idées scientifiques avancées.

Même si les ultra-Cobdenites croient que le libre-échange est une panacée à tous les maux économiques, la plupart des scientifiques anglais croient également que la sélection naturelle offre la clé de tous les problèmes zoologiques. Tous deux vivent dans un paradis pour fous. Une autre raison pour laquelle la Grande-Bretagne perd sa suprématie scientifique est que trop peu d'attention est accordée à la bionomie ou à l'étude des animaux vivants. La morphologie, ou la science des organismes morts, reçoit plus que sa part d'attention. C'est à l'air libre, et non au musée ou dans la salle de dissection, que la nature peut le mieux être étudiée. Loin de nous l'idée de déprécier l'étude de la morphologie. Nous souhaitons simplement insister sur le fait que les dirigeants de la science biologique doivent nécessairement être les naturalistes qui se rendent sous les tropiques et dans d'autres parties de la terre où la nature peut être étudiée dans les conditions les plus favorables, et ceux qui mènent des expériences scientifiques de sélection . . La sélection naturelle – l'idée qui a révolutionné la science biologique moderne – est venue non pas à des professeurs, mais à quelques naturalistes de terrain qui poursuivaient leurs recherches dans les pays tropicaux. Il est absurde d'espérer que ceux qui restent chez eux et acquièrent la plupart de leurs connaissances de manière indirecte soient les pionniers de la science biologique.

Nous craignons que ce livre ne soit un choc brutal pour de nombreux scientifiques. En guise de consolation, rappelons-nous qu'ils se trouveront à peu près dans la même situation que celle occupée par les théologiens immédiatement après la parution de l' *Origine des espèces* .

A cette époque, la pensée théologique était gênée par les dogmes. Mais le clergé a depuis reconsidéré sa position, il a modifié ses vues et s'est ainsi tenu au courant de son temps. Pendant ce temps, les scientifiques sont restés à la traîne. Le fléau du dogme s'est emparé d'eux. Ils ont adopté un credo auquel tous doivent souscrire ou être condamnés comme hérétiques. Huxley a déclaré que l'adoption d'une croyance équivalait à un suicide. Nous nous efforçons de sauver la biologie en Angleterre du suicide, de la sauver des mains de ceux dans lesquels elle est tombée.

Nous soulignons que ce n'est pas le darwinisme que nous attaquons, mais ce que l'on appelle à tort néo-darwinisme. Le néo-darwinisme est une croissance pathologique du darwinisme qui, nous le craignons, ne peut être éliminée que par une opération chirurgicale.

Darwin lui-même a protesté en vain contre la mesure dans laquelle certains de ses partisans poussaient sa théorie. Dans. 657 de la nouvelle édition de l' *Origine des espèces* , il écrit : « Comme mes conclusions ont été récemment très déformées, et comme il a été déclaré que j'attribue la modification des espèces exclusivement à la sélection naturelle, il me sera permis de remarquer que dans le édition originale de cet ouvrage, et par la suite, j'ai placé à un endroit très visible, à savoir à la fin de l'introduction, les mots suivants : « Je suis convaincu que la sélection naturelle a été le moyen principal mais non exclusif de modification. Cela n'a servi à rien. Grand est le pouvoir d'une fausse déclaration constante ; mais l'histoire des sciences montre que ce pouvoir ne dure pas longtemps.

Malgré cette protestation, les Wallaciens continuent leur route et donnent au monde un faux darwinisme. Nous croyons que si Darwin était vivant aujourd'hui, ses sympathies seraient avec nous, et non avec ceux qui se disent ses disciples. C'était l'un des points forts de Darwin : il n'évitait jamais les faits. Si de nouveaux faits apparaissaient incompatibles avec une de ses théories, il modifiait promptement sa théorie. Depuis sa mort, un certain nombre de faits nouveaux sont apparus qui, à notre avis, indiquent clairement que la théorie de la sélection naturelle telle qu'énoncée par Darwin a besoin de modifications considérables.

Nous avons exposé dans ce livre certains de ces faits et indiqué les directions dans lesquelles la théorie darwinienne semble devoir être modifiée.

Ce volume est le résultat de plusieurs conversations que nous, les co-auteurs, avons eues l'été dernier. Nous avons découvert que nous avions de nombreuses idées communes en matière d'évolution. Cela semblait étrange, étant donné que notre éducation n'avait pas suivi les mêmes principes. L'un de nous a obtenu un diplôme en sciences naturelles à Cambridge, puis est entré dans la fonction publique indienne de Sa Majesté, mais a continué ses études zoologiques en Inde comme passe-temps. L'autre, naturaliste depuis l'enfance, passa néanmoins un diplôme classique à Oxford, suivit ensuite une formation technique en zoologie, adopta la zoologie comme profession et occupa pendant quelques années un poste au Muséum d'histoire naturelle de Calcutta.

Nos conversations ont révélé que nous étions tous deux d'avis que la biologie est dans un état malsain, surtout en Angleterre, et que la science a cruellement besoin d'un nouvel élan. Aucun de nous n'a eu le temps de tenter, seul, de donner l'impulsion nécessaire, mais comme l'un de nous se trouvait par hasard chez lui pour un congé de dix-huit mois, nous avons pensé que nous pourrions entreprendre cette tâche en collaboration.

Nous avons estimé que notre collaboration pourrait être d'autant plus fructueuse que le grand nombre de faits rassemblés par l'un de nous constitue le complément nécessaire aux études philosophiques de l'autre.

Nous nous sommes efforcés, autant que possible, d'éviter les termes techniques et avons mis un point d'honneur à citer, autant que possible, des animaux familiers comme exemples, afin que l'ouvrage puisse plaire non seulement au zoologiste mais au lecteur général. .

On nous reprochera peut-être d'avoir cité trop librement des écrits populaires, y compris ceux dont nous sommes les auteurs. Notre réponse à cela est que l'étude de la bionomie, la science des animaux vivants, occupe une si petite place dans la littérature scientifique anglaise que nous avons été obligés de recourir à des ouvrages populaires pour nombre de nos faits ; et nous tenons d'ailleurs à souligner qu'un ouvrage populaire n'est pas nécessairement inexact dans ses informations.

En conclusion, nous mettons en garde le lecteur contre le danger de confondre l'inférence avec le fait. L'incapacité à faire la distinction entre les deux a vicié une grande partie du travail de l'école wallace des biologistes.

Les faits doivent toujours être acceptés. Les déductions doivent être examinées avec le plus grand soin.

En faisant nos déductions, nous nous sommes efforcés d'agir sans parti pris. Nous accueillerons donc favorablement tout fait nouveau, qu'il soit cohérent ou opposé à nos déductions.

DD
FF

CHAPITRE I
ÉVOLUTION DE LA THÉORIE DE LA SÉLECTION NATURELLE ET SON DÉVELOPPEMENT ULTÉRIEUR

Evolutionnistes pré-darwiniens — Causes qui ont conduit au triomphe rapide de la théorie de la sélection naturelle — Nature de l'opposition que Darwin a dû surmonter — Biologie post -darwinienne — Classification habituellement acceptée des biologistes actuels comme néo-lamarckiens et les néo-darwiniens ont des défauts — les biologistes se répartissent en trois classes plutôt que deux — le néo -lamarckisme : ses défauts — le wallacisme : ses défauts — le néo -darwinisme se distingue du néo-lamarckisme et du wallacisme — le néo -darwinisme réalise la force et la faiblesse de la théorie de la sélection naturelle, reconnaît la complexité des problèmes que les biologistes s'efforcent de résoudre.

Darwinisme et évolution ne sont pas des termes interchangeables. Il est impossible de trop insister sur ce fait. Charles Darwin n'est pas l'initiateur de la théorie de l'évolution, ni même le premier à la défendre à l'époque moderne. L'idée selon laquelle toutes les choses existantes ont été produites par des causes naturelles à partir d'un matériau primordial est aussi ancienne qu'Aristote. Elle a été perdue de vue dans la stagnation mentale du Moyen Âge. Dans cette période sombre, la science zoologique était complètement submergée. Ce n'est que lorsque les hommes se sont débarrassés de la léthargie mentale qui les avait retenus pendant de nombreuses générations qu'une attention sérieuse a été accordée à la biologie. À partir du moment où les hommes ont commencé à appliquer des méthodes scientifiques à cette branche du savoir, l'idée d'évolution a trouvé des partisans.

Buffon a suggéré que les espèces ne sont pas fixes, mais peuvent être progressivement transformées par des causes naturelles en différentes espèces.

Goethe était un évolutionniste convaincu ; il affirmait que tous les animaux descendaient probablement d'un type original commun.

Lamarck fut le premier évolutionniste à chercher à montrer les moyens par lesquels l'évolution s'est effectuée. Il a essayé de prouver que les efforts des animaux sont causes de variation ; que ces efforts sont à l'origine de changements de forme au cours de la vie de l'individu qui se transmettent à sa progéniture.

St Hilaire était un autre évolutionniste qui s'efforçait d'expliquer comment l'évolution s'était produite. Il croyait que les transformations des animaux étaient effectuées par des changements dans leur environnement. Ces hypothèses ont été considérées, à juste titre, comme insuffisantes pour expliquer quoi que ce soit qui ressemble à une évolution générale, de sorte que l'idée n'a pas réussi pendant un certain temps à faire son chemin.

Force de la position de Darwin

À mesure que les connaissances se développaient et que les faits s'accumulaient, la croyance en l'évolution s'est répandue. Hutton, Lyell, Spencer et Huxley étaient tous convaincus que l'évolution s'était produite, mais ils ne pouvaient pas expliquer comment elle s'était produite.

Ainsi, au milieu du siècle dernier, tout ce qui était nécessaire pour faire de l'évolution un article de croyance scientifique était la découverte d'une méthode permettant de la réaliser. C'est ce que Darwin et Wallace ont pu fournir sous la forme de la théorie de la sélection naturelle. La découverte a été faite de manière indépendante, mais Darwin, étant l'homme le plus âgé, le plus influent et celui qui s'était penché sur la question avec le plus de profondeur et de soin, s'est taillé la part du lion du crédit de la découverte. La théorie de la sélection naturelle est universellement connue sous le nom de théorie darwinienne, même si Darwin, contrairement à Wallace, a toujours reconnu que la sélection naturelle n'est pas le seul facteur déterminant de l'évolution organique.

À partir du moment où il a énoncé sa grande hypothèse, la position de Darwin était extrêmement forte. Tout était en sa faveur.

Comme nous l'avons vu, la théorie a été énoncée au moment psychologique, au moment où la science zoologique était mûre pour elle. La plupart des zoologistes les plus éminents étaient des évolutionnistes dans l'âme et n'étaient que trop disposés à accepter toute théorie offrant une explication plausible de ce qu'ils croyaient s'être produit.

D'où l'accueil enthousiaste accordé à la théorie de la sélection naturelle par les biologistes les plus progressistes.

Un autre point en faveur de Darwin était la délicieuse simplicité de son hypothèse. Rien ne pourrait être plus séduisant et probable. Il est basé sur des faits incontestables de variation, d'hérédité et de tendance des animaux à se multiplier. Tout le monde sait que le sélectionneur peut déterminer les variétés grâce à une sélection minutieuse. Darwin devait simplement montrer qu'il y a dans la nature quelque chose qui puisse rivaliser avec le rôle joué par l'éleveur humain parmi les animaux domestiques. C'est ce qu'il a pu faire. Le nombre d'espèces restant stationnaire, il est évident que seule une petite partie des animaux qui naissent peuvent atteindre la maturité. Un enfant peut voir que les individus les plus susceptibles de survivre sont ceux qui sont les mieux adaptés aux circonstances de leur vie. De même que l'éleveur élimine de son cheptel les créatures qui ne conviennent pas à son objectif, de même, dans la nature, ceux qui ne sont pas aptes périssent dans la lutte éternelle pour l'existence.

Dans la nature il existe une sélection correspondant à celle de l'éleveur.

Il est inutile de nier l'existence de cette sélection dans la nature, cette sélection naturelle. Le seul point discutable est de savoir si une telle sélection peut accomplir tout ce que Darwin exigeait d'elle.

L'homme de la rue était alors capable de comprendre la théorie de la sélection naturelle. Cela jouait grandement en sa faveur. Les hommes sont généralement bien disposés à l'égard des doctrines qu'ils peuvent facilement comprendre.

Le XIXe siècle était une époque superficielle. Il aimait la simplicité en toutes choses. Si Darwin pouvait démontrer que la sélection naturelle était capable de produire une espèce, les hommes étaient non seulement prêts mais désireux de croire qu'elle pouvait expliquer l'ensemble de l'évolution organique.

La simplicité de la théorie darwinienne a son mauvais côté. Cela a sans doute eu tendance à rendre les biologistes modernes superficiels dans leurs méthodes. Il a en effet stimulé l'imagination des hommes de science ; mais la stimulation n'a pas toujours été saine.

Loin d'adhérer à la bonne règle énoncée par Pasteur, « ne jamais avancer quoi que ce soit qui ne puisse être prouvé d'une manière simple et décisive », de nombreux naturalistes modernes laissent libre cours à leur imagination et formulent ainsi des théories irréfléchies et construisent des théories inconsidérées. hypothèses sur les fondations les plus précaires. « Un petit îlot de vérité, écrit Archdale Reid, est découvert, sur lequel sont construites des hypothèses formidables et totalement illégitimes. »

Une autre source de la force de Darwin résidait dans la vaste réserve de connaissances qu'il avait accumulée. Depuis vingt ans, il n'avait cessé d'accumuler des faits à l'appui de son hypothèse. Il n'a énoncé aucune théorie grossière, il ne s'est livré à aucune spéculation extravagante. Il se contentait de rassembler un large éventail de faits et d'en tirer des conclusions logiques. Il était aussi prudent dans ses déductions que attentif à ses faits. Il se situait ainsi de la tête et des épaules au-dessus des biologistes de son époque. C'était un géant parmi les pygmées. Il était si bien équipé que ceux qui tentaient de s'opposer à lui se trouvèrent dans la position d'hommes armés d'arcs et de flèches qui cherchaient à prendre d'assaut une forteresse défendue par des canons maximaux.

Et ce n'était pas tout. La majorité des meilleurs biologistes de son époque n'ont pas tenté de s'opposer à lui. Ils étaient, comme nous l'avons vu, prêts à recevoir à bras ouverts toute hypothèse qui semblait expliquer comment l'évolution s'était produite. Certains d'entre eux ont perçu qu'il y avait des points faibles dans la théorie darwinienne, mais ils ont préféré ne pas les exposer ; ils étaient plutôt disposés à tirer le meilleur parti de l'hypothèse. Elle avait tellement d'avantages qu'il leur semblait raisonnable de supposer qu'une enquête ultérieure prouverait que les défauts étaient apparents plutôt que réels.

Les adversaires de Darwin

Nous entendons beaucoup parler de « l'ampleur des préjugés » que Darwin a dû surmonter et de la bataille acharnée que Darwin et son lieutenant Huxley ont dû mener avant que la théorie de l'origine des espèces par sélection naturelle ne soit acceptée. Nous osons dire que de telles déclarations sont trompeuses. Nous pensons pouvoir affirmer sans risque de se tromper qu'il est rare qu'une théorie modifiant fondamentalement les croyances scientifiques dominantes ait rencontré moins d'opposition. Cela aurait été une bonne chose pour la zoologie si Darwin n'avait pas obtenu une victoire aussi facile.

Sir Richard Owen, un éminent anatomiste, a certainement attaqué la doctrine en termes non dépourvus de mesure, mais son attaque était anonyme et ne peut donc pas être considérée comme très redoutable. Bien plus importante fut l'opposition du Dr St George Mivart, dont la valeur en tant que biologiste n'a jamais été correctement appréciée. Son ouvrage le plus important, intitulé *Genèse des espèces* , pourrait être lu avec profit, même aujourd'hui, par nombre de nos darwiniens modernes.

Pendant quelque temps après la publication de L' *Origine des espèces,* Mivart semble être presque le seul homme de science pleinement conscient des points faibles de la théorie darwinienne. La grande majorité semble avoir été éblouie par son éclat.

La principale attaque contre le darwinisme a été menée par les théologiens et leurs alliés, qui le considéraient comme subversif par rapport au récit mosaïque de la Création. Or, lorsqu'un homme dont les connaissances scientifiques ne sont, pour ainsi dire, pas étendues, attaque un homme qui a étudié son sujet sans passion pendant des années et qui s'exprime invariablement avec une extrême prudence, l'assaut ne peut avoir qu'un seul résultat : l' attaquant sera repoussé avec de lourdes pertes, et les spectateurs auront une plus haute opinion de sa valeur que de son bon sens.

Les théologiens étaient dans la malheureuse situation de guerriers qui ne savent pas contre quoi ils combattent ; ils confondaient la sélection naturelle avec l'évolution, et dirigeaient l'essentiel de leur attaque contre cette dernière, avec l'impression qu'ils combattaient la théorie darwinienne.

Ce fut le malheur de ces théologiens qu'il soit possible de prouver qu'une évolution, ou, en tout cas, qu'une certaine évolution s'est produite ; ils donnèrent ainsi des coups de pied aux piqûres, avec des résultats désastreux pour eux-mêmes. Lorsque cette attaque fut repoussée, les hommes crurent que la théorie de la sélection naturelle était démontrée, qu'elle était autant une loi de la nature que celle de la gravitation. Ce qui s'était réellement passé, c'était que le fait de l'évolution avait été prouvé et que la théorie de la sélection naturelle avait obtenu le crédit. Les hommes pensaient que le darwinisme était une évolution. Si les théologiens avaient admis l'évolution mais nié la capacité de la sélection naturelle à l'expliquer, la théorie darwinienne n'aurait probablement pas acquis l'ascendant dont elle jouit aujourd'hui.

Pour nous qui sommes capables de jeter un regard impartial sur la guerre biologique du siècle dernier, les opposants de Darwin – ou la majorité d'entre eux – semblent très stupides. Nous devons cependant garder à l'esprit qu'au moment de la publication de l' *Origine des espèces,* la sélection naturelle et l'évolution étaient des idées relativement inconnues. Darwin a dû se battre pour les deux. Il devait prouver l'évolution ainsi que la sélection naturelle. De nombreux faits avancés par lui étayaient les deux. Il n'est donc pas vraiment surprenant que nombre de ses adversaires n'aient pas réussi à les distinguer.

Un coup d'œil à l' *Origine des espèces* suffira à montrer combien est considérable la partie du livre qui traite des preuves en faveur de l'évolution plutôt que de la sélection naturelle.

Sur les quatorze chapitres qui composent le livre, pas moins de neuf sont consacrés à prouver qu'une évolution a eu lieu. Il a été dit avec raison que pour chaque fait trouvé par les biologistes à l'appui de la théorie spéciale de la sélection naturelle, ils ont trouvé dix faits à l'appui de la doctrine de l'évolution. Darwin se trouvait donc dans la position d'un avocat expérimenté qui avait une cause plausible et qui connaissait les tenants et les aboutissants de son mémoire, tandis que ses adversaires se trouvaient dans la position d'un avocat inexpérimenté qui venait tout juste de recevoir son mémoire et qui n'avait pas encore reçu son mémoire. eu le temps d'en maîtriser les détails. Dans de telles circonstances, il n'est pas difficile de prédire quelle direction prendra le verdict du jury.

Darwin avait en outre une charmante personnalité. Jamais homme ayant une théorie n'a été moins dogmatique. Jamais le détenteur d'une théorie ne fut plus attentif aux expressions qu'il employait. Jamais un scientifique n'a été plus disposé à prêter l'oreille à ses adversaires, à les rencontrer à mi-chemin et, si nécessaire, à faire des compromis. Darwin n'avait pas peur des faits et était toujours prêt à modifier ses opinions lorsqu'elles semblaient opposées aux faits. L'homme scientifique moyen d'aujourd'hui fait correspondre les faits à sa théorie ; s'ils refusent de s'y adapter, il les ignore ou les refuse.

Darwin modifiait continuellement ses vues ; lorsqu'il se trouvait dans une situation difficile, il n'hésitait pas à recourir à des facteurs lamarckiens, tels que l'hérédité des effets de l'usage et de la désuétude et des effets de l'environnement. Il concède que la sélection naturelle est insuffisante pour rendre compte de tous les phénomènes de l'évolution organique, et avance la théorie de la sélection sexuelle afin de rendre compte de faits que l'hypothèse majeure lui semble incapable d'expliquer.

De plus, Darwin, disposant de moyens privés suffisants, n'était pas obligé de travailler pour gagner sa vie et pouvait donc consacrer tout son temps à la recherche. Les avantages d'une telle position ne peuvent être surestimés et, peut-être, n'ont-ils pas été suffisamment pris en compte dans la répartition des éloges entre Darwin et Wallace pour leur grande découverte.

Huxley

A tous ces facteurs en faveur de Darwin, il faut ajouter sa chance de posséder un lieutenant aussi compétent que Huxley.

Huxley était un ardent évolutionniste, un écrivain compétent et un brillant débatteur. Un homme de son calibre mental était capable, comme un avocat avisé, de présenter des arguments plausibles pour toute théorie qu'il choisissait d'adopter. Bien qu'il soit théoriquement un fervent partisan de la théorie darwinienne, il se battait en réalité pour la doctrine de la filiation. Si *une* théorie plausible de l'évolution avait été énoncée, Huxley se serait sans aucun doute battu pour elle avec autant d'acharnement.

Fervent partisan de l'évolution, Huxley était, comme le dit le professeur Poulton, confronté à deux difficultés : premièrement, l'insuffisance des preuves de l'évolution et, deuxièmement, l'absence de toute explication sur la façon dont le phénomène s'était produit. L' *Origine des espèces* a résolu ces deux difficultés. Il a apporté de nombreuses preuves solides en faveur de l'évolution et a suggéré un *modus operandi* . Il n'est donc pas étonnant que Huxley soit devenu un champion du darwinisme. Mais, comme l'écrit Poulton, à la page 202 de *Essays on Evolution* , « si la sélection naturelle a ainsi permis à Huxley d'accepter librement l'évolution, il n'en était en aucun cas pleinement satisfait ». "Il ne s'est jamais engagé à croire pleinement à la sélection naturelle et a même envisagé la possibilité de sa disparition définitive." Pour reprendre les propres mots de Huxley : « Que la forme particulière que la doctrine de l'évolution, appliquée au monde organique, ait prise entre les mains de Darwin, se révèle être définitive ou non, était pour moi une question d'indifférence. »

Le résultat de la combinaison fortuite des circonstances que nous avons exposées fut qu'en un temps étonnamment court, la théorie de la sélection naturelle en vint à être considérée comme une loi de la nature au même titre que les lois de la gravitation. Ainsi, aussi paradoxal que cela puisse paraître, une certitude pratique a été donnée à une doctrine jusqu'alors incertaine par l'adjonction d'une théorie encore plus incertaine.

« Immédiatement, écrit Waggett, la théorie du développement est passée de la position d'une hypothèse obscure à celle d'une théorie complète et presque d'une certitude. »

Darwin devint ainsi un dictateur dont personne n'osait remettre en question l'autorité. Autour de lui se rassemblait une foule d'adeptes serviles, un troupeau d'hommes pour lesquels il apparaissait comme une autorité absolument incontestable. Le darwinisme est devenu un credo auquel tous doivent souscrire. Il conserve toujours cette position dans l'esprit populaire.

Opposition croissante au darwinisme

La facilité avec laquelle la théorie de la sélection naturelle a acquis la suprématie a été, comme nous l'avons déjà dit, un malheur pour la science biologique. Cela produisit pendant un certain temps une stagnation mentale considérable parmi les zoologistes. Depuis l'époque de Darwin, la science n'a pas fait les progrès auxquels on aurait raisonnablement pu s'attendre, parce que la théorie a tellement captivé l'esprit de la majorité des biologistes qu'ils voient tout à travers les lunettes darwiniennes. Le souhait a été dans de nombreux cas le père de l'observation. Les zoologistes sont toujours à l'affût de l'action de la sélection naturelle et, par conséquent, s'imaginent souvent la voir là où elle n'existe pas. De nombreux naturalistes, consciemment ou inconsciemment, étendent les faits pour les adapter à la théorie darwinienne. Les faits qui refusent d'être ainsi déformés sont, s'ils ne sont pas activement ignorés ou supprimés, négligés parce qu'ils ne jettent aucune lumière sur la doctrine. Ce n'est pas une exagération. La lecture de presque tous les ouvrages populaires traitant de théorie zoologique laisse l'impression qu'il n'y a plus rien à expliquer dans le monde vivant, qu'il n'y a pas de porte menant aux chambres secrètes de la nature pour laquelle la sélection naturelle ne soit un « sésame ouvert ». »

Mais le triomphe de la sélection naturelle n'a pas été aussi complet que ses partisans les plus enthousiastes voudraient nous le faire croire. Certains n'ont jamais admis l'entière suffisance de la sélection naturelle. Dans les îles britanniques, ceux-ci n'ont jamais été nombreux. Aux États-Unis d'Amérique et sur le continent, ils sont plus abondants. La tendance semble être à leur augmentation en nombre. D'où les récentes lamentations du Dr Wallace et de Sir E. Ray Lankester. Les biologistes modernes sont généralement censés appartenir à deux écoles de pensée : la néo-darwinienne et la néo-lamarckienne.

Les premiers constituent le corps le plus vaste et placent leur foi absolument dans la sélection naturelle. Ils nient l'hérédité des caractères acquis et prêchent que la sélection naturelle suffit à expliquer les divers phénomènes de la nature. Les néo-lamarckiens n'admettent pas la toute-puissance de la sélection naturelle. Certains d'entre eux ne lui accordent aucune vertu. D'autres le considèrent comme une force qui maintient la variation dans des limites fixes, qui dit à chaque organisme : « jusqu'où tu varieras et pas plus loin ». Cette école accorde une grande importance à l'héritage des caractères acquis, en particulier à l'héritage des effets de l'usage et de la désuétude.

L'exposé ci-dessus des développements récents du darwinisme est incomplet, car il n'inclut pas ceux qui occupent une position intermédiaire. S'il est possible de classer un grand nombre d'hommes dont à peine deux ont des opinions identiques, c'est en trois classes, plutôt qu'en deux, qu'il faut les diviser.

D'une manière générale, on peut dire que les évolutionnistes d'aujourd'hui représentent trois lignes de pensée distinctes. Par souci de classification, nous pouvons les diviser en trois écoles, que nous pouvons appeler la néo-lamarckienne, la wallacienne et la néo-darwinienne, selon que leurs opinions penchent vers celles de Lamarck, Wallace ou Darwin.

L'école néo-lamarckienne

Parmi les adeptes de l'école néo-lamarckienne, nous citons Cope, Spencer, Orr, Eimer, Naegeli, Henslow, Cunningham, Haeckel, Korchinsky et bien d'autres. On pourrait presque dire de ces néo-lamarckiens que chacun défend une théorie de l'évolution totalement distincte. Leurs points de vue sont si hétérogènes qu'il est difficile de trouver un seul article commun à la croyance évolutionniste de tous. On affirme communément que tous les néo-lamarckiens s'accordent, premièrement, sur le fait que les caractères acquis sont transmissibles ; et, deuxièmement, qu'une telle transmission est un facteur important dans la production de nouvelles espèces. Cette affirmation est certainement vraie pour la grande majorité des néo-lamarckiens, mais elle ne semble pas être valable dans le cas de ceux qui croient que l'évolution est le résultat d'une force intérieure inconnue. Pour autant que nous puissions le constater, la croyance en l'héritage des caractères acquis n'est pas nécessaire aux théories de l'orthogenèse défendues par Naegeli et Korchinsky. C'est pour cette raison qu'il serait peut-être plus juste de placer ceux qui défendent de telles opinions dans une quatrième école. Cependant, étant donné qu'un certain nombre de néo-lamarckiens incontestables, comme par exemple Cope, croient en une force de croissance intérieure, il convient de considérer Naegeli comme un néo-lamarckien. Ses opinions ne doivent pas nous retenir longtemps. Ceux qui souhaitent les étudier en détail les trouveront dans sa *Mechanisch-physiologische Theorie der Abstammungslehre* .

Naegeli croit qu'il existe une force de croissance inhérente au protoplasme, qui fait de chaque organisme en lui-même une force menant à une évolution progressive. Il soutient que les animaux et les plantes seraient devenus ce qu'ils sont aujourd'hui même si aucune lutte pour l'existence n'avait eu lieu. « Aux croyants en ce genre de… . . orthogenèse », écrit Kellog (*Darwinism To-day* , p. 278), « l'évolution organique a été, et est toujours, gouvernée par des forces intérieures inconnues inhérentes aux organismes, et a été indépendante de l'influence du monde extérieur. Les lignes d'évolution sont immanentes, immuables et s'étendent toujours lentement vers un objectif idéal. Il est facile d'énoncer une telle théorie, impossible de la prouver et difficile de la réfuter.

Il nous semble que le fait que les organismes tendent à dégénérer dès qu'ils sont soustraits à la lutte pour l'existence est une raison suffisante pour refuser d'accepter les théories de la description avancée par Naegeli. Plus véritablement lamarckienne est la théorie de l'orthogenèse d'Eimer, selon laquelle c'est l'environnement qui détermine la direction que prend la variation ; et les variations induites par l'environnement se transmettent à la progéniture.

Les vues d'Orr

Spencer et Orr prêchent un lamarckisme presque pur. Les premiers, tout en reconnaissant pleinement l'importance de la sélection naturelle, considèrent qu'une importance suffisante n'a pas été accordée aux effets de l'utilisation et de la non-utilisation, ni à l'action directe de l'environnement dans la détermination ou la modification des organismes.

La similitude des vues d'Orr et de Lamarck apparaît mieux en comparant leurs explications respectives sur le long cou de la girafe. Lamarck pensait que c'était le résultat direct d'un étirement continu. L'animal tend continuellement son cou à la recherche de nourriture, c'est pourquoi il s'allonge à mesure que l'individu vieillit, et ce cou allongé a été transmis à la progéniture. Orr écrit, à la page 164 de son *Développement et Hérédité* : « La girafe semble présenter l'illustration la plus remarquable de l'allongement des os comme résultat de la répétition fréquente de tels chocs. Comme on le sait, cet animal se nourrit du feuillage des arbres. Dès la première jeunesse de l'espèce et la première jeunesse de chaque individu, il a dû s'étirer vers le haut pour se nourrir, et, comme c'est la coutume de ces quadrupèdes, il a dû se soulever constamment de ses pattes antérieures et, en tombant , a dû recevoir un choc qui s'est fait sentir depuis les sabots en passant par les jambes et le cou vertical jusqu'à la tête. Dans les pattes postérieures, le choc ne se ferait pas sentir. Il est impossible d'imaginer qu'un animal qui, pendant la plus grande partie de chaque jour de sa vie (tant sa vie individuelle que raciale), accomplissait des mouvements si uniformes et si constants, ne serait pas particulièrement spécialisé en conséquence. Les forces agissant sur un tel animal sont très différentes des forces agissant sur un animal qui mange l'herbe à ses pieds comme un bœuf, ou qui doit courir et grimper comme une chèvre ou un cerf, et les modifications de croissance qui en résultent dans l'animal. plusieurs cas doivent également être différents. Le principe d'une croissance accrue dans la direction du choc, résultant d'une réparation surabondante de la compression momentanée, explique comment la girafe a acquis la longueur phénoménale des os de ses pattes antérieures et de son cou ; et l'absence de choc dans les membres postérieurs montre pourquoi ils sont restés sous-développés et absurdement disproportionnés par rapport au reste du corps.

Héritage des caractères acquis

Il nous semble qu'une objection fatale à toutes ces théories néo-lamarckiennes de l'évolution est qu'elles reposent sur l'hypothèse que les caractères acquis sont hérités, alors que tout indique que ces caractères ne sont pas hérités. De nos jours, alors que la connaissance scientifique est si largement diffusée, il est à peine nécessaire de dire que toutes les caractéristiques que présente un organisme sont soit congénitales, soit innées, soit acquises par l'organisme au cours de sa vie. Ainsi un homme peut avoir naturellement un gros muscle biceps, et c'est un caractère congénital ; ou bien, par un exercice constant, il peut développer ou augmenter considérablement la taille du biceps. Le gros biceps, dans la mesure où il a été augmenté par l'exercice, est considéré comme un caractère acquis, car il n'a pas été hérité par son propriétaire, mais acquis par lui de son vivant. Nous devons garder à l'esprit que la période de l'histoire de la vie d'un organisme à laquelle apparaît un caractère ne constitue pas nécessairement un test permettant de savoir s'il est congénital ou acquis, car un grand nombre de caractères congénitaux, comme la barbe d'un homme, ne le font pas. n'apparaissent que quelques années après la naissance. Comme nous l'avons vu, les néo-lamarckiens croient qu'il est possible pour un organisme de transmettre à sa descendance des caractères qu'il a acquis au cours de son existence. Mais, comme nous l'avons déjà dit, l'évidence montre que de tels caractères ne sont pas hérités. Par exemple, la queue du jeune fox-terrier n'est pas plus courte que celle des autres races de chiens, malgré le fait que ses ancêtres se sont fait enlever depuis des générations la plus grande partie de leur appendice caudal peu de temps après la naissance.

Nous n'avons pas l'intention de discuter longuement de la question controversée de l'héritage des caractères acquis, pour la simple raison que les néo-lamarckiens n'ont pas avancé un seul exemple prouvant de manière indubitable que de tels caractères sont hérités.

MJT Cunningham, dans un article de grande valeur et intérêt, intitulé « L'hérédité des caractères sexuels secondaires en relation avec les hormones : une théorie de l'hérédité des caractères somatogènes », paru dans le vol. xxvi., n° 3, de l' *Archiv für Entwicklungsmechanik des Organismen* , déclare : « Le dogme selon lequel les caractères acquis ne peuvent être hérités. . . est fondée non pas tant sur l'évidence, ou sur l'absence d'évidence, que sur *un raisonnement a priori* , sur la difficulté ou l'impossibilité supposée de concevoir un moyen par lequel un tel héritage pourrait s'effectuer. Cela semble certainement être le cas de certains zoologistes, mais nous espérons que M. Cunningham nous rendra justice de croire que notre opinion selon laquelle l'hérédité des caractères acquis ne joue pas un rôle important dans l'évolution, en tout cas, des animaux supérieurs. , repose non pas sur un raisonnement *a priori* , mais sur des faits. Tout semble indiquer que ces caractéristiques ne sont pas héritées. Si, comme le pense M. Cunningham, tous les caractères sexuels secondaires sont dus à l'hérédité des effets de l'usage, etc., comment se fait-il qu'aucun néo-lamarckien ne soit en mesure de présenter un cas clair d'hérédité d'un acquis bien défini ? personnage? Si de telles caractéristiques sont habituellement héritées, d'innombrables exemples devraient être disponibles. Dans leurs efforts, les amateurs « soignent » constamment les animaux qu'ils élèvent à des fins d'exposition ; et il nous semble certain que si les caractères acquis sont hérités, les éleveurs l'auraient découvert depuis longtemps et auraient agi en conséquence. Si les néo-darwiniens sont accusés de refuser de croire que les caractères acquis sont hérités parce qu'ils « ne peuvent pas concevoir les moyens par lesquels cela pourrait être réalisé », ne peut-on pas dire avec la même justice que de nombreux néo-lamarckiens croient que les caractères acquis sont hérités ? non pas sur la base de preuves, mais parce que si de tels caractères ne sont pas hérités, il est très difficile de rendre compte de nombreux phénomènes présentés par le monde organique ?

Chez beaucoup d'animaux inférieurs, comme par exemple l'hydre, le matériel germinal est diffusé à travers l'organisme, de sorte qu'un individu complet peut être développé à partir d'une petite partie de la créature. Dans de telles circonstances, il ne semble pas improbable que le milieu extérieur puisse agir directement sur la substance germinale et y provoquer des modifications qui pourront peut-être être transmises à la progéniture. S'il en est ainsi, il semblerait que certains caractères acquis puissent être hérités dans de tels organismes. De très nombreuses plantes peuvent être multipliées à partir de boutures, de bourgeons, etc., de sorte que l'on peut raisonnablement s'attendre à ce que certains caractères acquis y soient héréditaires. La majorité des botanistes semblent avoir des vues lamarckiennes ; mais, d'après les éléments de preuve actuellement disponibles, il est douteux que ces opinions soient exactes.

Les plantes sont si plastiques, si protéiformes, si sensibles à leur environnement que leur structure externe semble déterminée par les conditions extérieures dans lesquelles elles se trouvent tout autant que par leurs tendances héréditaires. A cet égard, ils diffèrent considérablement des animaux supérieurs. Le paon, par exemple, présente la même apparence extérieure [1] qu'il soit élevé et élevé en Asie ou en Europe, dans un climat chaud ou froid, humide ou sec. La même plante, au contraire, diffère beaucoup par son aspect extérieur selon qu'elle est cultivée dans un sol sec ou humide, dans un pays chaud ou froid. Dans son récent livre

The Heredity of Acquired Characters in Plants, le révérend G. Henslow cite plusieurs exemples de la célérité avec laquelle les plantes réagissent à leur environnement. À la page 32, il écrit : « Ce qui suit est une expérience que j'ai faite avec la herse commune (*Ononis spinosa, L.*) poussant à l'état sauvage dans une situation très sèche au bord d'une route. J'ai récolté quelques graines et j'ai également pris des boutures. Je les ai plantés dans une bordure de jardin, en gardant ce puits humide avec une lampe à main dessus et une soucoupe d'eau, afin que l'air soit également complètement humide. Ses conditions naturelles étaient ainsi complètement inversées. Ils ont tous grandi vigoureusement. Les nouvelles branches de la première année portaient des épines, prouvant leur caractère héréditaire, mais au lieu d'être longues et grosses, elles n'avaient pas un pouce de longueur et ressemblaient à des aiguilles. Cela a prouvé que les épines étaient une caractéristique héréditaire. La deuxième année, il n'y en avait pas du tout ; de plus, les plantes fleurissaient et, dans l'ensemble, il n'y avait aucune différence appréciable avec *O. repens, L.* »

De cette expérience, le professeur Henslow tire la conclusion que les caractères acquis tendent à être hérités des plantes. À notre avis, cette expérience constitue une preuve solide contre la doctrine lamarckienne. Nous avons ici une plante qui, peut-être, depuis des milliers de générations a développé des épines en raison de son environnement sec. Si les caractères acquis sont hérités, nous aurions dû nous attendre à ce que ce caractère épineux se fixe et persiste dans des conditions modifiées, du moins pendant certaines générations. Mais que trouve-t-on ? Dès la deuxième année, les épines ont complètement disparu. Toutes les années durant lesquelles la plante a été exposée à un environnement sec n'ont laissé aucune empreinte sur elle. Le fait que les nouvelles branches de la première année portaient de petites épines n'est pas, comme l'affirme le professeur Henslow, une preuve de leur caractère héréditaire. Cela montre simplement que la première stimulation de leur développement s'est produite alors que la plante était encore dans son environnement sec.

De la même manière, toutes les autres soi-disant preuves de l'hérédité des caractères acquis s'effondrent lorsqu'on les examine d'un œil critique.

A notre avis, « non prouvé » est le verdict approprié sur la question de la possibilité de transmission de caractères acquis chez les animaux supérieurs. Une chose est certaine, c'est que les caractères acquis ne sont pas communément hérités dans les organismes où il existe une distinction nette entre les cellules germinales et les cellules somatiques.

l'*Histoire de la création* de Haeckel , qui semble être si largement lue en Angleterre, soit construite sur des fondations fallacieuses. Il nous semble que cet ouvrage est plus destiné à induire en erreur qu'à enseigner.

Notre attitude n'est pas tout à fait celle de l'école wallace, qui nie la possibilité d'une transmission de caractères acquis. En pratique, cependant, l'attitude que nous adoptons est aussi fatale au lamarckisme sous toutes ses formes que les affirmations dogmatiques des Wallaceiens. Peu importe que les caractères acquis soient très rarement ou jamais hérités. Dans les deux cas, leur héritage ne peut pas avoir joué un rôle important dans l'évolution. Toutes les théories qui s'appuient sur l'héritage d'usage comme facteur d'évolution sont donc à notre avis sans valeur, car elles s'opposent aux faits. Notre attitude est donc que l'héritage des caractéristiques acquises, s'il se produit, est si rare qu'il constitue une quantité négligeable dans l'évolution organique.

Ajoutons que la position que nous occupons n'en sera pas affectée même si les Lamarckiens parviennent finalement à prouver que certains caractères acquis sont réellement hérités. Une telle preuve contribuerait simplement à élucider certains des problèmes auxquels est confronté le biologiste. Ainsi la question de l'hérédité des caractères acquis, bien que pleine d'intérêt, n'a pas de rapport très important avec la question de la constitution des espèces.

L'école wallace

Les Wallaceiens considèrent les doctrines exposées ci-dessus comme celles de l'école néo-darwinienne. Il est inexact de qualifier de néo-darwiniens ceux qui attachent leur foi à la sélection naturelle, car Darwin n'a jamais cru que la sélection naturelle expliquait tout. Darwin était par ailleurs un Lamarckien dans la mesure où il était enclin à penser que les caractéristiques acquises pouvaient être héritées. Sa théorie de l'héritage par gemmules impliquait l'hypothèse que de tels caractères sont hérités. C'est Wallace qui surpasse Darwin, qui prêche la toute-suffisance de la sélection naturelle. C'est pour cette raison que nous surnommons l'école qui soutient cet article de croyance et à laquelle appartiennent Weismann, Poulton et apparemment Ray Lankester, l'école wallace. Weismann a avancé une théorie de l'héritage, celle de la continuité du plasma germinatif, qui rend cet héritage physiquement impossible. Nous pensons que les Wallaciens se sont aussi éloignés de la vérité que les Lamarckiens, car, comme nous le montrerons ci-après, un grand nombre d'organes et de structures présentés par les organismes ne peuvent pas être expliqués par l'hypothèse de la sélection naturelle. Ceux qui y attachent leur foi augmentent inutilement la difficulté du problème auquel ils sont confrontés.

Reste la troisième école, à laquelle nous appartenons, et dont Bateson, De Vries, Kellog et TH Morgan semblent adhérer. Cette école se situe entre le Scylla de l'usage-héritage et le Charybde de la toute-suffisance de la sélection naturelle. Il peut paraître surprenant à certains que nous classions De Vries parmi les néo-darwiniens, étant donné qu'il est à l'origine de la théorie de l'évolution par mutations, dont nous parlerons au chapitre III. de ce travail. En fait, la théorie des mutations doit être considérée, non pas comme opposée à la théorie de Darwin, mais comme une théorie greffée sur elle. De Vries lui-même écrit : « Mon travail prétend être en plein accord avec les principes énoncés par Darwin. » De même, Hubrecht écrit dans la *Contemporary Review* de novembre 1908 : « Aussi paradoxal que cela puisse paraître, je suis prêt à montrer que mon collègue Hugo de Vries, d'Amsterdam, qui a greffé il y a quelques années sa théorie des mutations sur la plante *florissante* et très saine du darwinisme, est un darwinien bien plus fervent que le Dr Wallace lui-même ou que les deux grandes autorités de la science biologique qu'il mentionne, Sir William Thistleton Dyer et le professeur Poulton.

Complexité du problème

Après nous être classés, il nous reste (les auteurs du présent ouvrage) à définir plus précisément notre position. Comme Darwin, nous accueillons favorablement tous les facteurs qui semblent capables d'effectuer l'évolution. Nous n'avons pas d'intérêt à défendre sous la forme d'une hypothèse favorite et, par conséquent, nos passions ne sont pas attisées lorsque des hommes présentent de nouvelles idées apparemment opposées à celles qui occupent déjà le terrain. Nous reconnaissons l'extrême complexité des problèmes auxquels nous sommes confrontés. Nous regardons les faits en face et refusons d'en ignorer certains, même s'ils s'intègrent mal aux théories existantes. Nous reconnaissons la force et la faiblesse de la théorie darwinienne. Nous voyons clairement qu'il présente le défaut de l'époque où il a été énoncé. Le XVIIIe siècle était l'époque de l'assurance, l'époque où l'on pensait que tous les phénomènes pouvaient s'expliquer simplement.

Ceci est bien illustré par les doctrines de l'école de Manchester en matière de science politique et économique. On pensait que tout l'art de la législation se résumait dans les mots *laissez-faire* . L'ensemble du domaine du gouvernement légitime était considéré comme le maintien de l'ordre et l'exécution des contrats. L'expérience a démontré qu'un État guidé uniquement par ces principes est misérablement gouverné. Une grande partie des lois récentes du Parlement limitent la liberté contractuelle. De telles limitations sont nécessaires dans le cas de contrats entre faibles et forts. De même, les premiers économistes considéraient l'économie politique comme une affaire très simple. Ils affirmaient que les hommes ne sont animés que par un seul motif : l'amour de l'argent. Tous leurs hommes étaient des hommes économiques, des hommes dépourvus de tout attribut hormis un amour intense pour l'or. L'expérience a montré que ces prémisses ne sont pas correctes. L'amour de la famille, la fierté de la race, les préjugés de caste sont plus ou moins profondément implantés chez les hommes, de sorte qu'ils sont rarement motivés par le seul amour de l'argent.

Le but du biologiste

C'est ainsi que l'économie politique d'aujourd'hui telle qu'elle est exposée par Marshall est bien plus complexe et moins dogmatique que celle de Ricardo ou d'Adam Smith. De même, la philosophie politique de Sidgwick est très différente de celle d'Herbert Spencer. Il en va de même pour la théorie de l'évolution organique. La théorie de la sélection naturelle n'est pas plus capable d'expliquer tous les phénomènes variés de la nature que l'hypothèse de Ricardo selon laquelle tous les hommes sont animés uniquement par l'amour de l'argent, capable de rendre compte des multiples phénomènes économiques existants. Même si l'amour de la richesse est un motif important des actions humaines, la sélection naturelle est également un facteur important de l'évolution. Mais de même que la majorité des actions humaines sont le résultat de motivations diverses, la majorité des organismes existants sont le résultat d'un système complexe de forces. Tout comme il est du devoir de l'économiste de découvrir les diverses motivations qui conduisent aux actions humaines, il est du devoir du biologiste de mettre en lumière les facteurs qui interviennent dans la formation des espèces.

CHAPITRE II
QUELQUES-UNES DES OBJECTIONS LES PLUS IMPORTANTES À LA THÉORIE DE LA SÉLECTION NATURELLE

Bref exposé de la théorie — Les objections à la théorie se répartissent en deux classes — celles qui frappent à la racine de la théorie — celles qui nient la toute-suffisance de la sélection naturelle — les objections qui frappent à la racine de la théorie sont fondées sur des idées fausses. — Objections au wallacisme — La théorie ne parvient pas à expliquer l'origine des variations — La sélection naturelle est appelée à trop expliquer — Incapable d'expliquer les débuts de nouveaux organes — La théorie du changement de fonction — La coordination des variations — Fécondité des races d'animaux domestiques — Chaînons manquants — Effets d' inondation des croisements — De petites variations ne peuvent pas avoir de valeur de survie — Races habitant la même zone — Spécialisation excessive — Chance et sélection naturelle — Lutte pour l'existence la plus grave chez les jeunes animaux — La sélection naturelle ne parvient pas à expliquer le mimétisme et d'autres phénomènes de couleur. Conclusion : il existe rarement un organisme qui ne possède pas une caractéristique inexplicable selon la théorie de la sélection naturelle telle que soutenue par Wallace et ses disciples.

« La charge de la preuve incombe à celui qui affirme » est une règle de preuve que l'homme de science devrait appliquer avec autant de rigueur que le juriste.

Il nous incombe donc de prouver notre affirmation selon laquelle la théorie de la sélection naturelle ne fournit pas une explication adéquate de tous les phénomènes variés observés dans le monde organique.

Théorie de la sélection naturelle

La théorie de la sélection naturelle est si généralement comprise qu'il serait tout à fait superflu de l'exposer en détail ici.

Darwin, rappelons-le, fondait sa grande hypothèse sur les faits observés suivants :

1. Il n'y a pas deux individus d'une espèce exactement identiques. C'est ce qu'on appelle parfois la loi de variation.

2. Toutes les créatures ont tendance, d'une manière générale, à ressembler davantage à leurs parents en apparence qu'à des individus qui ne leur sont pas apparentés. C'est ce qu'on peut appeler la loi de l'hérédité.

3. Chaque paire d'organismes produit en moyenne au cours de sa vie bien plus de deux jeunes.

4. En moyenne, le nombre total de chaque espèce reste stationnaire.

De (3) et (4) découle la doctrine de Malthus, à savoir que beaucoup plus d'individus naissent qu'ils ne peuvent atteindre la maturité.

Darwin a appliqué cette doctrine à l'ensemble des règnes animal et végétal.

Dans son introduction à *L'Origine des espèces,* il écrit : « Il naît autant d'individus de chaque espèce qu'il n'est possible de survivre ; et comme, par conséquent, il y a une lutte fréquemment récurrente pour l'existence, il s'ensuit que tout être, s'il varie, même légèrement, d'une manière qui lui est profitable, dans les conditions complexes et parfois variables de la vie, aura de meilleures chances de survivre. survivre, et donc être naturellement sélectionnés. En vertu du principe fort de l'héritage, toute variété sélectionnée aura tendance à propager sa forme nouvelle et modifiée.

En d'autres termes, la lutte pour l'existence entre tous les êtres organiques du monde, qui résulte inévitablement du rapport géométrique élevé de leur croissance, aboutit à la survie des plus aptes, c'est-à-dire de ceux qui sont les mieux adaptés pour faire face à leurs ennemis. et pour assurer leur nourriture. Puisque les organismes sont ainsi naturellement sélectionnés dans la nature, nous pouvons parler d'une sélection naturelle qui agit à peu près de la même manière que le fait l'éleveur humain. La théorie de Darwin est donc que toute la variété des organismes qui existent aujourd'hui ont évolué à partir d'une ou plusieurs formes par ce processus de sélection naturelle.

Diverses opinions anti-darwiniennes

Les objections qui ont été avancées contre la théorie de la sélection naturelle se répartissent en deux catégories.

I. Ceux qui frappent à sa racine, qui ou bien nient qu'il y ait une sélection naturelle, ou bien déclarent qu'elle n'est pas capable de produire une nouvelle espèce.

II. Celles qui s'opposent à la suffisance de la sélection naturelle pour expliquer l'évolution organique.

Ceux de la première classe ne nous retiendront pas longtemps, bien que parmi ceux qui les formulent se trouvent quelques hommes de science éminents.

Delage prétend que la sélection est impuissante à former des espèces, sa fonction se limite, selon lui, à la suppression de variations radicalement mauvaises, et au maintien d'une espèce dans son caractère normal. C'est donc un facteur hostile à l'évolution, un retardateur plutôt qu'un accélérateur du changement d'espèce. Elle agit simplement en préservant le type au détriment des variantes, et constitue ainsi un frein à l'évolution.

Korschinsky, sans nier que la sélection existe dans la nature, déclare que son influence sur l'évolution est *nulle* ou, si elle a une influence, qu'elle est gênante.

Eimer nie de la même manière toute capacité de la sélection naturelle à créer des espèces.

Pfeffer soulève une objection très différente. Il dit que si une force telle que la sélection naturelle existait, elle transformerait les espèces beaucoup plus rapidement qu'elle ne le fait !

Or, pour que les objections ci-dessus puissent avoir un certain poids, l'une des deux séries de conditions doit être remplie.

Ou bien tous les organismes doivent être parfaitement adaptés à leur milieu, et ce milieu ne doit jamais changer, ou bien il doit exister, inhérente à chaque espèce, une sorte de force de croissance qui la pousse à se développer dans certaines directions déterminées. Dans l'une ou l'autre de ces circonstances, la sélection naturelle sera une force inhibitrice, car si l'organisme normal est parfaitement adapté à son environnement, toutes les variations par rapport au type doivent être défavorables, et la sélection naturelle éliminera les individus qui les présentent. Aucun étudiant attentif de la nature ne peut affirmer que tous les animaux sont parfaitement adaptés à leur environnement ou que celui-ci ne change jamais. Par conséquent, ceux qui nient que la sélection naturelle soit un facteur dans la formation des espèces supposent le deuxième ensemble de conditions, à savoir que les espèces se développent dans certaines directions fixes, poussées soit par des forces internes, soit par des forces externes. Dans quelle mesure ces idées sont fondées sur des faits, nous nous efforcerons de le déterminer en parlant de variation. Il suffit de dire à l'heure actuelle que même si l'une de ces conceptions de l'orthogenèse était établie, la sélection naturelle aurait, pour ainsi dire, une voix prépondérante, elle déciderait quelle série d'espèces se développant selon des lignes prédéterminées survivra et laquelle ne survivra pas. .

Ainsi, nous arrivons, par une argumentation différente, à la conclusion à laquelle nous sommes arrivés dans le chapitre précédent : à savoir qu'il n'y a aucun doute que la sélection naturelle est un facteur dans la formation des espèces.

Il nous faut maintenant passer à la seconde classe d'objections, celles qui s'opposent à la toute-suffisance de la sélection naturelle. Elles sont si nombreuses qu'il n'est pas possible de toutes les considérer. Un bref rappel des plus importants devrait suffire à satisfaire toute personne impartiale ; premièrement, la sélection naturelle est un facteur important de l'évolution ; deuxièmement, la position adoptée par Wallace et ses disciples, selon laquelle la sélection naturelle, agissant sur des variations infimes, est le seul et unique facteur de l'évolution organique, est intenable.

Le darwinisme n'explique pas la variation

1. Il a été avancé que la théorie darwinienne ne tente pas d'expliquer la variation et que, tant que nous ne saurons pas ce qui cause les variations, nous ne serons pas en mesure d'expliquer l'évolution. Cela est bien sûr tout à fait vrai, mais l'objection n'est guère juste puisque, comme nous l'avons vu, Darwin a librement admis que sa théorie ne tentait pas d'expliquer l'origine des variations. Il n'est pas raisonnable de s'opposer à une théorie parce qu'elle ne parvient pas à expliquer des phénomènes dont elle déclare expressément qu'elle ne s'intéresse pas. D'un autre côté, il faut tenir compte de cette objection, car, comme nous le verrons, l'importance de la sélection naturelle en tant que facteur d'évolution est très différente si les variations apparaissent sans discernement dans toutes les directions, comme Darwin l'a tacitement supposé. c'est le cas, ou si, comme le pensent certains biologistes, leur direction est déterminée, étant le résultat d'une force de croissance inhérente à tous les organismes.

2. Très semblable à l'objection mentionnée ci-dessus, est celle qui souligne qu'il y a un long voyage depuis l'Amibe jusqu'à l'homme. Il est difficile de croire que ce long développement du simple au complexe soit dû à l'action d'une force aveugle, à la survie de ceux dont les variations fortuites se trouvent les mieux adaptées au milieu. Le résultat semble disproportionné par rapport à la cause. Il doit y avoir une force puissante inhérente au protoplasme, ou derrière les organismes, qui les pousse vers le haut. Cette objection est aussi difficile à réfuter qu'à établir. C'est purement spéculatif.

3. Une objection très sérieuse à la théorie darwinienne est que les débuts de nouveaux organes ne peuvent pas être expliqués par l'action de la sélection naturelle sur des variations fortuites infimes, et que la sélection naturelle ne peut agir sur un organe que lorsque cet organe a atteint une taille suffisante pour être de taille suffisante. utilité pratique pour son possesseur. Une fois qu'un organe est né, il n'est pas difficile de comprendre comment il peut être amélioré, modifié et développé par la sélection naturelle. Mais comment expliquer l'origine d'un organe tel qu'un membre par l'action de la sélection naturelle sur d'infimes variations ?

Théorie du changement de fonction

La théorie du changement de fonction contribue en partie à résoudre la difficulté, car elle nous permet de comprendre comment certains organes, comme par exemple les poumons des animaux qui respirent de l'air, ont pu naître. On dit que celui-ci a été développé à partir de la vessie natatoire des poissons. Cette vessie est, pour reprendre les mots de Milnes Marshall, « un sac fermé situé juste sous la colonne vertébrale. Chez de nombreux poissons, il est relié par un conduit à une partie du tube digestif. Il devient alors un organe respiratoire accessoire, notamment chez les poissons capables de vivre hors de l'eau pendant un certain temps, *par exemple* le *Protopterus* d'Amérique. Il existe une série intéressante de modifications reliant la vessie respiratoire au poumon des vertébrés supérieurs, qui est sans aucun doute le même organe.

Cette théorie ne semble cependant pas suffisante pour expliquer l'origine de tous les organes. Cela n'explique pas, par exemple, comment les membres se sont développés dans un organisme dépourvu de membres. Wallace a tenté d'éviter la difficulté en affirmant qu'il n'est pas raisonnable de demander à une nouvelle théorie de nous révéler exactement ce qui s'est passé à des époques géologiques lointaines et comment cela s'est produit. A cela, la réponse évidente est, premièrement, que nous ne devons accepter sans réserve aucune théorie de l'évolution tant qu'elle ne nous fournit pas de telles explications, et, deuxièmement, que la théorie de l'origine des espèces au moyen de la sélection naturelle n'est plus valable. un nouveau.

Dernièrement, cependant, Wallace semble avoir abandonné tout espoir de pouvoir expliquer l'origine de nouveaux organes au moyen de la sélection naturelle, car il déclare à la page 431 du numéro de la Fortnightly Review de mars 1909 : « Il *s'ensuit* ... non pas comme une théorie mais comme un fait : chaque fois qu'une variation avantageuse est nécessaire, elle ne peut consister qu'en une augmentation ou une diminution d'un pouvoir ou d'une faculté déjà existante. Or, pour qu'une augmentation ou une diminution se produise, il faut qu'il existe quelque chose qui puisse être augmenté ou diminué. Wallace, il est vrai, ne parle ici que de pouvoirs et de facultés ; mais on ne peut guère supposer qu'il croit que les variations quant à la structure soient intrinsèquement différentes de celles relatives aux pouvoirs et aux facultés.

4. Herbert Spencer souligne, comme objection à la théorie de la sélection naturelle, que les variations favorables dans un organe sont susceptibles d'être contrebalancées par des variations défavorables dans un autre organe. Il soutient que les chances sont énormes contre l'apparition de « nombreuses variations coïncidentes et coordonnées » qui sont nécessaires pour créer un avantage déterminant en matière de vie ou de mort.

Cette objection a été soulevée par un auteur de l' *Edinburgh Review* en janvier 1909, et même par Wallace lui-même dans la *Fortnightly Review* de mars dernier contre la théorie de la mutation. Cette objection, si forte qu'elle paraisse sur le papier, n'existe que dans l'imagination de l'objecteur.

Ceux qui la préconisent font preuve d'une méconnaissance de la manière dont agit la sélection naturelle et d'une ignorance du phénomène de corrélation des organes.

Corrélation

La sélection naturelle concerne un organisme dans son ensemble. Son effet est de permettre la survie des créatures qui, prises dans leur ensemble, sont les mieux adaptées à leur environnement.

Les physiologistes insistent de plus en plus sur le fait qu'il existe plus ou moins de corrélation et d'interconnexion entre les différentes parties d'un organisme.

Les différents organes d'un animal ne sont pas autant d'unités isolées. Il est impossible d'agir sur un organe sans affecter certains ou tous les autres.

Les variations dans une direction donnée d'un organe s'accompagnent généralement de variations corrélées dans certains autres organes. Si la force est d'une importance primordiale pour un animal, la sélection naturelle tendra à préserver les individus qui font preuve de force à un degré marqué, et cette démonstration de force peut être accompagnée d'autres particularités, telles que des pattes courtes ou une certaine couleur, de sorte que la force naturelle est d'une importance primordiale pour un animal. la sélection tendra indirectement à produire des individus aux pattes courtes et ayant la couleur en question, et il peut arriver que cette couleur particulière soit celle qui rend l'animal plus visible que la couleur normale . Néanmoins, grâce à la force indispensable qui l'accompagne, les animaux ainsi colorés peuvent survivre tandis que ceux d'une teinte plus protectrice périssent. Ainsi, aussi paradoxal que cela puisse paraître, la sélection naturelle peut être indirectement responsable de caractéristiques qui en elles-mêmes sont préjudiciables à l'individu. C'est probablement le cas du plumage décoratif de certains oiseaux mâles. Le phénomène de corrélation a été reconnu par Darwin et a, selon nous, joué un rôle important dans la formation des espèces. Nous traiterons plus en détail du sujet dans un chapitre ultérieur.

5. Une objection souvent avancée à la théorie de la sélection naturelle, et qui a pesé très fortement pour Huxley, est que les sélectionneurs n'ont pas réussi jusqu'à présent à créer une variété stérile en termes d'espèce mère. Si, a demandé Huxley, les sélectionneurs ne peuvent pas produire une telle chose, comment pouvons-nous dire que nous considérons qu'il est prouvé que la sélection naturelle produit de nouvelles espèces dans la nature ? Cette objection perd cependant beaucoup de sa force, étant donné que de nombreuses espèces parfaitement distinctes sont

très fertiles lorsqu'elles sont croisées. Nous y reviendrons au chapitre IV.

6. Le fait que la paléontologie n'ait jusqu'à présent pas réussi à établir des liens reliant de nombreuses espèces existantes constitue une objection classique à la théorie de l'origine des espèces par évolution progressive.

Liens manquants

Wallace énonce cette objection ainsi, à la page 376 de son *Darwinisme* : « Beaucoup des lacunes qui subsistent encore sont si vastes qu'il semble incroyable à ces écrivains qu'elles aient jamais pu être comblées par une succession serrée d'espèces, puisque celles-ci doivent ont été réparties sur tant d'époques et ont existé en un tel nombre, qu'il semble impossible d'expliquer leur absence totale dans les gisements dans lesquels un grand nombre d'espèces appartenant à d'autres groupes sont conservées et ont été découvertes.

La réponse de Wallace est que, dans le cas de nombreuses espèces, la paléontologie fournit d'abondantes preuves du changement progressif d'une espèce en une autre, le pied du cheval étant un cas bien connu. La généalogie de ce noble quadrupède peut être retracée depuis l'*Orohippus* à quatre doigts de l'Éocène, en passant par le *Mesohippus*, le *Miohippus*, le *Protohippus* et le *Pliohippus*, jusqu'à atteindre l'*Equus à un doigt*.

Wallace souligne en outre que pour que le fossile d'un organisme puisse être préservé, « la conjonction d'un certain nombre de conditions favorables » est nécessaire, et que les chances sont énormes contre cela. Enfin, il souligne l'imperfection de notre connaissance des éléments incrustés dans la croûte terrestre.

L'objection fondée sur l'absence de « chaînons manquants » perd un peu de sa force si l'on accepte la théorie selon laquelle les espèces apparaissent parfois comme des sports. Ainsi, supposons qu'une espèce à cornes bien développées produise par mutation une variété sans cornes, qui finit par remplacer la forme à cornes, nous chercherions en vain des formes intermédiaires entre l'espèce mère et l'espèce fille. D'un autre côté, il est significatif que là où les liens sont les plus nécessaires, ils manquent. Par exemple, les attelles osseuses du cheval, prises en conjonction avec les pieds des tapirs existants, qui ont quatre orteils devant et trois derrière, nous auraient amenés à déduire, sans l'aide des archives géologiques, que le cheval était un descendant d'un ancêtre polydactyle. Cependant, quand nous arrivons à l'origine des oiseaux, des chauves-souris et des baleines, la paléontologie ne nous apporte aucune aide, de sorte que nous sommes dans l'ignorance quant à l'origine de modifications si importantes.

7. Les effets submergés des croisements sont une objection qui a été formulée à plusieurs reprises contre la théorie darwinienne.

Cette objection n'est pas aussi grave qu'elle le paraît à première vue. Darwin et Wallace soutiennent, en premier lieu, que la sélection naturelle agit en éliminant tous les individus sauf ceux qui présentent des variations favorables. Seuls quelques privilégiés survivent et s'accouplent entre eux, de sorte qu'il n'est ici pas question des effets de submersion des croisements mutuels, seuls les individus bien adaptés étant laissés s'accoupler les uns avec les autres.

L'objection gagne en force lorsqu'elle est dirigée contre la théorie selon laquelle l'évolution se déroule par sauts soudains. Mais à ce propos, nous devons garder à l'esprit que les expériences de Mendel et de ses disciples ont démontré que certains descendants issus de croisements peuvent ressembler à leurs purs ancêtres et se reproduire *entre eux* . Et ce n'est pas tout.

Mutations récurrentes

L'expérience montre que là où se produit une mutation, un sport ou une variation discontinue, elle se répète fréquemment ; par exemple, le sport du paon aux ailes noires s'est produit à plusieurs reprises et dans différentes volées d'oiseaux. Le sport ou la mutation doit avoir une cause précise. Il doit y avoir quelque chose dans l'organisme, quelque chose dans les cellules génératives, qui provoque la mutation ; et donc, *a priori* , nous devrions nous attendre à ce que la même mutation se produise à peu près au même moment chez de nombreux individus. Il semble légitime de déduire que les choses ont progressé tranquillement jusqu'à leur paroxysme. Lorsque cet objectif est atteint, il en résulte une mutation. Il faut donc s'attendre à ce que des mutations soudaines apparaissent simultanément chez plusieurs individus. Nous reviendrons sur ce sujet important.

8. Une objection presque insurmontable à la théorie selon laquelle les espèces sont nées de l'action de la sélection naturelle sur des variations infimes est que de si petites différences ne peuvent pas avoir une valeur de vie ou de mort, ou, comme on l'appelle habituellement, une valeur de survie. à leur possesseur. Mais si

l'évolution est le résultat du maintien par sélection naturelle de variations aussi légères, il est absolument nécessaire que chacune d'elles possède une valeur de survie.

Comme l'a souligné D. Dewar, à la page 704 du vol. ii. Selon *The Albany Review* , ce n'est que lorsque la bête de proie et sa victime sont à égalité en termes de rapidité et de puissance d'endurance que de petites variations de ces qualités peuvent avoir une valeur de survie. Mais dans les aléas de la lutte pour l'existence, la victime et son ennemi sont rarement à la hauteur. Prenons comme exemple le cas d'un moucherolle. « Cet oiseau, écrit D. Dewar, prend parfois trois ou quatre insectes au cours d'un même vol ; tous sont capturés avec la même facilité, bien que la longueur des ailes de chaque victime varie. La supériorité de l'oiseau est si grande qu'il ne remarque pas la différence dans les capacités de vol de sa chétive proie. Il est inutile d'insister sur ce point.

9. Des espèces ou des variétés de couleurs très différentes peuvent coexister, comme la corneille mantelée et la corneille noire, les formes à poitrine blanche et foncée du labbe arctique, les formes pâles et foncées du pétrel fulmar, les formes grises et roux du pétrel. Petit-duc d'Amérique (*Megascops asio*).

Il est vrai que la prépondérance d'une forme ou d'une autre dans certaines régions indique un avantage que possède l'une sur l'autre, mais, autant que nous le sachions, cela peut être dû à l'hérédité, et en tout cas à la coexistence des deux types. dans une partie de leur aire de répartition, ou à certaines saisons, montre que la sélection n'est pas du tout rigoureuse.

Le même argument s'applique à la coexistence d'espèces de couleurs très différentes et aux habitudes généralement similaires, comme celle du jaguar et du puma en Amérique du Sud, et les cinq moucherolles aux couleurs très différentes dans les collines de Nilgiri.

Papillons feuilles

En bref, il existe de nombreuses preuves démontrant que des différences considérables de couleur ne semblent avoir aucun effet sur les chances de survie dans la lutte pour l'existence de ceux qui les affichent. Pourtant, c'est précisément ce que les partisans de l'hypothèse darwinienne ne peuvent se permettre d'admettre, car ils se trouvent alors dans l'impossibilité d'expliquer l'origine d'une forme telle que *Kallima* , le papillon-feuille, par l'action de la sélection naturelle. Comme la plupart des gens le savent, cette créature présente une ressemblance remarquable avec une feuille en décomposition. "Ces papillons" (il existe plusieurs espèces qui montrent cette merveilleuse imitation), écrit Kellog, à la page 53 de *Darwinism To-day* , "ont le dessous des ailes antérieures et postérieures si coloré et strié que lorsqu'ils sont apposés sur le dos en à la manière commune aux papillons au repos, les quatre ailes se combinent pour ressembler avec une fidélité absurde à une feuille morte encore attachée par un court pétiole au rameau ou à la branche. Je dis absurde, car il me semble que la ressemblance est trop raffinée. Ici, pour des raisons de sécurité, il n'est pas question d'imiter un type particulier d'organisme ou de chose inanimée dans la nature que les oiseaux ne molestent pas. Il s'agit simplement de produire l'effet d'une feuille morte sur une branche. La forme des feuilles et la palette de couleurs générale des feuilles mortes sont nécessaires à cette illusion. Mais les choses suivantes sont-elles nécessaires ? à savoir, une représentation extraordinairement fidèle des nervures médianes et des veines latérales, même jusqu'aux extrémités des veines effilées au microscope ; un pétiole court et parfait produit par les « queues » apposées des ailes postérieures ; une dissimulation de la tête du papillon afin qu'elle ne gâche pas les contours du bord latéral de la feuille ; et enfin, de délicats petits flocons brun violacé ou jaunâtre pour imiter les taches de pourriture et les taches attaquées par des champignons dans la feuille ! Et, comme point culminant, une petite tache circulaire claire dans les ailes antérieures (partie terminale de la feuille) qui représentera un trou vermoulu, ou un perçage de la feuille sèche par un éclat volant, ou la décomposition complète d'une petite tache. à cause de la croissance de champignons ! Apparition générale et suffisante d'une feuille morte, objet de l'intérêt actif d'aucun oiseau, certes, mais pas d'une feuille morte modelée avec la fidélité des cireurs des musées modernes d'histoire naturelle. Lorsque la sélection naturelle a amené Kallima à ce stade hautement désirable où elle ressemblait tellement à une feuille morte en général, semblant que chaque oiseau passant par là ne la voyait que comme une feuille brune accrochée de manière précaire à une branche à moitié dénudée, c'était le devoir impérieux de la sélection naturelle. , conformément à ses obligations envers ses créateurs, d'arrêter la modélisation ultérieure de Kallima et de simplement le maintenir à son avantage à peine gagné. Mais que se passe-t-il ? Kallima continue son chemin, spécifiquement et absurdement vers des feuilles mortes, jusqu'à ce qu'elle soit aujourd'hui une chose beaucoup trop fragile pour être manipulée autrement que avec beaucoup de précautions par ses parents adoptifs plutôt anxieux, les sélectionnistes néo-darwiniens. Il est évident que si la sélection naturelle a produit un organisme aussi hautement spécialisé que le papillon à feuilles mortes, chaque variation infime doit avoir de la valeur et avoir été saisie par la sélection naturelle.

Un dilemme

Les Wallaceiens se trouvent donc face à un dilemme. S'ils affirment, comme ils semblent le faire, que toute variation infinitésimale a une valeur de survie, ils ont du mal à expliquer l'existence, à côté de formes telles que la corneille charognarde et la corneille charognarde, de dire pourquoi, chez certaines espèces d'oiseaux, les deux les sexes prennent un plumage nuptial remarquable au moment même où ils ont le plus besoin d'une coloration protectrice, c'est pourquoi le moucherolle du paradis du coq est alezan pendant les deux premières années de sa vie, puis devient aussi blanc que neige. Si, d'un autre côté, les Wallaceiens affirment que les petites variations sont sans importance et n'ont aucune valeur de survie, ils sont, comme le souligne Kellog, en difficulté à cause de la ressemblance étroite et détaillée que les papillons Kallima présentent avec les feuilles mortes.

10. Une objection à la théorie darwinienne avancée par Conn, Henslow, D. Dewar et d'autres est que la théorie de la sélection ne prend pas en compte les effets du hasard. « Si », écrit D. Dewar à la page 707 de *The Albany Review*, vol. ii., « la lutte pour l'existence était de la nature d'une course lors d'une réunion sportive bien réglée, où les concurrents reçoivent un départ équitable, où il n'y a aucune différence dans les conditions auxquelles les différents coureurs sont soumis, alors en effet chaque variation le dirait-elle. Je comparerais plutôt la lutte pour l'existence à la précipitation pour sortir d'un théâtre bondé et mal pourvu d'issues, lorsqu'une alarme d'incendie est donnée. Les personnes à fuir ne sont pas forcément les plus fortes parmi les personnes présentes. La proximité d'une porte peut être un atout plus précieux que la force.

Ou encore, prenons le cas imaginaire de certaines antilopes poursuivies par des loups. La chasse, se prolongeant, amène les antilopes dans un lieu qui ne leur est pas familier. Le premier du troupeau, le plus rapide, et donc l'individu qui devrait avoir les meilleures chances de survie, se retrouve soudain sur un terrain meuble et marécageux qui, en raison de la profondeur à laquelle ses pieds s'enfoncent dans le sol, gêne sérieusement sa progression. . Ses camarades antilopes, désormais distancées, voyant sa situation difficile, prennent une autre direction et le laissent bientôt derrière eux, pour devenir une proie facile pour ses ennemis. Nous avons là un cas de disparition des plus aptes sur le point important de la vitesse.

Les effets du hasard

Écrivant sur les plantes, le professeur Henslow dit, à la page 16 de *The Heredity of Acquired Characters in Plants* : « Comme l'ensemble du règne animal vit finalement du végétal, les plantes doivent fournir la totalité de la quantité de nourriture fournie, sans y ajouter d'innombrables parasites végétaux. ainsi, pour les jeunes et les moins jeunes. Des myriades de graines en germination périssent en conséquence, étant détruites par les limaces et autres mollusques, ainsi que par les « moisissures », etc. Mais bien plus de graines et de spores (environ 50 000 000 d'entre elles, selon les calculs, peuvent être portées par une seule fougère mâle) ne germent jamais du tout. . Ils tombent là où les conditions de vie sont défavorables et périssent. Ce malheur n'est pas dû à une quelconque inadaptation en eux-mêmes, mais aux conditions environnantes qui ne les laissent pas germer. Ainsi des milliers de glands et autres fruits, comme du sureau, tombent à terre dans et près de nos haies, bords de chemins, bosquets et ailleurs ; mais on ne voit presque pas de semis, voire aucun, autour des arbres.

Chaque année, des milliers d'oiseaux périssent lors du grand vol migratoire, d'autres succombent à un cyclone, une violente tempête tropicale, une sécheresse prolongée, un gel sévère. Ici, la mort s'empare des multitudes, de tous ceux qui habitent dans une localité, les faibles et les forts, les rapides et les lents.

On peut répondre à cette objection en disant qu'à long terme, ce sont les plus aptes qui survivront. C'est vrai. L'objection est néanmoins importante car elle montre à quel point l'action de la sélection naturelle doit être extrêmement incertaine si elle n'a que de petites variations sur lesquelles travailler. Dans de telles circonstances, les moulins de la sélection naturelle peuvent fonctionner sûrement, mais ils doivent fonctionner très lentement.

11. Nous devons garder à l'esprit que la lutte pour l'existence est la plus acharnée parmi les jeunes animaux, parmi les créatures qui ne sont pas encore pleinement développées. La nature ne prête

aucune attention aux potentialités. Les faibles vont au mur dans le conflit, même si, si on leur laisse le temps, ils pourraient devenir des prodiges de force.

De plus, et c'est un point important, la mort, dans le cas des jeunes créatures, frappe les couvées et les familles plutôt que les individus.

Les objections citées ci-dessus à la théorie selon laquelle les espèces sont nées de l'action de la sélection naturelle sur des variations infimes sont pour la plupart de nature générale ; Notons maintenant brièvement quelques objections plus concrètes. Nous n'y consacrerons pas beaucoup de place dans le présent chapitre, car nous y serons continuellement confrontés lorsque nous aborderons le sujet de la coloration animale.

L'origine du mimétisme

12. La sélection naturelle, comme nous le verrons, ne parvient pas à expliquer l'origine de ce que l'on appelle le mimétisme protecteur. Certains insectes ressemblent à des objets inanimés, d'autres ressemblent à d'autres insectes dont on pense ou sait qu'ils sont désagréables au goût. On dit que les créatures présentant cette ressemblance avec d'autres objets ou créatures et en tirant profit « imitent » les objets ou créatures qu'elles copient. Ils sont également appelés « imitateurs ». Il est aisé de comprendre le profit que ces mimiques tirent de leur mimétisme. Une fois le déguisement assumé, on peut comprendre comment la sélection naturelle tendra à l'améliorer en éliminant ceux qui imitent mal ; mais il nous semble que la théorie ne parvient absolument pas à expliquer l'origine de la ressemblance.

13. De même, la théorie néo-darwinienne ne parvient pas à expliquer les couleurs des œufs des oiseaux pondus dans des nids ouverts, pourquoi, par exemple, les œufs de l'accenteur ou du moineau des haies sont bleus et ceux des colombes sont blancs.

14. La théorie ne parvient pas à donner une explication satisfaisante des phénomènes de dimorphisme sexuel. Pourquoi, par exemple, chez certaines espèces de colombes et de canards, les sexes sont semblables, alors que chez d'autres espèces ayant des habitudes similaires, ils diffèrent en apparence.

15. Il n'explique pas pourquoi la tour est noire et pourquoi le choucas a le cou gris.

Nous traiterons plus en détail de ces objections et de bien d'autres dans le chapitre sur la coloration animale. Il suffit ici de les mentionner et de dire que notre expérience nous enseigne qu'il existe à peine une seule espèce d'oiseau ou de bête qui ne présente quelque caractéristique inexplicable dans la théorie selon laquelle la sélection naturelle, agissant sur de petites variations, est la seule à et seule cause de l'évolution organique.

CHAPITRE III
VARIATION

L'hypothèse de Darwin et Wallace selon laquelle les variations sont d'origine aléatoire et de direction indéfinie - Si ces hypothèses ne sont pas correctes, la sélection naturelle cesse d'être le facteur fondamental de l'évolution - les vues de **Darwin** concernant la variation ont subi des modifications - Il a finalement reconnu le distinction entre variations définies et indéfinies, et entre variations continues et discontinues — Darwin attachait peu d'importance aux variations définies ou discontinues — Points de vue de **Darwin** sur les causes des variations — Critique des points de vue de Darwin — Les variations semblent se produisent selon certaines lignes définies — Il semble y avoir une limite à la mesure dans laquelle des variations fluctuantes peuvent s'accumuler— Expériences de De Vries — Bateson sur la « variation discontinue » — Points de vue de De Vries — Distinction entre continu et variations discontinues — Les travaux de De Vries — Avantages dont jouit le botaniste dans les expériences sur la constitution des espèces — Difficultés rencontrées par l'éleveur — Mutations chez les animaux — La distinction entre variations germinales et somatiques — Ces dernières, bien qu'ils ne soient pas transmis à la descendance, ils sont souvent d'une valeur considérable pour leur propriétaire dans la lutte pour l'existence.

Nature des variations

Comme nous l'avons déjà vu, la théorie darwinienne, contrairement à celle de Lamarck, ne cherche pas à expliquer l'origine des variations. Il se contente du fait que des variations se produisent.

Bien que Darwin n'ait pas essayé d'expliquer comment se fait-il que la variation se produise, et ait été très prudent dans les expressions qu'il a utilisées à ce sujet, il a supposé que les variations sont d'une variété indéfinie et se produisent sans discernement dans toutes les directions, comme le montrent les citations suivantes de l'Origine des espèces . montrera : « Mais le nombre et la diversité des déviations héréditaires de structure . . . sont infinies »(page 14, éd. 1902). "Les variations sont censées être extrêmement légères, mais de nature très diversifiée." « J'ai parfois parlé jusqu'ici comme si les variations si communes et si multiformes chez les êtres organiques domestiques, et à un moindre degré chez ceux vivant dans la nature, étaient dues au hasard. Ceci, bien sûr, est une expression totalement incorrecte, mais elle sert à reconnaître clairement notre ignorance de la cause de chaque variation particulière » (page 164).

Wallace est beaucoup moins réservé dans ses expressions. À la page 82 de son *Darwinisme* , il parle de « la variation constante et importante de chaque partie dans toutes les directions... ». . . qui doit offrir une quantité suffisante de variations favorables chaque fois que nécessaire.

La double hypothèse selon laquelle les variations sont, à toutes fins pratiques, d'origine aléatoire et de direction indéfinie est nécessaire si l'on veut que la sélection naturelle soit le facteur principal de l'évolution. Car si les variations ne sont pas aléatoires, si elles sont définies, s'il y a une force directrice derrière elles, comme le destin derrière les dieux classiques, alors la sélection n'est pas la cause fondamentale de l'évolution. Tout au plus peut-elle affecter non pas l'origine des espèces, mais la survie de certaines espèces nées à la suite d'une autre force. Sa position est modifiée ; ce n'est plus une cause de l'origine de nouveaux organismes, mais un tamis déterminant laquelle de certaines formes toutes faites survivra. Il est donc évident que nous ne pourrons pas comprendre pleinement le processus évolutif tant que nous n'aurons pas découvert comment les variations sont provoquées. En d'autres termes, nous devons aller bien plus loin que ce que Darwin a tenté de faire.

Avant de procéder à la recherche de la véritable nature des variations, il nous appartient d'exposer brièvement les idées de Darwin sur le sujet. Nous serons alors en mesure de constater quels progrès ont été réalisés depuis l'époque de ce grand biologiste.

Il n'est pas du tout facile de découvrir exactement quelles étaient les vues de Darwin au sujet de la variation. La lecture de ses œuvres révèle des contradictions et donne l'impression qu'il ne connaissait guère son opinion sur le sujet. Cela ne devrait pas surprendre.

Il ne faut pas oublier que Darwin a dû faire un travail de pionnier, qu'il a dû faire face à des conceptions totalement nouvelles. Dans ces conditions, ses idées étaient nécessairement quelque peu floues ; ils subirent des modifications considérables à mesure que de nouveaux faits parvenaient à sa connaissance.

Variabilité définie et indéfinie

Vers la fin de sa vie, Darwin reconnut que la variabilité était de deux sortes : définie et indéfinie. La variation indéfinie est une variation indiscriminée dans toutes les directions autour d'une moyenne, variation qui obéit à ce que l'on pourrait peut-être appeler la loi du hasard. Une variation définie est une variation dans une direction déterminée — une variation principalement d'un côté de la moyenne. Darwin croyait que ces variations déterminées étaient causées par des forces extérieures et qu'elles étaient héritées. Il acceptait ainsi les facteurs lamarckiens. « Chacune des variations infinies, écrit-il, que nous voyons dans le plumage de nos poules, doit avoir eu une cause efficace, et si les mêmes causes devaient agir uniformément pendant une longue série de générations sur de nombreux individus, toutes probablement serait modifié dans le même sens.

Mais Darwin a toujours été d'avis que cette variabilité définie, cette variabilité dans une direction résultant d'une cause fixe, est bien moins importante, du point de vue de l'évolution, que la variabilité indéfinie, qu'elle constitue l'exception plutôt que la règle. que le résultat habituel d'un changement de conditions est de libérer un flot de variabilité indéfinie, et que c'est presque exclusivement sur cette base qu'agit la sélection naturelle.

Darwin a également reconnu que les variations diffèrent en degré, tout comme en nature. Il a perçu que certaines variations sont beaucoup plus prononcées que d'autres. Il a reconnu la distinction entre ce que l'on appelle aujourd'hui les variations continues et discontinues. Les premiers s'écartent légèrement de la normale ; ces derniers représentent des écarts considérables par rapport à la moyenne ou au mode ; de grands sauts, pour ainsi dire, pris par la nature, comme, par exemple, les crêtes de pois et de roses des poules, qui étaient dérivées de la crête unique normale.

Monstruosités

« À de longs intervalles de temps », écrivait Darwin, « parmi des millions d'individus élevés dans le même pays et nourris à peu près de la même nourriture, des déviations de structure si fortement prononcées qu'elles méritent d'être appelées monstruosités apparaissent, mais les monstruosités ne peuvent être séparées. par une ligne distincte à partir de variations plus légères. Il est donc évident qu'il considérait la différence entre les variations continues et discontinues non pas comme une différence de nature, mais simplement comme une question de degré. Aux variations discontinues, Darwin attachait très peu d'importance du point de vue évolutionniste. Il les considérait comme quelque chose d'anormal.

« On peut douter, écrivait-il, si des déviations de structure aussi soudaines et considérables, comme celles que nous observons occasionnellement dans nos productions domestiques, plus particulièrement dans le cas des plantes, se propagent jamais de manière permanente dans l'état de nature. Presque chaque partie de chaque être organique est si joliment liée à ses conditions de vie complexes qu'il semble aussi improbable qu'une partie quelconque ait pu être soudainement rendue parfaite, que qu'une machine complexe ait dû être inventée par un homme dans un état parfait. Lors de la domestication, des monstruosités apparaissent parfois qui ressemblent à des structures normales chez des animaux très différents. Ainsi, des porcs sont parfois nés avec une sorte de trompe, et si une espèce sauvage du même genre avait possédé naturellement une trompe, on aurait pu soutenir que celle-ci avait semblé une monstruosité ; mais je n'ai pas encore réussi à trouver, après des recherches assidues, des cas de monstruosités ressemblant à des structures normales sous des formes presque alliées, et ces seuls portent sur la question. Si jamais de telles formes monstrueuses apparaissaient à l'état naturel et étaient capables de se reproduire (ce qui n'est pas toujours le cas), comme elles se produisent rarement et isolément, leur conservation dépendrait de circonstances exceptionnellement favorables. Ils se croiseraient également avec la forme ordinaire au cours de la première génération et des générations suivantes, et ainsi leur caractère anormal serait presque inévitablement perdu. Mais, dans une édition ultérieure de l' *Origine des espèces* , Darwin semble contredire l'affirmation ci-dessus : « Il ne faut cependant pas négliger que certaines variations assez fortement marquées, que personne ne considérerait comme de simples différences individuelles, se reproduisent fréquemment en raison de une organisation similaire faisant l'objet d'actions similaires — ce dont de nombreux exemples pourraient être donnés avec nos productions nationales. Dans de tels cas, si l'individu variable ne transmettait pas effectivement à sa descendance son caractère nouvellement acquis, il lui transmettrait sans aucun doute, aussi longtemps que les conditions existantes resteraient les mêmes, une tendance encore plus forte à varier de la même manière. Il ne fait guère de doute non plus que la tendance à varier de la même manière a souvent été si forte que tous les individus d'une même espèce ont été modifiés de la même manière sans l'aide d'aucune forme de sélection. Ou bien seulement un tiers, un cinquième ou un dixième des individus peuvent avoir été ainsi affectés, ce dont on pourrait citer plusieurs exemples. Ainsi Graba estime qu'environ un cinquième des guillemots des îles Féroé sont constitués d'une variété si bien marquée qu'elle était autrefois classée comme une espèce distincte sous le nom d'Uria *lacrymans* . Dans des cas de ce genre, si la variation était de nature bénéfique, la forme originale serait bientôt supplantée par la forme modifiée, grâce à la survivance du plus apte. Nous semblons avoir là une affirmation claire de l'origine de nouvelles formes par mutation.

Variations infimes

Encore une fois, nous lisons (page 34) : « Certaines variations utiles à lui (*c'est-à-dire à l'* homme) sont probablement apparues soudainement, ou d'un seul coup ; Beaucoup de botanistes, par exemple, croient que la cardère à foulon, avec ses crochets, qui ne peuvent être rivalisés par aucun appareil mécanique, n'est qu'une variété du Dipsacus sauvage ; et cette quantité de changement peut être survenue soudainement dans un semis. On sait que c'est le cas du chien à tourniquet. [2] Mais, comme nous l'avons déjà dit, Darwin n'a à aucun moment attaché beaucoup d'importance à ces sauts opérés par la nature comme facteur d'évolution. Il plaçait sa foi dans les variations infimes et indéfinies qui, selon lui, pouvaient s'accumuler les unes sur les autres, de sorte que, si on leur accordait suffisamment de temps, soit la nature, soit l'éleveur humain, pourrait, par une sélection continue de ces variations infimes, provoquer l'existence. tout type d'organisme. L'importance de la sélection, écrit-il, « consiste dans le grand effet produit par l'accumulation dans une direction, au cours des générations successives, de différences absolument inappréciables pour un œil inculte » (page 36). À la page 132, il écrit : « Je ne vois aucune limite à la quantité de changement, à la beauté et à la complexité des coadaptations entre tous les êtres organiques. . . ce qui a pu être réalisé [3] au fil du temps par le pouvoir de sélection de la nature. Il déclare expressément, à la page 149, qu'il ne voit aucune raison de limiter le processus à la seule formation de genres.

Bien que la théorie de la sélection naturelle ne tente pas d'expliquer les causes de la variation, Darwin a accordé une certaine attention au sujet. Il croyait que les causes internes et externes contribuent à la variation, que les variations ont tendance à être héritées, qu'elles soient le résultat de causes internes ou externes à l'organisme. Il croyait que l'effet héréditaire de l'utilisation et de la non-utilisation était une cause de variation et citait, comme exemples, les os des ailes plus légers et les os des pattes plus lourds du canard domestique et les oreilles tombantes de certains animaux domestiques. Il supposait que les animaux montraient une plus grande tendance à varier lorsqu'ils étaient domestiqués que lorsqu'ils étaient dans leur état naturel, attribuant cette prétendue plus grande variabilité à l'excès de nourriture reçue et aux conditions modifiées de la vie des animaux domestiques. Néanmoins, il était pleinement conscient du fait que « des variations presque similaires apparaissent parfois dans des conditions, autant que nous puissions en juger, différentes ; et, d'un autre côté, des variations dissemblables apparaissent dans des conditions qui semblent presque uniformes. En d'autres termes, la nature des organismes apparaissait à Darwin comme un facteur plus important dans l'origine des variations que les conditions extérieures. La preuve en est le fait que certains animaux sont plus variables que d'autres. Enfin, il a franchement admis combien était grande son ignorance des causes de la variabilité. La variabilité est, affirmait-il, régie par des lois inconnues et infiniment complexes.

Lignes de variation

Il sera commode d'examiner séparément chacune des idées principales de Darwin sur la variation et d'examiner dans quelle mesure elles semblent devoir être modifiées à la lumière des recherches ultérieures.

Premièrement, Darwin croyait que les variations apparaissent de manière apparemment aléatoire, qu'elles se produisent dans toutes les directions et semblent être régies par les mêmes lois que le hasard. Nous pensons que nous sommes désormais en mesure de faire des déclarations plus précises sur la variation que Darwin ne pouvait le faire.

Les biologistes peuvent désormais affirmer avec certitude que les variations ne se produisent pas toujours de la même manière dans toutes les directions. Les résultats de nombreuses années d'efforts des sélectionneurs pratiques le démontrent. Ces hommes n'ont pas été capables de produire un cheval vert, un pigeon avec des plumes alternées de noir et de blanc dans la queue, ou un chat avec une trompe, pour la simple raison que les organismes sur lesquels ils ont opéré n'ont pas varié dans le temps. direction requise. On objectera peut-être que les sélectionneurs n'ont aucun désir de produire de telles formes ; s'ils l'avaient voulu, ils auraient probablement réussi. A cette objection on peut répondre qu'ils n'ont pas réussi à produire beaucoup d'organismes, ce qui serait hautement souhaitable du point de vue de l'éleveur, comme par exemple une rose bleue, des poules qui pondent des œufs bruns mais ne couvent pas à certaines saisons. de l'année, ou un chat qui ne peut pas se gratter.

Comme le dit bien Mivart, à la page 118 de sa *Genèse des espèces* , « non seulement il apparaît qu'il existe des barrières qui s'opposent au changement dans certaines directions, mais qu'il existe également des tendances positives au développement selon certaines lignes particulières. Chez un oiseau qui a été élevé et étudié comme le pigeon, il est difficile de croire que des variations spontanées remarquables passeraient inaperçues des éleveurs, ou qu'elles n'auraient pas été prises en compte et développées par tel ou tel amateur. Dans l'hypothèse d'une variabilité indéfinie, il est alors difficile de dire pourquoi des pigeons à bec comme les toucans, ou à certaines plumes allongées comme ceux des trogons, ou celles des oiseaux de paradis, n'ont jamais été produits.

Il existe certaines lignes selon lesquelles la variation semble ne jamais se produire. Prenons le cas de la queue d'un oiseau. Si variable que soit cet organe, il existe certaines sortes de queues qu'on ne voit ni chez les espèces sauvages ni chez les races domestiquées. Un appendice caudal, dont les plumes sont alternativement colorées, n'existe ni chez les espèces sauvages ni chez les races artificielles. Pour une raison ou une autre, aucune variation dans ce sens ne se produit. De même, à l'exception d'une ou deux sternes « oui-Oui », chaque fois qu'un oiseau a l'une des plumes de sa queue considérablement plus longue que les autres, c'est toujours la paire extérieure ou la paire médiane qui est la plus allongée. Il semblerait donc que les variations dans lesquelles les autres plumes sont particulièrement allongées ne se produisent généralement pas. Le fait qu'elles soient allongées chez deux ou trois espèces sauvages est d'autant plus significatif, car il montre qu'il n'y a apparemment rien d'opposant au bien-être d'une espèce à avoir, par exemple, la troisième paire de rectrices à partir du milieu, exceptionnellement prolongée.

Vantardises des éleveurs

C'est là un point très important, et qui semble être ignoré par la majorité des hommes de science, qui semblent induits en erreur par les propos vantards de certains éleveurs à succès. Ainsi, à la page 29 de L' *Origine des Espèces* , Darwin cite, avec approbation, la description de Youatt de la sélection comme « la baguette du magicien, au moyen de laquelle il peut donner vie à la forme et au moule qu'il veut ». Darwin cite en outre Sir John Sebright disant, à propos des pigeons, qu'il « produirait n'importe quelle plume en trois ans, mais qu'il lui faudrait six ans pour obtenir la tête et le bec ».

S'il était absolument possible de créer quoi que ce soit par sélection, les horticulteurs auraient presque certainement produit avant cela une fleur noire pure. Le fait qu'il n'existe pas un seul mammifère, que ce soit dans la nature ou à l'état domestique, avec des cheveux écarlates, bleus ou verts, semble montrer que, pour une raison ou une autre, les mammifères ne varient jamais dans aucune de ces directions.

Le fait que si peu d'animaux aient développé une queue préhensile semble indiquer que la variation ne se produit pas souvent dans cette direction, car il est évident qu'une queue préhensile est de la plus grande utilité pour son propriétaire ; de sorte qu'il ne fait guère de doute qu'elle serait saisie et préservée par la sélection naturelle, chaque fois qu'elle se produirait.

Comme le dit très justement EH Aitken, « une invention aussi précoce et utile aurait dû, pourrait-on penser, être largement répandue par la suite ; mais il semble y avoir une certaine difficulté à développer les muscles de l'extrémité fine d'une longue queue, car les animaux qui en ont fait un organe de préhension sont peu nombreux et très dispersés. Les exemples en sont le caméléon parmi les lézards, notre propre petite souris des moissons et, le plus important parmi tous, les singes américains » (*Strand Magazine* , novembre 1908).

Même s'il existe de nombreuses variations qui semblent ne jamais se produire dans la nature, il en existe d'autres qui se produisent si fréquemment qu'on peut les rechercher dans n'importe quelle espèce. Des formes albiniques apparaissent de temps en temps chez presque toutes les espèces de mammifères ou d'oiseaux ; tandis que les sports mélaniques, bien que moins courants, ne sont pas du tout rares.

Chaque manuel complet sur les volailles donne pour chaque race une note des défauts qui apparaissent constamment et contre lesquels l'amateur doit soigneusement surveiller et se prémunir. Le fait que ces « défauts » surviennent si fréquemment dans chaque race montre à quel point la tendance à varier dans certaines directions définies est forte. Il est vrai que quelques-uns de ces défauts ont le caractère de réversions, comme, par exemple, l'apparition de camails rouges chez les coqs de races noires de volailles. En revanche, certaines ne sont certainement pas des réversions, comme l'apparition d'un anneau blanc dans le cou de la femelle du Canard de Rouen, qui devrait ressembler au Canard colvert en ce qui concerne le plumage du cou. Encore une fois, la tendance des Buff Orpingtons à prendre du blanc dans les ailes et la queue doit être considérée comme une variation qui n'est pas de la nature d'une réversion. En bref, les efforts de tous les éleveurs visent en grande partie à lutter contre les tendances que manifestent les animaux à varier dans certaines directions.

Variations albinistiques

Cette tendance à varier dans le sens de la blancheur peut expliquer de nombreuses marques blanches présentes dans la nature, comme par exemple les queues blanches de l'aigle de mer (Haliaetus albicilla), *du* pigeon de Nicobar (*Caloenas nicobarica*) et de nombreux calaos. Pour autant que de telles variations ne constituent pas un trop grand handicap pour ceux qui les possèdent dans la lutte pour l'existence, la sélection naturelle leur permettra de persister.

Linné croyait, sur la base de son expérience, que chaque fleur bleue ou rouge est susceptible de produire une variété blanche. C'est pourquoi il a estimé qu'il n'était pas prudent de se fier à la couleur pour l'identification d'une espèce botanique.

D'un autre côté, les fleurs blanches ne produiront probablement pas de variétés rouges, et nous croyons pouvoir affirmer positivement qu'elles ne produisent jamais de variétés bleues. De même, les animaux blancs ne semblent pas donner naissance à des variétés de couleurs.

Nous ne sommes jamais surpris de constater qu'une plante dressée ordinaire produit, par sport ou par mutation, une forme pendante ou fastigiée. Ces variétés aberrantes, il faut le remarquer, se rencontrent dans des espèces qui appartiennent à des ordres tout à fait différents.

De Vries souligne que les feuilles laciniées apparaissent dans des arbres et des arbustes aussi éloignés les uns des autres que le noyer, le hêtre, le noisetier et le navet.

Un autre exemple de la précision de la variation est fourni par ce que Grant Allen appelle la « loi de coloration progressive » des fleurs.

Aux pages 20 et 21 de *The Colors of Flowers*, il écrit : « Toutes les fleurs, comme nous le savons, arborent facilement un peu de couleur. Mais la question est la suivante : leurs changements ont-ils tendance à suivre un ordre régulier et défini ? Y a-t-il des raisons de croire que la modification s'étend d'une couleur à une autre ? Apparemment, il y en a. . . . Toutes les fleurs, semble-t-il, étaient jaunes dans leur première forme ; puis certains d'entre eux sont devenus blancs ; après cela, quelques-uns d'entre eux sont devenus rouges ou violets ; et enfin un nombre relativement petit a acquis les différentes nuances de lilas, mauve, violet ou bleu.

Surdéveloppement

Ainsi, parmi les animaux, il existe de nombreux modèles et structures de couleurs qui apparaissent dans des genres très différents, comme, par exemple, la coloration de la pie chez les oiseaux. Nous traiterons plus en détail de ce phénomène en parlant de la coloration animale. Il existe certainement de nombreuses preuves qui semblent indiquer que, pour une cause ou une autre, une impulsion a été donnée à certains organes pour se développer selon des lignes définies. La réduction du nombre de chiffres dans plusieurs familles de mammifères qui ne sont pas très apparentées en est un bon exemple. Ce phénomène est, comme le souligne Cope, observé chez les marsupiaux, les rongeurs, les insectivores, les carnivores et les ongulés. Lui, étant lamarckien, attribue cela aux effets héréditaires de l'usage. Les Wallaceiens l'attribuent uniquement à l'action de la sélection naturelle. L'hypothèse d'une force de croissance ou d'une tendance au développement d'un chiffre au détriment des autres expliquerait également bien le phénomène. Et il est significatif que de nombreux paléontologues croient en une sorte de force de croissance. Dans le cas de certains animaux disparus, nous semblons avoir des exemples de surdéveloppement des organes. « Paléontologie », écrit Kellog à la p. 275 de son *Darwinisme aujourd'hui*, « nous révèle l'existence unique d'animaux, de groupes d'animaux et de lignées qui ont eu des caractéristiques qui ont conduit à l'extinction. La lourdeur des reptiles géants du Crétacé, l'habitude de vie fixe des crinoïdes, l'enroulement des ammonites et des nautiles, les bois gigantesques du cerf irlandais, tout cela sont des exemples de développement selon des lignes désavantageuses, ou à des degrés désavantageux. Les études statistiques de variation ont fait connaître de nombreux cas où la légère variation, encore non significative (dans une lutte à mort) dans la structure des insectes, dans les dimensions des pièces, dans les proportions relatives des zones superficielles non actives, ne sont pas fortuits, c'est-à-dire qu'ils ne se produisent pas de manière répartie uniformément autour d'une moyenne ou d'un mode selon la loi de l'erreur, mais montrent une tendance évidente et constante à se produire le long de certaines lignes, à s'accumuler dans certaines directions.

Il nous semble que la seule attitude appropriée à adopter dans l'état actuel de nos connaissances est de ne pas appeler à notre aide une force de croissance inconnue, mais simplement de dire qu'il existe des preuves démontrant que des variations se produisent fréquemment le long de certains niveaux définis. lignes seulement.

Vitesse des chevaux de course

La deuxième hypothèse de Darwin était qu'il n'y a pas de limite à laquelle les variations peuvent s'accumuler dans n'importe quelle direction ; qu'en ajoutant une variation infime à une autre à travers d'innombrables générations, de nouvelles espèces, de nouveaux genres, de nouvelles familles peuvent apparaître. Cette hypothèse, si elle est appliquée à des variations continues ou fluctuantes, semble contraire aux faits. Toutes les preuves disponibles montrent qu'il existe une limite définie jusqu'à laquelle d'infimes variations peuvent s'accumuler dans une direction donnée. Personne n'a réussi à élever un chien aussi gros qu'un cheval, ni un pigeon au bec aussi long que celui d'une bécassine. Dans le cas des chevaux de course, soigneusement sélectionnés pendant une longue période, il semble que nous ayons atteint la limite de vitesse que l'on peut atteindre par la multiplication de variations insignifiantes. Nous ne souhaitons pas dogmatiser, mais nous pensons que ces dernières années, la vitesse de nos chevaux de course n'a pas augmenté de manière significative.

MS Sidney dit, à la page 174 du *Cassell's Book of the Horse* : « En ce qui concerne la forme (allez *à* l'amiral Rous), le cheval de course britannique avait atteint la perfection en 1770, alors que « Eclipse » avait six ans. Il cite comme preuve les mesures du squelette de

« Eclipse » conservé au Musée du Royal College of Surgeons. Tous les efforts des éleveurs ont donc échoué sensiblement à améliorer la forme du cheval de course britannique au cours de plus d'un siècle et quart.

Expériences de De Vries

De Vries a réalisé quelques expériences importantes en vue de déterminer s'il existe ou non une limite à l'ampleur des changements qui peuvent être induits par la sélection de variations fluctuantes ou continues par opposition aux mutations. « J'ai trouvé par hasard », écrit-il, à la page 345 de *Espèces et variétés : leur origine par mutation* , « deux individus de la race « à cinq feuilles » (du trèfle) ; en les transplantant dans mon jardin, je les ai isolés et protégés de toute fertilisation croisée avec le type ordinaire. De plus, je les ai placés dans les conditions nécessaires au plein développement de leur caractère ; et enfin, mais non des moindres, j'ai essayé d'améliorer leur caractère autant que possible par une sélection très rigide et minutieuse. . . . Grâce à cette méthode, j'ai porté ma tension en deux ans à une moyenne de près de 90 pour cent. des plantules à feuille primaire divisée (ces plantules ayant en moyenne cinq feuilles chez l'adulte). . . . Cette condition a été atteinte par la sixième génération en 1894 et s'est avérée depuis lors être la limite, les chiffres restant pratiquement les mêmes à travers toutes les générations suivantes. . . . J'ai cultivé une nouvelle génération de cette race presque chaque année depuis 1894, en utilisant toujours la sélection la plus stricte. Cela a conduit à un type uniforme, mais n'a pas suffi à produire de nouvelles améliorations. De même, De Vries a trouvé chez la renoncule bulbeuse (*Ranunculus bulbosus*) une souche variant largement par le nombre de pétales ; c'est pourquoi il essaya, au moyen d'une sélection continue des fleurs ayant le plus grand nombre de pétales, de produire une fleur double, mais n'y parvint pas. Il réussit à faire évoluer une souche comportant en moyenne neuf pétales, certains individus en ayant jusqu'à vingt ou trente ; mais même en sélectionnant uniquement ces derniers, il ne pouvait pas augmenter le nombre moyen de pétales dans aucune génération au-delà de neuf. C'était la limite qu'il fallait atteindre par la sélection la plus rigoureuse des variations fluctuantes.

La sélection, basée sur des variations fluctuantes, ne conduit pas, affirme De Vries, à la production de races améliorées. « On n'obtient que des améliorations temporaires, et le choix doit être fait de la même manière chaque année. De plus, l'amélioration est très limitée et ne laisse présager aucune augmentation supplémentaire. Malgré des efforts prolongés, les horticulteurs n'ont pas encore réussi à créer une race bisannuelle de betterave ou de carotte qui ne donne pas continuellement naissance à des formes annuelles inutiles. À propos de la betterave, De Vries affirme que les variétés annuelles inutiles « reviendront certainement chaque année. Ils sont indéracinables. Tout individu est en possession de cette qualité latente, et susceptible de la convertir en activité dès que les circonstances provoquent son apparition, comme le prouve l'augmentation des annuelles dans les premiers semailles, c'est-à-dire dans des circonstances favorables à la croissance. la variété annuelle.

On objectera peut-être que ces expériences, qui semblent montrer qu'il y a une limite à laquelle une espèce peut être modifiée par l'accumulation de variations fluctuantes, n'ont pas pu être correctement réalisées, car toutes les diverses races de pigeons et autres animaux domestiques montrent clairement que des différences extraordinaires non seulement peuvent, mais ont effectivement été produites par la sélection de telles variations. Cette objection repose sur l'hypothèse selon laquelle les sélectionneurs n'ont traité, dans le passé, que de variations fluctuantes. Cette hypothèse ne semble pas justifiée. Il est extrêmement probable que la plupart, sinon la totalité, des variétés d'animaux domestiques sont issues de mutations. Prenez, par exemple, le pigeon tourbit moderne ; celui-ci est dérivé de l'ancien Court-bec, décrit et figuré il y a plus de deux siècles par Aldrovandus.

De Vries va jusqu'à affirmer que les différentes races de poires sont toutes des mutations ; que chaque saveur distincte est une mutation et qu'il est impossible de produire une nouvelle saveur en sélectionnant des variations fluctuantes. Il semblerait donc que dans chaque cas de production d'une nouvelle race, une mutation s'est produite qui a attiré l'imagination d'un éleveur, qui s'en est emparé et l'a perpétuée.

Tous les éléments disponibles tendent à montrer qu'il existe une limite – et une limite qui est rapidement atteinte – à l'ampleur des changements qui peuvent être produits par la sélection de variations fluctuantes ou continues. Nous semblons donc poussés à croire que l'évolution est basée sur le type de variation que le professeur Bateson appelle « variation discontinue » et que le professeur De Vries appelle « mutation ».

Dès 1894, Bateson publiait ses *Materials for the Study of Variation* , dans lesquels il exposait un grand nombre de cas de variations discontinues qu'il avait rassemblés. Il a souligné que les espèces sont discontinues, qu'elles sont nettement séparées les unes des autres, alors que « les environnements se fondent souvent les uns dans les autres et forment une série continue ». Alors, demanda-t-il, si les variations sont infimes et continues, ces espèces discontinues sont-elles apparues ? La variation ne peut-elle pas se révéler discontinue, et ainsi faire comprendre pourquoi les espèces sont discontinues ?

À la page 15 de l'ouvrage cité ci-dessus, nous trouvons : « La question préliminaire donc du degré de continuité avec lequel se produit le processus d'évolution n'a jamais été tranchée. En l'absence d'une telle décision, il existe néanmoins une hypothèse commune, tacite ou expresse, selon laquelle le processus est continu. L'immense conséquence d'une connaissance de la vérité à ce sujet apparaîtra en considérant les difficultés gratuites qui ont été introduites par cette hypothèse. La principale d'entre elles est la difficulté qui a été soulevée à propos de la construction de nouveaux organes dans leurs stades initiaux et imparfaits, du mode de transformation des organes et, en général, de la sélection et de la perpétuation de variations infimes. En supposant donc que les variations soient infimes, nous nous trouvons face à cette difficulté familière. On sait que certains appareils et mécanismes sont utiles à leurs possesseurs ; mais notre connaissance de l'histoire naturelle nous amène à penser que leur utilité dépend du degré de perfection dans lequel ils existent, et que s'ils étaient imparfaits, ils ne seraient pas utiles. Or, il est clair que dans tout processus continu d'évolution, de tels stades d'imperfection doivent se produire, et l'objection a été soulevée que la sélection naturelle ne peut pas protéger des mécanismes aussi imparfaits de manière à les élever à la perfection. Parmi les objections qui ont été formulées contre la théorie de la sélection naturelle, celle-ci est de loin la plus sérieuse.

Bateson a en outre souligné que les composés chimiques ne sont pas continus, qu'ils ne fusionnent pas progressivement les uns avec les autres, et a suggéré que nous pourrions nous attendre à un phénomène similaire dans le monde organique.

Ailleurs il dit : « Que celui qui croit à l'efficacité de la sélection opérant sur des fluctuations continues s'efforce d'élever un rat blanc ou un rat noir à partir d'une pure lignée de rats noirs et blancs, en choisissant pour l'élevage le plus blanc ou le plus noir ; ou encore d'élever un pois de senteur nain d'une race de grande taille en choisissant le plus petit. Ça ne marchera pas. La variation mène et la sélection suit.

Travaux de Bateson et De Vries

Mais les vues de Bateson tombèrent sur un terrain difficile, car les zoologistes sont pour la plupart des hommes de théorie et non des éleveurs pratiques. Ils travaillaient dans l'illusion que les mutations ou les « sports » sont rares par nature et que lorsque ceux-ci se produisent, ils doivent nécessairement être submergés par les croisements.

Cependant, la découverte du récit de l'abbé Mendel sur ses expériences sur la sélection des pois de senteur bâtards a ouvert les yeux de nombreux zoologistes, de sorte qu'ils ont enfin appris ce que les sélectionneurs pratiques savaient depuis d'innombrables années, à savoir que les sports ont une façon de perpétuer eux-mêmes. De plus, Mendel a pu donner une explication théorique de ses découvertes, de sorte que le nombre des partisans de la variation discontinue a considérablement augmenté ces derniers temps.

Bien que nous ne puissions pas être d'accord avec le professeur Bateson sur tout, nous reconnaissons volontiers l'immense valeur de son travail. Si ses déclarations de 1894 avaient reçu l'attention qu'elles méritaient, la théorie zoologique serait aujourd'hui considérablement plus avancée qu'elle ne l'est en réalité.

Le professeur De Vries est allé plus loin que Bateson, en greffant sur l'hypothèse darwinienne la théorie des mutations. Il a réalisé de nombreux travaux expérimentaux et a sans aucun doute apporté beaucoup de lumière nouvelle sur la manière dont les espèces apparaissent. Il est purement botaniste, de sorte qu'il ne raisonne qu'à partir de plantes. Nous pensons néanmoins que certaines de ses conclusions sont applicables aux animaux. Nous sommes loin d'accepter *dans sa totalité sa théorie des mutations* . Nous sommes cependant convaincus que, comme Bateson, il est sur la bonne voie. Il ne fait aucun doute qu'un grand nombre de formes nouvelles sont apparues soudainement, par sauts et non par degrés imperceptiblement lents. Avant de donner une liste des noms de quelques-unes des races, tant végétales qu'animales, qui semblent être apparues soudainement, il sera utile de considérer un peu quelques-unes des conceptions les plus importantes de De Vries.

Variétés et espèces élémentaires

Cet éminent botaniste, comme nous l'avons déjà vu, insiste sur la distinction entre variations fluctuantes et mutations. Les premiers correspondent, à toutes fins pratiques, aux variations continues de Bateson, et les seconds semblent être équivalents à ses variations discontinues.

Selon De Vries, toutes les plantes présentent des variations fluctuantes, mais seul un petit pourcentage présente un phénomène de mutation. La plus audacieuse de ses conceptions est que l'histoire de chaque espèce est faite d'une alternance de périodes d'inactivité, où se produisent seulement des variations fluctuantes, et d'activité, où des « essaims d'espèces » sont produits par mutation, et parmi celles-ci seulement quelques-unes à la fois. la plupart survivent ; la sélection naturelle, que De Vries compare à un tamis, déterminant lequel vivra et lequel périra.

Comme nous l'avons vu, De Vries ne croit pas que de nouvelles espèces puissent naître de l'accumulation de variations fluctuantes. Grâce à cela, la race peut être grandement améliorée, mais rien de plus ne peut être accompli. Ces variations suivent la loi de Quetelet, qui dit que, pour les phénomènes biologiques, les écarts par rapport à la moyenne obéissent aux mêmes lois que les écarts par rapport à la moyenne dans tout autre cas, s'ils sont régis par le seul hasard.

Les mutations sont de caractère très différent. Grâce à eux, de nouvelles formes, très différentes des espèces parentales, surgissent soudainement. De Vries dit que les mutations sont de deux sortes : celles qui produisent des variétés et celles qui aboutissent à de nouvelles espèces élémentaires.

Selon De Vries, les espèces végétales en mutation (il se réfère aux espèces des botanistes systématiques) sont de nature composite, étant constituées d'un ensemble de variétés et d'espèces élémentaires. Sa conception d'une variété est une plante qui diffère de la plante mère par la perte ou la suppression d'un ou plusieurs caractères, tandis qu'une espèce élémentaire diffère de la forme mère par la possession d'un caractère nouveau et supplémentaire. Mais laissons-lui parler pour lui-même : « Nous pouvons considérer (page 141 *Espèces et variétés*) comme la principale différence entre les espèces élémentaires et les variétés : que les premières naissent par l'acquisition de caractères entièrement nouveaux, et les secondes par l'acquisition de caractères entièrement nouveaux. perte de qualités existantes, ou par l'acquisition de particularités telles que celles que l'on peut déjà voir chez d'autres espèces alliées. Si nous supposons que les espèces et variétés élémentaires sont nées de sauts et de bonds soudains, ou de mutations, alors les espèces élémentaires ont muté dans la ligne de progression, certaines variétés ont muté dans la ligne de régression, tandis que d'autres ont divergé des types parentaux dans une ligne. de digression ou de répétition. . . . Le système (du règne végétal) est constitué d'espèces ; les variétés sont seulement locales et latérales, sans jamais avoir une réelle importance pour l'ensemble de la structure.

De Vries affirme que ces espèces élémentaires, une fois apparues, se reproduisent fidèlement et ne montrent que peu ou pas de tendance à revenir à la forme ancestrale. Nous ne pouvons, dit De Vries, déterminer que par l'expérience quelles plantes sont en état de mutation et lesquelles ne le sont pas. Cependant, la grande majorité ne se trouve pas actuellement dans un état de mutation.

Mutations

La distinction entre variation fluctuante et mutation a été grossièrement illustrée par le cas d'un bloc de bois massif présentant un certain nombre de facettes, sur l'une desquelles il repose. Si le bloc est légèrement incliné, il reviendra à son ancienne position lorsque la force qui l'a incliné sera supprimée. Une inclinaison aussi douce peut être comparée à une variation fluctuante d'un organisme. Cependant, si le bloc est incliné à un angle tel que lorsqu'il est laissé à lui-même, le bloc ne revient pas à son ancienne position, mais bascule et s'immobilise sur une autre facette, nous avons une représentation du type de changement indiqué par un mutation.

L'analogie est loin d'être parfaite, car elle donne à penser que la plus petite mutation doit nécessairement impliquer un écart par rapport au type normal plus considérable que celui de la plus grande variation fluctuante. Or, quoique les mutations consistent ordinairement en des écarts considérables par rapport à la moyenne ou au mode du type, tandis que les variations continues sont ordinairement des écarts infimes, il arrive quelquefois que les fluctuations extrêmes soient plus considérables que certaines mutations. Par conséquent, « fluctuant » décrit ce dernier type de variation avec plus de précision que « continu ».

Le test d'une mutation n'est donc pas tant l'ampleur de la déviation que le degré avec lequel elle est héréditaire. Les mutations ne montrent aucune tendance à un retour progressif à la moyenne de l'espèce mère ; les variations fluctuantes montrent effectivement une telle tendance. Une mutation consiste, comme le dit ME East, à la production d'un nouveau mode ou centre de fluctuation linéaire ; c'est comme un déplacement du centre de gravité ; le centre autour duquel se produisent ces fluctuations que nous appelons variations continues.

Comme il est d'une importance considérable de bien saisir la véritable nature des mutations ou des variations discontinues, et comme certains auteurs ne semblent pas comprendre en quoi réside la différence essentielle entre les deux sortes de variation, nous allons, au risque de paraître fastidieux, donner une autre illustration. Soit A une espèce d'oiseau dont la longueur moyenne de l'aile est de 20 pouces, et supposons qu'il existe des individus appartenant à cette espèce dans lesquels la longueur de l'aile varie jusqu'à 3 pouces de chaque côté de la moyenne ; il est ainsi possible de trouver des individus de cette espèce avec une aile aussi courte que 17 pouces ou aussi longue que 23 pouces. Soit B une autre espèce dont la longueur moyenne de l'aile est de 17 pouces, et supposons qu'une variation de 3 pouces de chaque côté de la moyenne se produise. Les individus appartenant à l'espèce B auront une aile aussi courte que 14 pouces ou aussi longue que 20 pouces. Ainsi, certains individus des espèces aux ailes courtes auront des ailes plus longues que certains individus des espèces aux ailes longues. De même, certains individus d'une espèce qui présentent une mutation peuvent présenter un écart moindre par rapport à la moyenne que certains individus présentant une variation fluctuante très prononcée. En d'autres termes, même si en mesurant la longueur de l'aile dans l'exemple ci-dessus, il n'était pas toujours possible de dire si un individu donné appartenait à l'espèce A ou B, il n'est pas toujours possible de le dire en regardant un individu qui présente une un écart considérable par rapport à la moyenne, que cet écart soit dû à une mutation ou à une variation fluctuante.

Loi de la régression

C'est seulement en observant l'effet de la particularité sur la descendance de son possesseur que l'on peut déterminer la nature de la variation. Lorsque la particularité est due à une variation fluctuante, la progéniture présentera la particularité à un degré diminué ; mais si la particularité est due à une mutation, la progéniture est susceptible de la manifester à un degré aussi marqué que le parent.

Fritz Müller et Galton ont mené des enquêtes indépendantes sur l'ampleur de la régression manifestée par la descendance des parents qui s'écartaient de la moyenne par une variation fluctuante.

Müller a expérimenté le maïs indien ; Galton avec le pois de senteur.

Chacun a constaté que là où l'écart des parents est représenté par le chiffre 5, celui de leur progéniture est généralement de 2, c'est-à-dire que l'écart qu'ils présentent est, en moyenne, inférieur à la moitié de celui de leurs parents.

En appliquant cette règle au cas hypothétique donné ci-dessus, si deux individus de l'espèce A ayant une longueur d'aile de 20 pouces sont croisés ensemble, leur progéniture aura, en moyenne, une longueur d'aile de 20 pouces, puisqu'aucun des parents n'a montré d'aile. écart par rapport à la moyenne. D'un autre côté, la progéniture des individus de l'espèce B ayant des ailes de 20 pouces présenterait, en moyenne, une longueur d'aile d'environ 18¼ pouces seulement. Ils ont tendance à revenir au mode que leurs parents avaient quitté.

Mais supposons que la déviation des parents dans ce cas soit due, non à une variation fluctuante, mais à une mutation ; cela signifierait qu'en raison d'un changement interne dans l'œuf qui a produit chaque parent, 20 pouces sont devenus la longueur normale de l'aile ; que la longueur normale de l'aile était soudainement passée de 17 pouces à 20 pouces.

Il en résulterait que leur progéniture aurait en moyenne une longueur d'aile de 20 pouces au lieu de 18¼ pouces, que le centre de variation en termes de longueur d'aile se serait soudainement déplacé de 17 à 20, qu'à l'avenir, tous des variations fluctuantes se produiraient de chaque côté de 20 pouces, au lieu de chaque côté de 17 pouces comme auparavant.

Ainsi, une variation est fluctuante ou une mutation selon qu'elle obéit ou non à la loi de régression de Galton.

Le dicton de De Vries

De Vries dit qu'il est dans l'essence des mutations qu'elles soient entièrement héréditaires. Cette affirmation, bien que essentiellement vraie, ne prend pas en considération le facteur de variation fluctuante. Par exemple, dans le cas ci-dessus si les deux individus de l'espèce B avaient muté en formes avec une aile de 20 pouces, leur progéniture variera néanmoins *entre eux*, certains d'entre eux auront des ailes plus courtes que 20 pouces et d'autres des ailes de plus de 20 pouces. en longueur. Mais la longueur moyenne des ailes de la progéniture des deux individus mutants sera de 20 pouces.

Voilà donc pour la différence pratique entre une mutation et une variation fluctuante. Au chapitre V. nous discuterons des causes possibles de la différence. En guise d'anticipation, nous pouvons dire que la suggestion que nous ferons est qu'une mutation est due à un réarrangement dans les particules qui représentent cette partie de l'organisme dans l'œuf fécondé, alors qu'une variation fluctuante est causée par des variations dans les particules elles-mêmes.

De Vries, il convient de le noter, fonde largement sa théorie sur des preuves expérimentales. Son dicton est que « l'origine des espèces est un objet d'observation expérimentale ». Il a, à notre avis, prouvé de manière concluante que des mutations se produisent parfois parmi les plantes et, en outre, que dans une plante en mutation, la même mutation tend à se produire encore et encore. Ce dernier point est un fait des plus importants, car il contribue dans une certaine mesure à surmonter la difficulté évoquée par Darwin selon laquelle les sports isolés doivent être submergés par un croisement continu avec le type normal. Si les mutations surviennent en essaims, comme l'affirme De Vries, alors toute mutation particulière est susceptible, tôt ou tard, de se croiser avec une mutation similaire et ainsi de se perpétuer.

Plantes en mutation

L'exemple classique de plante en mutation est l'onagre de l'espèce *Oenothera lamarckiana*. De Vries la décrit comme une plante majestueuse, avec une tige robuste, atteignant souvent une hauteur de 1,6 mètre ou plus. Les fleurs sont grandes et de couleur jaune vif, attirant immédiatement l'attention, même de loin. « Cette espèce frappante, écrit-il dans *Espèces et variétés* (p. 525), a été trouvée dans une localité près de Hilversum, dans les environs d'Amsterdam, où elle poussait en quelques milliers d'individus.

Ordinairement bisannuelle, elle produit des rosettes la première année et des tiges la deuxième année. Les tiges et les rosettes se sont révélées très variables, et bientôt des variétés distinctes ont pu être distinguées parmi elles.

« La première découverte de cette localité a été faite en 1886. Par la suite, je l'ai visité plusieurs fois, souvent hebdomadairement ou même quotidiennement, et toujours au moins une fois par an jusqu'à nos jours. Cette plante majestueuse présentait la particularité tant recherchée de produire chaque année un certain nombre de nouvelles espèces. Certains d'entre eux ont été observés directement sur le terrain, soit sous forme de tiges, soit sous forme de rosettes. Ces derniers ont pu être transplantés dans mon jardin pour une observation plus approfondie, et les tiges ont donné des graines à semer sous le même contrôle. D'autres étaient trop faibles pour vivre suffisamment longtemps sur le terrain. Ils ont été découverts en semant des graines de plantes indifférentes de la localité sauvage du jardin. Une troisième et dernière méthode pour obtenir encore plus de nouvelles espèces à partir de la souche originale était la répétition du processus de semis, en conservant et en semant les graines qui ont mûri sur les plantes introduites. Ces différentes méthodes ont conduit à la découverte de plus d'une douzaine de nouveaux types, jamais observés ou décrits auparavant. De Vries considère certaines de ces variétés comme des variétés, dans le sens dans lequel il emploie ces mots ; d'autres, affirme-t-il, sont de véritables espèces progressistes, dont certaines sont fortes et en bonne santé, d'autres plus faibles et apparemment pas destinées à réussir. Tous ces types se sont révélés absolument constants à partir des graines. « Des centaines de milliers de plants ont peut-être surgi, mais ils se réalisent toujours et ne reviennent jamais au type original d' *O. lamarckiana* . Mais certains d'entre eux sont cependant, comme leur forme parentale, sujets à des mutations. Le cas de l'onagre n'est en aucun cas un cas isolé. De Vries cite plusieurs autres exemples de plantes en état de mutation. « Le coquelicot commun, dit-il (p. 189), varie en hauteur, en couleur de feuillage et de fleurs ; ces dernières sont souvent doubles ou laciniées. Il peut contenir des graines blanches ou bleutées, les capsules peuvent s'ouvrir ou rester fermées, etc. Mais chaque variété est absolument constante et ne se croise jamais lorsque les fleurs sont pollinisées artificiellement et que les visites d'insectes sont exclues. De même, l'œillet de jardin donne parfois naissance à la forme épi de blé. « Dans cette variété, écrit De Vries (p. 228), la fleur est supprimée et la perte s'accompagne d'une augmentation correspondante du nombre de paires de bractées. Cette malformation se traduit par des épis carrés, ou des têtes quelque peu allongées, constituées uniquement de bractées verdâtres. Comme il n'y a pas de fleurs, la variété est tout à fait stérile et, comme elle n'est pas considérée par les horticulteurs comme une amélioration par rapport aux œillets brillants ordinaires, elle est rarement multipliée par marcottage. Néanmoins, il apparaît de temps en temps et a été vu dans différents pays et à différentes époques, et ce qui est d'une grande importance pour nous, dans différentes souches d'œillets. Bien que stérile et qu'il s'éteigne évidemment aussi souvent qu'il surgit, il a près de deux siècles. Elle a été décrite au début du XVIIIe siècle par Volckamer, puis par Jaeger, De Candolle, Weber, Masters, Magnus et bien d'autres botanistes. Je l'ai eu deux fois, à des moments différents et auprès de producteurs différents. De même, le dahlia vert à longue tête est apparu à deux reprises il y a quelques années dans la pépinière de MM. Zocher & Co.

De plus, le lin crapaud pélorique (*Linaria vulgaris peloria*) est, nous informe De Vries, « connu pour être originaire du type ordinaire à différentes époques et dans différents pays dans des conditions plus ou moins divergentes ». Et comme cette variété est entièrement stérile, elle doit dans chaque cas avoir une origine indépendante. Enfin, le hêtre pourpre semble être une mutation qui s'est produite au moins trois fois.

La théorie des mutations critiquée

Quiconque s'intéresse à la théorie biologique devrait lire *Espèces et variétés* et *Sélection végétale* de De Vries, ouvrages d'une valeur inestimable pour l'horticulteur et l'agriculteur ainsi que pour le biologiste.

Sans vouloir nuire en aucune façon au travail vraiment splendide accompli par De Vries, nous nous sentons contraints de porter plusieurs accusations contre lui.

Premièrement, il souffre de la plainte qui saisit neuf auteurs de nouvelles théories sur dix. Il pousse sa théorie à l'extrême ; il laisse son imagination s'enfuir avec lui. Nous ne pensons pas que, sur la base des preuves disponibles, il soit justifié d'affirmer que chaque espèce passe par une alternance de périodes de quiescence relative et de périodes au cours desquelles elle rejette, sous forme de mutations, des essaims d'espèces élémentaires. Il a raison d'affirmer que la variation discontinue n'est en aucun cas un phénomène rare, mais il ne semble pas prudent d'aller plus loin à l'heure actuelle.

Deuxièmement, il devrait insister davantage sur le fait qu'Oenothera *lamarckiana* est une plante qui ne paraît pas connue à l'état sauvage, et qu'il s'agit donc peut-être d'une plante hybride, et des espèces dites élémentaires qu'elle dégage. peut être simplement les variétés à partir desquelles il a été construit. Boulenger et Bailey ont tous deux étudié cette plante, et ils n'ont pas pu constater toutes les mutations dont parle De Vries, de sorte que le premier dit : « Le fait qu'Oenothera lamarckiana ait été *initialement* décrit à partir d'une fleur de jardin, cultivée dans la région parisienne. *Jardin des Plantes* , et que, malgré des recherches assidues, elle n'a été découverte à l'état sauvage nulle part en Amérique, favorise la probabilité qu'elle ait été produite par croisement de diverses formes de l'Oenothera biennis polymorphe, qui avait été précédemment introduite en *Europe* .

Définition d'une espèce

On a en outre objecté que, même si ces diverses formes que produit l'onagre de Lamarck sont de véritables mutations, elles ne devraient pas être appelées espèces nouvelles, car elles ne diffèrent pas suffisamment de l'espèce mère pour mériter le nom d'espèce nouvelle. La réponse à cette critique est que De Vries affirme que les mutations produisent de nouvelles espèces élémentaires, qui ne sont pas la même chose que de nouvelles espèces au sens ordinaire du terme. La plupart des espèces linnéennes diffèrent les unes des autres dans une bien plus grande mesure que les espèces élémentaires. Il nous semble évident que les nouvelles espèces naissent, non pas d'une seule mutation, mais de deux ou trois mutations successives qui se produisent dans diverses parties d'un organisme.

Naît d'abord une variété bien marquée, par une seule mutation. Des mutations ultérieures s'ensuivent, de sorte qu'une race distincte est produite. Et finalement, de nouvelles mutations se produisent, de sorte qu'une nouvelle espèce est finalement produite.

Ce que De Vries appelle une espèce élémentaire, la majorité des systématiciens appelleraient une variété bien marquée.

Nous pouvons saisir cette occasion pour remarquer que la définition d'une espèce est une définition sur laquelle les naturalistes ne semblent pas pouvoir s'entendre.

Le domaine de la biologie est si vaste que les biologistes sont aujourd'hui obligés de se spécialiser dans une certaine mesure. Ainsi avons-nous des botanistes, des ornithologues, ceux qui se consacrent à l'étude des mammifères, ceux qui se limitent aux reptiles, ou aux insectes, ou aux poissons, ou aux crustacés, ou aux bactéries, etc.

Or, chaque classe de systématistes a son propre critère particulier quant à ce qui constitue une espèce. Les ornithologues ne semblent pas très exigeants. La plupart d'entre eux semblent considérer une différence constante de couleur suffisante pour la formation d'une espèce d'oiseaux présentant une telle variation. Ceux qui étudient les reptiles, en revanche, n'admettent pas qu'une simple différence de couleur soit suffisante pour promouvoir son propriétaire à un rang spécifique. Nous ne pouvons pas entrer dans ces belles questions. Pour notre propos, une espèce est un groupe d'individus qui diffèrent de tous les autres individus par la présentation de certains caractères bien marqués et assez constants, qu'ils transmettent à leur progéniture.

Notre argument est donc que les nouvelles espèces, dans l'usage ordinairement accepté du terme, ne naissent pas en règle générale d'un seul coup (bien qu'elles puissent parfois le faire), mais sont le résultat de l'accumulation de plusieurs mutations ou de plusieurs mutations. variations discontinues. Certaines de ces mutations sont extrêmement bien marquées, tandis que d'autres sont si petites qu'il est impossible de les distinguer des variations fluctuantes les plus extrêmes. Avant de passer à l'examen de quelques cas de mutations bien marquées survenues chez les animaux et les plantes, nous aimerions profiter de cette occasion pour souligner qu'en ce qui concerne les expériences sur l'évolution, le botaniste est dans une situation bien plus favorable que le zoologiste.

Le botaniste est capable de reproduire de nombreuses espèces par voie végétative, *par exemple* par bouturage, et peut ainsi facilement multiplier les exemples de mutation. Il peut également reproduire la grande majorité des plantes par autofécondation et n'éprouve ainsi aucune difficulté à « fixer » une nouvelle forme. Encore une fois, les plantes sont beaucoup plus faciles à contrôler que les animaux ; en règle générale, ils peuvent être transplantés sans que leur capacité de reproduction ne soit altérée. De plus, ils produisent un plus grand nombre de descendants que les plus prolifiques des animaux supérieurs. L'éleveur est donc évidemment désavantagé par rapport à l'horticulteur. Ce n'est qu'avec beaucoup de difficulté qu'il parvient à fixer les mutations qui apparaissent dans sa souche.

« Souche Scatliff » de Turbit

L'histoire de la production de la « souche Scatliff » de turbot offre un bon exemple du type de difficultés auxquelles sont confrontés les éleveurs.

Les colombophiles exigent que le turbot idéal ait, entre autres choses, un « balayage » ininterrompu, c'est-à-dire que la ligne du profil depuis la pointe du bec jusqu'à l'arrière de la tête soit un arc de cercle. En règle générale, cette ligne est interrompue par la prolifération de caroncules à la base du bec. M. Scatliff, cependant, a réussi à créer une variété qui possède la description de profil requise.

« En 1895 », écrit M. HP Scatliff à la page 25 de *The Modern Turbit* , « j'ai visité les colombiers de M. Houghton et j'ai acheté trois ou quatre oiseaux de stock très robustes et au bec court. . . . L'année suivante, j'en ai accouplé à l'une de mes propres poules noires et j'ai élevé l'un des oiseaux d'exposition les plus réussis jamais élevés, à savoir. 'Champion Ladybird', une poule noire. . . . La plupart des grands juges et de nombreux éleveurs de turbots ont remarqué le magnifique profil de cette poule, qui semble s'améliorer avec l'âge au lieu de s'aggraver, comme c'est l'habitude chez les oiseaux à caroncules plutôt grossières. Moi aussi, j'avais remarqué cela, et cela m'a ouvert les yeux sur un point dans l'élevage de turbits que je n'avais jamais entendu mentionner par aucun juge ou éleveur de turbits, et que je crois souligner maintenant pour la première fois sous forme imprimée, à savoir. que les plumes sur son bec qui formaient son devant *poussaient du haut et jusqu'à l'avant de son bec, et non pas légèrement derrière* , comme dans presque tous les autres tourbits de son époque ; ainsi, à mesure que l'acacia se développpait et devenait plus grossier, le devant devenait plus développé et agrandissait la tête sans gâcher en aucune façon la portée du profil.

« La même année où 'Ladybird' a été créée, j'en ai élevé huit autres du même couple, et à une exception près, toutes se sont révélées être des poules. Il n'y avait cependant qu'une seule autre poule (une dun), qui avait ce même point, mais à un moindre degré que

"Ladybird", et de ces deux poules presque tous mes noirs et plusieurs de mes bleus descendent.

UN TURBIT APPARTENANT À M. HP SCATLIFF

M. Scatliff, ayant « repéré » ce point, chercha autour de lui un autre oiseau ayant la particularité, dans le but, si possible, de fixer le même dans sa souche. Il découvrit ce point chez un pigeon appartenant à M. Johnston de Hull et acheta l'oiseau pour 20 £. Mais il mourut au printemps suivant sans donner un seul petit à M. Scatliff. L'année suivante, Scatliff découvrit qu'un oiseau appartenant à M. Brannam possédait la particularité requise et l'acheta ainsi pour 20 £. Mais ce coq est également mort avant que quoi que ce soit ne soit issu de lui. Rien n'a été intimidé, Scatliff a découvert qu'un autre coq de Brannam présentait la même particularité, il l'a donc acheté en 1899 pour 15 £, mais il est également décédé avant la fin de l'année. Pendant ce temps, Scatliff avait, en accouplant "Ladybird" avec le plus probable de ses propres coqs, réussi à produire un ou deux jeunes coqs avec la pointe désirée. En les croisant avec leur mère « Ladybird » et leur progéniture à nouveau avec « Ladybird », Scatliff a finalement réussi à reproduire des tourteaux, noirs et bruns, avec la particularité requise pleinement développée, mais pas avant d'avoir dépensé une somme supplémentaire de 55 £. sur deux autres coqs, tous deux morts avant de pouvoir s'accoupler avec la célèbre « Coccinelle ». Cependant, au milieu de tous ses malheurs, Scatliff nous informe qu'il a acheté un oiseau, nommé « Amazement », qui l'a aidé à réparer sa souche. Ainsi, Scatliff a dépensé plus de 100 £ en achats et a mis huit ans à régler la particularité en question. Si « Ladybird » avait été une fleur, la particularité aurait probablement pu être corrigée en une génération par autofécondation.

Ceci fournit un excellent exemple de la peine que les éleveurs prendront et des dépenses qu'ils feront pour produire le résultat désiré. Néanmoins, il semble que ce soit la mode chez les hommes de science de dénoncer le travail des sélectionneurs.

Passons maintenant aux cas de mutations connues chez les animaux.

MUTATIONS CHEZ LES ANIMAUX

Certains cas de variations importantes et soudaines chez les animaux domestiques sont devenus classiques et ont été détaillés dans presque tous les travaux sur l'évolution. Ce sont d'abord les célèbres bovins sans cornes du Paraguay. Cette race sans cornes, ou plutôt l'ancêtre de la race, est née tout à coup.

De nombreuses races d'animaux domestiques à cornes, en particulier les moutons et les chèvres, se livrent à des sports sans cornes. Si l'on trouvait dans la nature une race de buffles sans cornes, elle serait sans aucun doute classée parmi les espèces nouvelles, et les Wallaceiens feraient sans doute preuve de beaucoup d'ingéniosité pour expliquer comment la sélection naturelle a provoqué la disparition graduelle des cornes ; et les paléontologues, déconcertés dans leur recherche d'intermédiaires entre les espèces sans cornes et leurs ancêtres cornus, se plaindraient de l'imperfection des archives géologiques.

On pourrait peut-être affirmer que cette mutation sans cornes était une conséquence directe des conditions non naturelles auxquelles les bovins du Paraguay étaient soumis. On peut affirmer que, puisqu'il n'existe aucune espèce de bovins sans cornes dans la nature, de telles mutations ne se sont jamais produites sous des conditions naturelles. conditions, et donc le bétail du Paraguay ne prouve rien. En effet, nous savons que dans la nature se produisent de très nombreuses mutations qui ne se perpétuent pas car non bénéfiques à l'espèce. Un individu sans cornes à l'état sauvage n'aurait que peu de chances de se battre pour les femelles contre ses frères à cornes. Il faut garder clairement à l'esprit que la théorie de la mutation ne cherche pas à abolir la sélection naturelle ; cela fournit simplement à cette force quelque chose de substantiel sur lequel travailler.

Le deuxième exemple classique d'un saut fait par la nature est fourni par la race Franqueiro de bovins à longues cornes au Brésil. Ceux-ci nous fournissent un exemple de mutation dans l'autre sens. Ensuite, il y a la race bovine Niata ou bull-dog, qui est également sud-américaine. Ces exemples semblent indiquer que le bétail est ce que De Vries appellerait « dans un état de mutation » dans cette partie du monde.

Les autres exemples classiques de variations grandes et soudaines sont le mouton Ancon du Massachusetts, la race Mauchamp du mouton mérinos, les dindes touffues et la race des cobayes à poil long.

Les « chevaux merveilleux », dont la crinière et la queue atteignent une longueur extraordinaire, de manière à traîner sur le sol, peuvent peut-être être cités comme une race née d'une mutation soudaine. Ils descendent tous d'un seul individu, Linus Ier, dont la crinière et la queue mesuraient respectivement dix-huit et vingt et un pieds de long. Mais dans ce cas, il est important de noter que les parents et grands-parents de Linus I. avaient les cheveux exceptionnellement longs.

Mutations chez les oiseaux

En ce qui concerne les oiseaux, nous trouvons plusieurs exemples incontestables de mutations ou de formes nouvelles apparues soudainement.

Le paon à ailes noires, dont Darwin a commenté les particularités, offre un exemple frappant de ce phénomène. Ces oiseaux se reproduisent fidèlement lorsqu'ils sont accouplés ensemble et sont connus pour être issus de paons communs dans pas moins de neuf cas. Les coqs ont les ailes (sauf les piquants primaires), noires lustrées de bleu et de vert, et les cuisses noires, alors que, chez le paon ordinaire, la même partie de l'aile est presque entièrement marbrée de noir et de chamois pâle, et les cuisses sont ternes. La poule aux ailes noires, en revanche, est presque blanche, mais a une queue noire et des mouchetures noires sur la surface supérieure du corps, tandis que ses piquants primaires sont de couleur cannelle comme chez le paon mâle, et non ternes comme chez les poules normales. . Les jeunes sont blancs à l'éclosion, le jeune coq prenant progressivement la couleur foncée à mesure qu'il grandit.

Cette mutation, qui, dans un cas cité par Darwin, s'est accrue parmi un troupeau de paons jusqu'à ce que les paons à ailes noires supplantent l'espèce ordinaire, est si distincte en apparence à tous les stades qu'elle était autrefois supposée être une véritable espèce (Pavo nigripennis) . , dont l'habitat sauvage était inconnu.

Le Faisan doré (*Chrysolophus pictus*) produit, lors de la domestication, la forme à gorge sombre (*C. obscurus*), dans laquelle le coq a la gorge noire de suie au lieu de chamois, et les scapulaires ou plumes des épaules noires au lieu de rouges. De plus, les deux rectrices médianes sont barrées de noir et de brun comme les latérales, tandis que dans la forme ordinaire elles sont tachetées de brun sur fond noir. Les poules ont une couleur de fond brun chocolat au lieu de jaune ocre comme chez le type normal. Les poussins sont également plus foncés.

Le canard commun, en domestication, lorsqu'il est coloré comme le canard colvert sauvage, produit parfois une forme dans laquelle la poitrine chocolat et le collier blanc du canard sont absents, le gris crayonné de l'abdomen atteignant jusqu'au cou vert. Dans cette mutation, le canard a la tête uniformément mouchetée de noir et de brun, et n'a pas les sourcils clairs et les rayures sur les joues que l'on trouve chez le canard normal. Les deux sexes ont la barre sur l'aile d'un noir terne au lieu d'un bleu métallique.

Les canetons qui portent finalement ce plumage sont entièrement noirs de suie, et non noirs et jaunes comme les canetons normaux.

Le phénomène de mutation ne se limite pas aux animaux en état de domestication. La Chouette chevêche d'Europe (*Athene noctua*) a produit la mutation *A. chiaradiæ* à l'état sauvage. Chez celui-ci, les iris sont sombres, au lieu de jaunes comme dans le type normal, et le plumage du dos des ailes est strié longitudinalement de blanc au lieu d'être barré. Plusieurs exemples de cette forme ont été trouvés, avec des jeunes normaux, dans le nid d'un couple particulier de chouettes chevêches en Italie, mais la famille entière a été bêtement exterminée par les ornithologues locaux.

Le Bruant des roseaux (*Emberiza schœniclus*) existe sous deux formes distinctes, l'une ayant un bec beaucoup plus gros que l'autre (*E. pyrrhuloides*). C'est probablement un exemple de mutation.

Le rare pinson à croupion jaune (*Munia flaviprymna*), d'Australie, a montré une tendance à se transformer en pinson à poitrine marron (*M. castaneithorax*), allié et bien plus commun, au cours de la vie de l'individu (*Avicultural Magazine* , 1907). À l'inverse, on a trouvé que le mâle du tisserand à bec rouge (*Quéléa quelea*) d'Afrique, dans sa vieillesse, revêtait les caractères du *Q. russi* , *relativement rare* , sa gorge noire devenant chamois pâle comme sous cette forme.

Tout le monde connaît la variété à carreaux du pigeon commun, dont les ailes sont régulièrement marbrées de noir au lieu d'être barrées. Cette forme se rencontre parfois chez les oiseaux sauvages, de sorte qu'elle a été décrite comme une espèce distincte. Il est important de noter qu'il existe des pions rouges, bruns et argentés ainsi que des pions bleus.

Diamants à croupion jaune et à poitrine marron, avec spécimens
à l'état de transition

A gauche, le pinson à croupion jaune ; à droite, la poitrine
alezane ; oiseaux en état de changement au milieu.

Une mutation bien marquée qui apparaît régulièrement dans la nature est la variété à tête rouge du magnifique pinson de Gould (*Pöephila mirabilis*) d'Australie du Nord. Normalement, la tête du coq est noire, mais dans environ dix pour cent. parmi les individus, le coq a la tête pourpre, tandis que celle de la poule est pourpre terne et noire.

Les mutations qui surviennent avec une telle régularité sont certainement rares. D'un autre côté, il existe certaines mutations que l'on peut s'attendre à voir apparaître chez n'importe quelle espèce végétale ou animale.

Les formes albinos en sont un bon exemple, et nous voyons moins fréquemment des variétés blanches qui ne sont pas de purs albinos, car l'œil conserve au moins une partie du pigment normal. A titre d'exemple, on peut citer parmi les animaux domestiques les chiens blancs, les chats, les poules, les chevaux, les canards, les oies et les moineaux de Java, ainsi que les formes blanches du dauphin d'Amazonie et du pétrel géant des mers du Sud (Ossifraga gigantea) parmi les créatures *sauvages* . .

Dans une mutation blanche, l'œil peut perdre tout son pigment, et nous avons alors un véritable albinos. De telles formes, en raison de leur vision imparfaite, ne peuvent pas survivre à l'état naturel, c'est pourquoi aucune espèce sauvage aux yeux roses n'est connue.

L'œil peut également présenter une perte partielle de pigment, comme par exemple dans les formes domestiques blanches de l'oie commune, de l'oie chinoise et du canard de Barbarie. Finn a vu un cas dans lequel les yeux d'un lapin aux yeux roses se sont transformés après sa mort en ce type d'œil, c'est-à-dire avec la pupille noire et l'iris bleu. Il est à remarquer que ce genre d'œil se rencontre quelquefois chez les chevaux, les lapins et les chiens de couleur. Enfin, nous avons des mutations blanches dans lesquelles l'œil ne perd aucun pigment. Ceux-ci sont abondants dans la nature, et probablement la plupart des espèces d'oiseaux blancs, comme par exemple certaines aigrettes, cygnes, etc., sont apparues de cette manière. [4] Les espèces d'un blanc pur sont relativement rares dans la nature, car, sauf dans les régions enneigées, les créatures blanches sont facilement visibles par leurs adversaires. La plupart des oiseaux blancs sont de taille considérable et capables de prendre soin d'eux-mêmes.

De même, les mutations noires se produisent fréquemment chez les animaux, tant à l'état domestique qu'à l'état naturel. Tous connaissent les chiens noirs, les chats, les chevaux, les poules, les canards, les pigeons. Les mutations noires, cependant, ne se produisent pas aussi fréquemment que les mutations blanches. À notre connaissance, aucune mutation noire n'a été enregistrée chez les canaris, les oies, les pintades, les furets, les moineaux de Java ou les colombes, qui produisent tous des mutations blanches.

En revanche, à l'état sauvage, les espèces noires sont plus fréquentes que les formes blanches aux yeux normaux. C'est probablement parce que ces créatures sont moins visibles que les blanches. Comme exemples de mutations noires qui surviennent dans la nature, on peut citer les léopards noirs, les rats d'eau, les écureuils, les renards, les cerfs aboyeurs (*Cervulus muntjac*), les aigles faucons, les busards busards, les papillons de nuit poivrés (*Amphidasys betularia*), etc.

Que de nombreuses espèces noires soient issues de mutations soudaines à partir d'animaux de couleur plus claire semble assez certain d'après le fait qu'à Malacca, le léopard noir forme une race locale ; que certains singes Gibbons sont aussi souvent noirs que clairs ; que l'ours noir américain est parfois brun, tandis que les autres ours, lorsqu'ils ne sont pas bruns, sont presque invariablement noirs.

Mutations de couleur

Il n'est pas rare, bien que plus rare que les formes noires ou mélaniques, de trouver des variétés rougeâtres ou marron. Ceux-ci se produisent à la fois chez les animaux domestiques et sauvages. Parmi les créatures domestiques, les chats sablonneux, les pigeons « roux », les poules chamois, les chevaux alezans, les cobayes rouges offrent des exemples de cette mutation. Parmi les animaux sauvages, de nombreuses espèces d'écureuils, qui ne sont pas naturellement rouges, produisent des mutations rouges ; et certaines chouettes lapones, comme par exemple la race indienne des Scops (*Scops giu*), rejettent une forme rouge ou alezan. Comme chacun le sait, certaines espèces sont normalement rouges.

Les espèces vertes ou olive produisent souvent des mutations jaunes. Comme exemples, nous pouvons citer les canaris jaunes, les perruches jaunes (*Melopsittacus undulatus*), les poissons rouges, la tanche dorée et la forme dorée de la carpe commune parmi les animaux captifs ; et parmi les animaux à l'état de nature, on a enregistré des formes jaunes du perroquet à collier (*Palæornis torquatus*), du pic vert, du brochet et de l'anguille. Ces formes lutinistes ont généralement des yeux normalement colorés. Parfois, mais très rarement, ces formes jaunes ébranlent les sports blancs, comme par exemple la forme « argentée » du poisson rouge. Finn a vu une variété blanche de carpe commune. Les canaris blancs sont excessivement rares, tandis que les perruches blanches sont inconnues.

Il convient de noter que les espèces d'oiseaux et de poissons entièrement jaunes sont inconnues. Nous suggérons que l'explication de ceci est que le jaunissement est corrélé à une caractéristique physique défavorable à un organisme exposé à la lutte pour l'existence ; par conséquent, les individus jaunes ne sont pas autorisés à survivre. Chez certaines espèces de papillons nocturnes, on trouve des individus dont les parties normalement rouges sont jaunes. Selon Bateson, une fosse à craie à Madingly, près de Cambridge, est connue depuis longtemps des collectionneurs comme l'habitat d'une forme marquée en jaune de la pyrale du burnet à six points (Zygæna filipendulæ). Ces formes lutinistes ne se limitent pas à un seul genre de papillons. De plus, chez le pinson à queue courte (*Eythrura prasina*) de l'archipel oriental, la queue rouge et les autres parties rouges du plumage sont souvent remplacées par du jaune chez les individus sauvages des deux sexes et de tout âge. Chez le perroquet à front bleu d'Amazonie (*Chrysotis æstiva*) - un oiseau très variable - le bord normalement rouge du pignon est parfois jaune. Bateson, dans son *ouvrage Materials for the Study of Variation* , donne d'autres exemples de ce type de variation.

Mutations chez les invertébrés

Comme autres exemples de mutations chez les animaux qui ont été observées dans la nature, nous pouvons citer la forme *valezina* de la femelle du papillon fritillaire argenté (*Argynnis paphia*) et la forme *hélicoïdale* de la femelle papillon jaune trouble (*Colias edusa*).

La méduse commune est un organisme qui se dérègle fréquemment du sport, et certains zoologistes sont d'avis que la médusoïde *Pseudoclytia pentata* est née d'une variation discontinue de *l'Epenthesis folleata* ou d'une forme étroitement apparentée. Thomson discute assez longuement de ce cas particulier aux pages 87-89 de son ouvrage *Heredity* , et donne son opinion que les preuves en faveur de ce dernier origine d'une mutation sont « extrêmement fortes ».

Espèces en mutation

Nous croyons que de nombreuses espèces d'oiseaux qui existent dans la nature sont dérivées d'autres espèces qui existent encore, mais comme personne n'a jamais vu la mutation se produire, nous ne pouvons en fournir aucune preuve. Nous nous appuyons simplement sur le fait que les espèces en question diffèrent si légèrement les unes des autres qu'il semble fort probable qu'elles soient soudainement apparues et aient réussi à s'établir à côté de l'espèce mère.

Les Curassows, *Crax grayi* , *C. hecki* , dont chacun n'est connu que par un très petit nombre de spécimens, semblent être des mutations de la femelle du Curassow globuleux, *Crax globicera* . Le fait que lorsqu'une femelle *hecki* s'est reproduite dans les jardins zoologiques de Londres avec un mâle *globicera* , le jeune solitaire qui a vécu jusqu'à grandir était un pur *globicera* , rend l'hypothèse presque certaine.

Le Chamba Monaul (*Lophophorus chambanus*) semble être une mutation du mâle du Monaul commun ou Faisan Impeyan (*Lophophorus impeyanus*), l'espèce commune de l'Himalaya.

Le mannequin tricolore (*Munia malacca*) du sud de l'Inde est probablement simplement une forme à ventre blanc du mannequin à tête noire (*M. atricapilla*), dont l'abdomen est châtain comme le dos. Des formes intermédiaires capturées dans la nature ont été enregistrées.

Le Cordon-bleu africain (*Estrelda phœnicotis*) et le Waxbill à ventre bleu (*E. cyanogastra*) semblent également être des mutations, car presque la seule différence entre eux réside dans le fait que le mâle du premier a une joue cramoisie, ce qui manque dans ce dernier.

Le Roselin annelé (*Stictoptera annulosa*) de Java et le Diamant de Bicheno (*S. bichenovii*) d'Australie ne diffèrent que par le fait que le premier a le croupion noir, tandis que le second est blanc, et cette différence semble être de la nature d'un mutation.

Ainsi, pourrait-on suggérer, la poitrine d'un blanc pur de l'Oie des hautes terres mâle (*Chloëphaga magellanica*), dont une partie, chez le très similaire *C. dispar* , est barrée comme chez les femelles, cette dernière forme étant probablement l'ancêtre.

Les différences entre la Grue couronnée du Cap (*Balearica chrysopelargus*) et l'espèce à cou foncé d'Afrique de l'Ouest (*B. regulorum*) ne semblent pas non plus dépasser celles qui pourraient être expliquées par une mutation.

Des formes particulières, comme un lapin au cerveau alambiqué ou une souris avec un motif particulier de dents molaires, ont été découvertes par les anatomistes.

Les mutations citées ci-dessus sont toutes très considérables, et nous ne prétendons pas avoir mentionné le dixième de celles qui ont été effectivement enregistrées.

Nous espérons avoir rassemblé et présenté suffisamment de preuves pour montrer que le phénomène de variation discontinue est un phénomène très général, ce qui semble aller à l'encontre de l'hypothèse de De Vries selon laquelle les espèces traversent alternativement des périodes de stabilité relative et des périodes où les essaims se multiplient. des mutations apparaissent. Nous pensons qu'il est plus probable que toutes les espèces provoquent à des intervalles plus ou moins longs des variations discontinues, et que c'est sur celles-ci qu'agit la sélection naturelle.

Nous espérons en outre avoir réussi à faire apparaître clairement ce que nous croyons être la distinction très nette entre les variations continues et discontinues, même lorsque ces dernières sont peu considérables, comme cela arrive fréquemment.

Variations somatiques et germinales

Avant de quitter le sujet de la variation, il faut remarquer la distinction, que Weismann a été le premier à souligner, entre variations somatiques et germinales.

Tout organisme adulte doit être considéré comme le résultat de deux ensembles de forces ; les tendances héritées ou les forces internes, et l'action de l'environnement ou des forces externes. Les différences que présentent les divers membres d'une famille sont dues en partie aux différences initiales dans le matériel germinal qui les compose, et en partie aux différences de leur environnement. Les premières différences sont le résultat de ce que nous pourrions appeler des variations germinales, et les secondes le résultat de variations somatiques. Il n'est pratiquement jamais possible de dire qu'une variation particulière est germinale ou somatique, car avant même sa naissance, un organisme en développement a été soumis à des influences environnementales. L'un des membres d'une portée peut avoir reçu plus de nourriture que les autres. Néanmoins, toute variation marquée qui apparaît à la naissance est probablement en grande partie germinale. Selon Weismann et la majorité des zoologistes, il existe une différence fondamentale entre ces variations germinales et somatiques, dans la mesure où les premières ont tendance à être héritées, tandis que les secondes ne le sont jamais. Weismann croit que très tôt dans la formation de l'embryon, les cellules qui formeront les organes générateurs de l'organisme en développement sont séparées des cellules qui serviront à construire le corps et s'en isolent autant que si elles étaient contenues dans le corps. dans un flacon hermétiquement fermé, afin qu'ils restent totalement insensibles aux changements que l'environnement provoque dans les cellules somatiques. Par conséquent, dit Weismann, les caractères acquis ne peuvent pas être hérités.

Alors que la majorité des zoologistes croient que les caractères acquis ne sont pas hérités, peu nombreux sont ceux qui iront aussi loin que Weismann et déclareront que l'environnement ne peut exercer *aucun* effet sur les cellules germinales.

Variations somatiques

Même si les caractères ou variations acquis ne sont pas hérités, il ne s'ensuit pas qu'ils ne jouent pas un rôle important dans l'évolution. Les variations acquises résultent de la manière dont un organisme réagit à son environnement. Si un organisme est incapable de réagir à son environnement, il périra inévitablement. S'il est capable de réagir, peu importe, pour les chances de survie de l'organisme, que l'adaptation soit le résultat d'une variation congénitale ou somatique. Cela sera rendu clair par un exemple hypothétique. Supposons qu'un certain mammifère soit contraint, en raison de l'intensité de la lutte pour l'existence, de migrer vers les régions arctiques. Supposons en outre que cet organisme soit la proie d'une créature qui chasse à la vue plutôt qu'à l'odorat. Imaginons encore que cette espèce prédatrice soit plus rapide que notre animal dont elle se nourrit. Il est évident que, toutes choses étant égales par ailleurs, plus la créature dont elle est la proie s'assimile étroitement à son environnement, plus elle a de chances d'échapper à l'observation de ses ennemis, et ainsi de survivre et de donner naissance à une progéniture . Supposons maintenant que la lumière du sol enneigé blanchisse son pelage. Ce blanchiment de la fourrure est une variation somatique, induite par l'environnement. Un tel animal sera aussi difficile à voir, si le blanchiment est tel qu'il le rend blanc comme neige, que si sa blancheur était due à une variation germinale. Ainsi, quant à ses chances de survie, peu importe que sa blancheur soit le résultat d'une variation germinale ou somatique. Mais si la blancheur est due à une variation somatique, sa progéniture ne montrera aucune tendance à hériter de la variation ; ils devront à leur tour subir le processus de blanchiment. Si, en revanche, la blancheur est due à une variation germinale, la progéniture aura tendance à hériter de cette particularité et à naître blanche. Dans un tel cas, il est peu probable que la fourrure d'un organisme naturellement coloré soit complètement blanchie par la neige et, même si c'était le cas, le processus de blanchiment prendrait du temps, tandis que la créature serait relativement visible. De sorte que celles qui sont naturellement plus blanches que la moyenne, c'est-à-dire celles dans lesquelles la tendance au blanc apparaît comme une variation germinale, seront moins visibles que celles qui tendent à être de couleur ordinaire. Ainsi les premiers auront de meilleures chances de survie, et seront susceptibles de transmettre leur blancheur à leur progéniture dans la mesure où elle est due à une variation germinale ou congénitale.

Ainsi, même si aucune des blancheurs dues aux variations somatiques n'est transmise à la descendance, ces variations revêtent une importance considérable pour l'espèce, car elles lui permettent de survivre et laissent le temps aux variations germinales dans le sens souhaité d'apparaître.

Ce cas ne doit pas nécessairement être purement hypothétique, comme le montre le fait que les pigeons domestiques bruns, qui sont d'une couleur brun terreux lorsqu'ils viennent de muer, se fanent bientôt au soleil et prennent une teinte crémeuse terne. Ainsi une coloration adaptée à un sol ordinaire pourrait bientôt convenir à un environnement désertique. Le Sheldrake roux également, normalement un oiseau de couleur marron clair, et qui hante les endroits exposés et ensoleillés, dans de nombreux cas se fane beaucoup, devenant presque de couleur paille.

De nombreuses variations que présentent les organismes sont de nature mixte, étant en partie le résultat de forces internes et en partie dues à l'action de l'environnement. Dans la mesure où ils sont dus à ce dernier, ils ne semblent pas être hérités.

Ainsi, bien que nous ne puissions pas dire de nombreuses variations si elles sont germinales, somatiques ou mixtes, il est de la plus haute importance de garder continuellement à l'esprit les différences fondamentales entre les deux espèces.

Certaines variations somatiques sont dues à l'action directe de l'environnement ; ils sont simplement l'expression de la manière dont un organisme répond aux stimuli externes.

Quelle est la cause des variations germinales ? C'est une question à laquelle nous ne sommes pas encore en mesure de donner une réponse satisfaisante.

La tentative d'expliquer leur origine nous plonge dans le domaine de la théorie. Il s'agit sans aucun doute d'un domaine plein de fascination, mais c'est une région inexplorée d'une extrême obscurité dans laquelle, croyons-nous, il n'est guère possible de prendre la bonne route tant que la lumière des faits n'a pas été jetée sur elle.

Dans le chapitre consacré à l'héritage, nous indiquerons les lignes dans lesquelles il est probable que des progrès futurs seront accomplis.

CHAPITRE IV
HYBRIDISME

> La prétendue stérilité des hybrides est une pierre d'achoppement pour les évolutionnistes - les vues de **Huxley** - Wallace sur la stérilité des hybrides - Darwin sur le même sujet - la théorie de **Wallace** selon laquelle l'infertilité des hybrides a été causée par la sélection naturelle, de sorte que pour prévenir les méfaits des croisements — Croisements entre espèces distinctes pas nécessairement infertiles — Croisements fertiles entre espèces de plantes — Hybrides de plantes stériles — Hybrides de mammifères fertiles — Hybrides d'oiseaux fertiles — Hybrides fertiles parmi les amphibiens — Limites de l'hybridation — Hybrides multiples — Caractères des hybrides — L'hybridisme ne semble pas avoir exercé beaucoup d'effet sur l'origine de nouvelles espèces.

La prétendue stérilité des hybrides produits en croisant différentes espèces s'est depuis longtemps avérée une grande pierre d'achoppement pour les évolutionnistes. Huxley, en particulier, ressentait la force de cette objection à la théorie darwinienne. Si les hybrides entre espèces naturelles sont stériles, tandis que ceux de toutes les variétés produites par le sélectionneur sont parfaitement fertiles, il est évidemment tout à fait inutile pour les évolutionnistes de souligner avec fierté les résultats obtenus par le sélectionneur et de déclarer que ses produits diffèrent. les unes des autres dans une plus grande mesure que ne le font de nombreuses espèces bien connues.

"Après mûre réflexion, et sans préjugé contre les vues de M. Darwin", écrivait Huxley dans la *Westminster Review* en 1860, "nous sommes clairement convaincus que, dans l'état actuel des preuves, il n'est pas absolument prouvé qu'un groupe d'animaux ayant tous Les caractères que présentent les espèces dans la nature ont toujours été provoqués par la sélection, qu'elle soit naturelle ou artificielle. Des groupes ayant la nature morphologique d'espèces, des races distinctes et permanentes, en fait, ont été ainsi produits à maintes reprises ; mais il n'existe aucune preuve positive à l'heure actuelle qu'un groupe d'animaux ait, par variation et reproduction sélective, donné naissance à un autre groupe qui était le moins du monde stérile avec le premier. M. Darwin est parfaitement conscient de ce point faible et avance une multitude d'arguments ingénieux et importants pour diminuer la force de l'objection. Nous reconnaissons pleinement la valeur de ces arguments ; bien plus, nous irons jusqu'à exprimer notre conviction que des expériences, conduites par un physiologiste habile, obtiendraient très probablement la production désirée de races mutuellement plus ou moins stériles à partir d'une souche commune en relativement peu d'années ; mais néanmoins, dans l'état actuel des choses, cette petite « faille au sein du luth » ne doit pas être déguisée ou négligée.

Stérilité présumée des hybrides

De même, Wallace écrit au début du chapitre VII. de son *darwinisme* : « L'une des plus grandes, ou peut-être pourrions-nous dire la plus grande, de toutes les difficultés rencontrées dans la manière d'accepter la théorie de la sélection naturelle comme explication complète de l'origine des espèces, a été la différence remarquable entre les variétés et les espèces. espèces en ce qui concerne la fertilité lors du croisement. D'une manière générale, on peut dire que les variétés d'une même espèce, si différentes qu'elles puissent être en apparence extérieure, sont parfaitement fertiles lorsqu'elles sont croisées, et que leurs descendants bâtards sont également fertiles lorsqu'ils sont croisés entre eux ; tandis que les espèces distinctes, en revanche, si proches qu'elles puissent se ressembler extérieurement, sont généralement stériles lorsqu'elles sont croisées, et leurs descendants hybrides absolument stériles. Ceci était autrefois considéré comme une loi fixe de la nature, constituant le test et le critère absolus d'une espèce par opposition à une variété ; et tant que l'on croyait que les espèces étaient des créations distinctes, ou en tout cas avaient une origine tout à fait distincte de celle des variétés, cette loi ne pouvait avoir aucune exception, car si deux espèces quelconques s'étaient révélées fertiles par croisement et leur hybride que leur progéniture était également fertile, ce fait aurait été considéré comme prouvant qu'il ne s'agissait pas d'espèces mais de variétés. D'un autre côté, si deux variétés s'étaient révélées stériles, ou si leur progéniture bâtarde était stérile, alors on aurait dit : Ce ne sont pas des variétés, mais de véritables espèces. Ainsi, l'ancienne théorie conduisait inévitablement à un raisonnement en cercle, et ce qui pourrait n'être qu'un fait assez commun était élevé au rang de loi sans exception.

Ainsi, la stérilité des hybrides était un épouvantail zoologique qu'il fallait démolir. Le plan de campagne adopté par Darwin et

Wallace consistait, premièrement, à tenter de réfuter l'affirmation selon laquelle les hybrides entre espèces différentes sont toujours stériles, et deuxièmement, à trouver une raison à la prétendue stérilité de ces hybrides.

Hybrides fertiles

Darwin réussit à obtenir quelques exemples de croisements entre espèces botaniques réputées fertiles. Il les cite au chapitre VIII. de *L'origine des espèces* . En ce qui concerne les animaux, il rencontra moins de succès. « Bien que, écrit-il, je ne connaisse aucun cas parfaitement authentifié d' animaux hybrides parfaitement fertiles, j'ai quelques raisons de croire que les hybrides de *Cervulus vaginalis* et *reevesii* , et de *Phasianus colchicus* et *P. torquatus* et avec *P. versicolor* est parfaitement fertile. Il n'est pas douteux que ces trois faisans, à savoir le faisan commun, le vrai faisan à collier et le faisan du Japon, se croisent et se mélangent dans les bois de plusieurs parties de l'Angleterre. Les hybrides des oies communes et chinoises (*A. cygnoides*), espèces si différentes qu'elles sont généralement classées en genres distincts, ont souvent été élevés dans ce pays avec l'un ou l'autre parent pur, et dans un seul cas, ils se sont reproduits entre eux . . Ceci a été réalisé par M. Eyton, qui a élevé deux hybrides issus des mêmes parents mais issus de couvées différentes ; et de ces deux oiseaux il n'éleva pas moins de huit hybrides (petits-enfants des oies pures) d'un même nid. En Inde, cependant, ces oies croisées doivent être beaucoup plus fertiles ; car je suis assuré par deux juges éminemment compétents, à savoir M. Blyth et le capitaine Hutton, que des troupeaux entiers de ces oies croisées sont gardés dans diverses parties du pays ; et comme ils sont élevés dans un but lucratif, là où aucune espèce parentale pure n'existe, ils doivent certainement être très fertiles. [5] . . . Il y a donc encore des raisons de croire que nos bovins européens et nos bovins indiens à bosse sont très fertiles ensemble ; et d'après les faits qui m'ont été communiqués par M. Blyth, je pense qu'ils doivent être considérés comme des espèces distinctes.

Darwin ne semble pas avoir été très satisfait des preuves qu'il avait rassemblées, car il dit : « Enfin, en examinant tous les faits établis sur les croisements de plantes et d'animaux, on peut conclure qu'un certain degré de stérilité, tant au premier abord dans les croisements et dans les hybrides, est un résultat extrêmement général ; mais qu'il ne peut, dans l'état actuel de nos connaissances, être considéré comme absolument universel.

De même, Wallace écrit : « Néanmoins, il n'en demeure pas moins que la plupart des espèces qui ont été croisées jusqu'à présent produisent des hybrides stériles, comme dans le cas bien connu du mulet ; tandis que presque toutes les variétés domestiques, une fois croisées, produisent une progéniture parfaitement fertile entre elles.

Darwin a eu recours à de nombreux arguments ingénieux pour tenter d'expliquer ce qu'il croyait être la stérilité presque universelle des hybrides, par opposition aux bâtards ou aux croisements entre variétés. Il a souligné que les changements de conditions tendent à produire la stérilité, comme en témoigne le fait que de nombreuses créatures refusent de se reproduire en confinement, et il pensait que le croisement d'espèces sauvages distinctes produisait un effet similaire sur les organes sexuels. Il a exprimé sa conviction que la mort précoce des embryons est une cause très fréquente de stérilité lors des premiers croisements.

Wallace résume ainsi les conclusions de Darwin quant à la cause de la stérilité des hybrides : « La stérilité ou l'infertilité des espèces entre elles, qu'elle se manifeste par la difficulté d'obtenir les premiers croisements entre elles ou par la stérilité des hybrides ainsi obtenus, n'est pas une cause. résultat constant ou nécessaire de la différence entre les espèces, mais accessoire à des particularités inconnues du système reproducteur. Ces particularités tendent constamment à apparaître dans des conditions modifiées en raison de l'extrême susceptibilité de ce système, et elles sont généralement corrélées à des variations de forme ou de couleur. Par conséquent, comme les différences fixes de forme et de couleur, lentement acquises par la sélection naturelle lors de l'adaptation aux conditions modifiées, sont ce qui caractérise essentiellement les espèces distinctes, un certain degré d'infertilité entre les espèces est le résultat habituel.

Un croque-mitaine biologique

Mais Wallace ne s'est pas contenté de laisser la question en rester là où Darwin l'avait laissée. Il a hardiment tenté de se faire un allié de ce spectre de l'infertilité des hybrides. À la page 179 de *Darwinism* , il soutient, de manière très ingénieuse, que la stérilité des hybrides a en fait été produite par la sélection naturelle pour empêcher les méfaits du croisement d'espèces alliées. Nous ne reproduirons pas son argument pour la simple raison qu'il est désormais bien connu, ou devrait l'être, que les hybrides entre espèces alliées ne sont en aucun cas toujours stériles. La doctrine de l'infertilité des hybrides semble avoir été fondée sur le fait que les hybrides les plus connus des éleveurs, à savoir le croisement entre l'âne et le cheval, et ceux entre le canari et les autres pinsons, sont stériles.

CROISEMENTS FERTILES ENTRE ESPÈCES DE PLANTES

Dans le cas des plantes, le nombre d'hybrides fertiles entre espèces est si grand qu'il est impossible de tenter de les énumérer. De Vries cite plusieurs exemples dans la leçon IX de ses *Espèces et variétés : leur origine par mutation* .

L'une d'elles, l'hybride entre les espèces violettes et jaunes de la luzerne, connue des botanistes sous le nom de *Medicago media* , est, écrit De Vries, « cultivée à grande échelle dans certaines régions d'Allemagne, car elle est plus productive que la luzerne ordinaire. .» D'autres exemples d'hybrides végétaux parfaitement fertiles cités par De Vries sont les croisements entre *Anemone magellanica* et *A. sylvestris* , entre *Salix alba* et *Salix pentandra* , entre *Rhododendron hirsutum* et *R. ferrugineum* .

Il donne l'exemple d'un hybride, *Ægilops speltæformis* , qui, bien que fertile, n'est pas aussi fertile qu'une espèce normale le serait. Il convient de noter que Burbank, en Californie, a obtenu un hybride entre la mûre et la framboise, qui est non seulement fertile, mais très populaire comme produisant un nouveau fruit.

HYBRIDES DE PLANTES STÉRILES

De Vries ne cite pas autant d'exemples d'hybrides stériles, probablement parce qu'ils ne sont pas si faciles à trouver. Il mentionne le « cassis de Gordon » stérile, considéré comme un hybride entre les espèces de Californie et du Missouri. Il donne également *Cytisus adami* comme un hybride absolument stérile, c'est-à-dire un croisement entre deux espèces de Labernum, la commune et la pourpre.

Dans le cas des animaux, les hybrides connus sont tellement moins nombreux que nous sommes en mesure d'en fournir une liste qui peut être considérée comme assez exhaustive.

HYBRIDES DE MAMMIFÈRES FERTILES

En prenant d'abord les mammifères, nous constatons qu'en plus de ceux cités par Darwin, il existe plusieurs cas enregistrés de croisements entre espèces bien définies et fertiles.

Il existe l'hybride entre l'ours brun et l'ours polaire, parfaitement fertile. Dans les jardins zoologiques de Londres, il existe un spécimen de cet hybride, également l'un des descendants de cet individu par un ours polaire pur.

L'hermine a été croisée avec le furet domestique, descendant du putois, espèce bien distincte ; les hybrides qui en résultent se sont néanmoins révélés fertiles.

Le taureau bison d'Amérique produit avec des hybrides de vaches domestiques appelés « cataloes », qui sont fertiles. Le croisement inversé du taureau domestique avec la vache bison ne réussit cependant pas du tout, ce qui rappelle ce qui se passe dans le cas des hybrides pinsons.

Les amateurs d'oiseaux, lorsqu'ils croisent le canari avec des espèces sauvages de pinson, utilisent presque invariablement un canari poule comme parent femelle, car les femelles domestiques se reproduisent plus facilement que les sauvages captives.

Le yak domestique se reproduit fréquemment dans l'Himalaya avec le zébu parfaitement distinct ou la vache à bosse de l'Inde, et les hybrides sont fertiles. Pourtant, le zébu et le buffle indien, qui vivent constamment côte à côte dans les plaines de l'Inde, ne se croisent jamais.

Parmi les ruminants sauvages de cette famille à cornes creuses, le bélier Argali de l'Himalaya (*Ovis ammon*), un mouton géant de la taille d'un âne, est connu pour s'approprier un troupeau de brebis de l'Urial (*O. vignei*), un espèce bien distincte. espèce de la taille d'un mouton domestique. De nombreux hybrides sont nés, et ceux-ci, à leur tour, se sont croisés avec les urials purs du troupeau.

Dans nos parcs, le petit cerf Sika du Japon (*Cervus sika*), espèce de la taille du daim, avec un changement de coloration saisonnier encore plus marqué et des bois n'ayant que trois dents, se reproduit avec le cerf élaphe et les hybrides. sont fertiles.

Dans certaines parties de l'Asie Mineure, les indigènes croisent la femelle chamelle à une bosse avec le mâle de l'espèce bactrienne ou à deux bosses. Les hybrides (qui sont à une seule bosse) se reproduiront avec les espèces pures ; mais, bien que les hybrides soient forts et utiles, les bêtes de race trois-quarts ont apparemment peu de valeur.

En ce qui concerne les oiseaux, nous sommes confrontés à une liste plus longue d'hybrides fertiles. C'est la conséquence naturelle du fait qu'un plus grand nombre d'espèces d'oiseaux ont été gardées en captivité.

Le plus ancien hybride fertile connu est celui entre les oies communes et celles de Chine citées ci-dessus, mais de nombreux autres ont depuis été enregistrés. Même parmi les oiseaux relativement rarement reproduits, comme la famille des perroquets, un hybride fertile a été produit, celui entre la perruche australienne Rosella (*Platycercus eximius*) et la perruche de Pennant (*P. elegans*). L'hybride a été décrit pour la première fois comme une espèce distincte, la perruche à manteau rouge (*P. erythropeplus*). Ces deux perruches, quoique presque alliées, sont très distinctes ; Le fanion est de couleur rouge, bleue et noire, avec un jeune plumage distinct d'un vert terne uniforme ; la rosella, en plus des couleurs ci-dessus, affiche beaucoup de jaune et un peu de blanc et de vert. Il est en outre considérablement plus petit et n'a pas de tenue juvénile distincte.

Le faisan d'Amherst (*Chrysolophus amherstiæ*) et le faisan doré (*C. pictus*) sont connus depuis longtemps pour produire des hybrides fertiles soit *entre eux* , soit avec les parents. Ici, les espèces sont encore plus distinctes ; non seulement les couleurs dominantes de l'Amherst sont le blanc et le vert, au lieu du rouge et de l'or, mais c'est un oiseau plus gros avec une queue plus grande et une crête plus petite, et une tache nue autour des yeux.

Le canard pilet (*Dafila acuta*) et le canard colvert ou canard sauvage et ses descendants domestiques (*Anas boscas*), lorsqu'ils sont élevés ensemble, produisent des hybrides qui se sont révélés fertiles entre eux et avec le pilet pur. Tout sportif ou fréquentateur de nos parcs peut constater par lui-même la particularité des espèces concernées.

La Bergeronnette pie (*Motacilla lugubris*) et la Bergeronnette grise (*M. melanope*) ont produit des hybrides dans des volières qui se sont révélées fertiles. Les deux espèces sont distinctes en tous points, comme le savent tous les ornithologues britanniques.

Le pinson coupe-gorge (*Amadina fasciata*) et le pinson à tête rouge (*A. erythrocephala*) d'Afrique se sont hybridés dans des volières et les produits se sont révélés fertiles. Le pinson à tête rouge, entre autres différences, est beaucoup plus gros que le pinson coupe-gorge, et les mâles ont la tête toute rouge, et pas seulement une bande de gorge de cette couleur.

Le Verdier du Japon (*Ligurinus sinicus*), qui n'est pas vert, mais brun et gris, avec des marques jaunes plus vives sur les ailes et la queue que notre plus grand verdier européen, a produit des hybrides fertiles avec ce dernier oiseau.

FAISAN AMHERST MÂLE

Les couleurs principales de cette espèce (*Chrysolophus amherstiæ*) sont le blanc et le vert métallique, de sorte qu'elle est très différente en apparence de son proche allié, le faisan doré.

La Colombe rouge de l'Inde (*Oenopopilia tranquebarica*) a produit des hybrides avec la Tourterelle à collier apprivoisée (*T. risorius*) et celles-ci se sont reproduites à nouveau lorsqu'elles sont associées à l'espèce rouge. *O. tranquebarica* , bien que présentant une similitude générale avec la tourterelle à collier, est vraiment distincte, étant beaucoup plus petite, avec une queue plus courte et présentant une différence de sexe marquée (le mâle étant uniquement rouge et la femelle terne). Sa voix est également totalement différente du *roucoulement* pénétrant et musical bien connu de la Tourterelle à collier.

Il existe une grande classe d'hybrides sauvages fertiles produits entre des formes ne différant que par la couleur, comme celles entre la Corneille mantelée (*Corvus cornix*) et la Corneille noire (*Corvus corone*), les diverses espèces de *Molpastes* bulbuls et le Roller indien (*Coracias indica*) et le Rouleau de Birmanie (*C. affinis*). En fait, on peut dire que partout où deux de ces espèces colorées se rencontrent, elles s'hybrident et deviennent plus ou moins fusionnées.

A cet égard, les chasseurs, comme l'a mentionné Darwin, ont réalisé inconsciemment une expérience des plus intéressantes lorsque, il y a plus d'un siècle, ils ont introduit en grande partie dans leurs couvertures le Faisan de Colchide chinois (Phasianus torquatus) et le *P.* versicolor *japonais* . Les premiers se sont si librement reproduits avec les espèces communes déjà présentes (*Phasianus colchicus*) que de nos jours presque tous nos faisans anglais présentent des traces de croix en forme de plumes blanches sur le cou, ou la teinte verte du plumage du bas du dos. . L'influence du Faisan vert du Japon (*P. versicolor*) a été très légère.

Bien entendu, chacun peut affirmer que de tels croisements ne sont pas de véritables hybrides, car les espèces ne sont pas entièrement distinctes, mais de simples mutations de couleur.

Le fait de ce mélange porte cependant un coup fatal à la théorie des marques de reconnaissance, car il démontre que la simple coloration distinctive n'empêche pas le croisement. Nous reviendrons sur cette question plus tard.

HYBRIDES FERTILES PARMI LES AMPHIBIENS

Notre Triton huppé (*Molge cristata*) et le Triton marbré (*M. marmorata*) se croisent en France, à l'état sauvage, et l'hybride qui en résulte a d'abord été décrit comme une espèce distincte, sous le nom de *Molge blasii* . Ces deux tritons diffèrent grandement en apparence. Chez le triton marbré, la coloration est vert brillant et noire dessus, et ne montre pas d'orange dessous, différant ainsi beaucoup de celle du triton huppé, qui est noir dessus et marbré d'orange dessous, tandis que la crête du mâle reproducteur de cette espèce il lui manque les encoches qui sont si visibles chez le triton huppé.

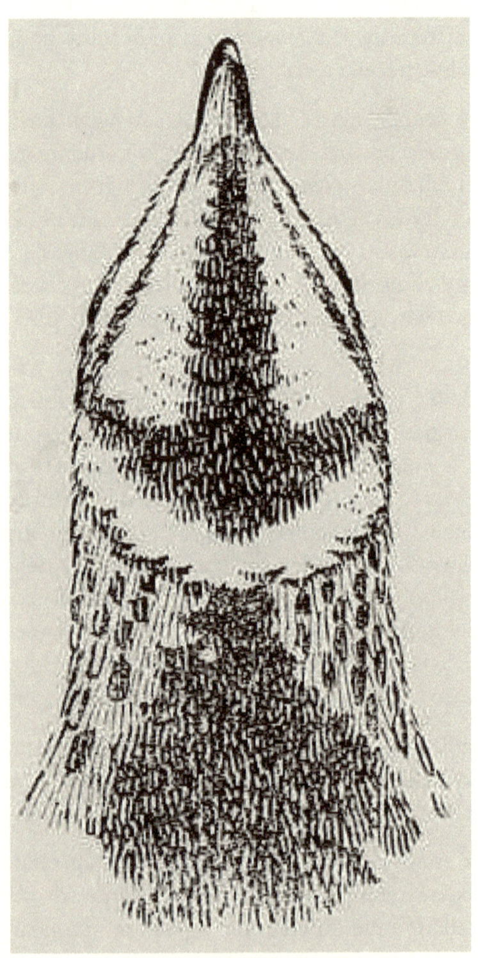

CAILLE ARLEQUINE
(*Coturnix delegorguei*)

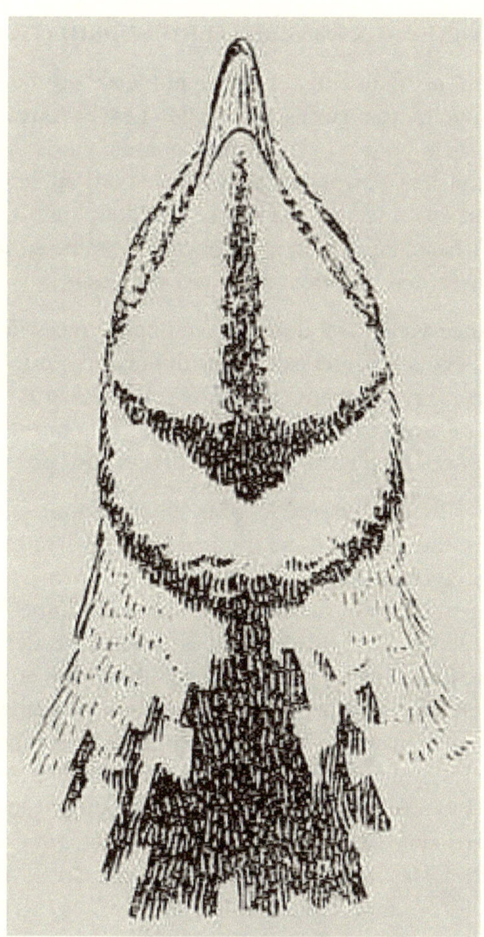

CAILLES DE PLUIE
(*Coturnix coromandelica*)

Les marques sur la gorge de ces cailles sont du type habituellement désigné comme « marques de reconnaissance », mais comme la caille arlequin est africaine et la caille des pluies indienne, les deux espèces ne peuvent pas se croiser. Le modèle ne peut donc avoir aucune signification de « reconnaissance ».

INSECTES

Parmi les insectes, M. de Quatrefages déclare que la descendance hybride des papillons à soie *Bombyx cynthia* et *B. arrindia* est fertile pendant huit générations lorsqu'elle est croisée *entre elles* .

Les hybrides ne peuvent apparemment être produits qu'entre espèces d'une même famille naturelle. Les histoires de chats-lapins, de cerfs-poneys, de poules-canards et de croisements lointains similaires s'effondrent invariablement après un examen attentif. Une croyance en des croix aussi lointaines caractérisait les anciens « bestiaires » et persiste encore, comme en témoignent les croix faussement réputées évoquées ci-dessus.

Cette croyance vient sans doute de ce que les races domestiques de chiens, de volailles, etc., sont communément confondues avec des espèces véritablement distinctes. Les bâtards sont bien connus pour être facilement produits, d'où l'idée que des hybrides entre les espèces les plus largement séparées sont possibles.

En pratique, le croisement le plus éloigné dont il existe des spécimens authentifiés est celui entre le tétras-lyre et la volaille domestique (coq nain). Il est vrai que les tétras sont communément classés par les ornithologues comme une famille distincte (*Tetraonidae*) de celle des faisans et des perdrix (*Phasianidae*), à laquelle appartient la volaille ; mais la relation est certes très étroite, et nous doutons que les zoologistes généraux accepteraient le maintien des familles comme distinctes. Il est notoire que les ornithologues ont tendance à surestimer les petites différences lorsqu'ils établissent une classification. On peut donc affirmer, dans l'état actuel de nos connaissances, que les espèces appartenant à des familles naturelles différentes ne peuvent s'hybrider.

Dans certains cas, plusieurs hybrides ont été produits. Ainsi, aux jardins zoologiques de Londres, il y a de nombreuses années, un hybride entre le Gayal de l'Inde (*Bos frontalis*) et la vache indienne à bosse mentionnée ci-dessus a été mis sur un bison d'Amérique et a produit un veau hybride double.

MG Rogeron d'Angers a élevé de nombreux hybrides à partir d'un milouin mâle et d'un canard issu d'un canard colvert et d'un canard chipeau.

Plus récemment, MJL Bonhote a réussi à combiner le sang de cinq espèces sauvages de canards en un seul individu.

MJT Newman a également élevé des tourterelles contenant le sang de trois espèces distinctes.

Un croisement, qui aboutit généralement à une progéniture stérile, peut dans de très rares cas produire un individu fertile ; ainsi, M. A. Suchetet a réussi un jour à obtenir un oiseau trois-quarts à partir de l'hybride assez courant du pigeon apprivoisé et de la tourterelle à collier apprivoisé (*Turtur risorius*), qui est généralement stérile, en l'accouplant avec une colombe ; mais l'oiseau ainsi produit, une fois de nouveau accouplé à une colombe, était lui-même stérile. Certains des cas présentés ici semblent conforter l'opinion de Darwin selon laquelle la domestication tend à éliminer la stérilité ; mais il est douteux que cela puisse être soutenu. L'hybride entre le canard de Barbarie (*Cairina moschata*) et le canard commun est généralement, en tout cas, stérile, comme celui entre le pigeon et la tourterelle ; pourtant tous ces oiseaux sont domestiqués depuis longtemps. L'hybride entre la poule et la pintade est également stérile, et la longue domestication du cheval et de l'âne n'a pas diminué la stérilité du mulet.

Caractères des hybrides

Certains faits peuvent être notés concernant les caractères des hybrides. En premier lieu, il est important de remarquer que les caractères de l'hybride varient selon les sexes de l'espèce concernée ; ainsi, le « bardot », qui est issu d'un cheval et d'une ânesse, est un animal différent du véritable « mulet », qui est issu de l'âne et de la jument, et lui est inférieur.

De même, M. GE Weston, une grande autorité en matière d'oiseaux de cage britanniques et de leurs hybrides, nous informe que lorsque les hybrides sont issus d'un canari mâle et d'une poule chardonneret ou tarin - contrairement à la pratique presque universelle d'utiliser le canari poule pour le croisement - la descendance est inférieure en taille et en couleur aux hybrides obtenus de manière ordinaire.

Les hybrides, en tout cas chez les animaux, diffèrent des croisements entre mutations ou variations de couleur en ce qu'ils ne présentent pas de phénomène d'hérédité alternative ; ils ne suivent pas exclusivement l'un ou l'autre parent, mais présentent toujours un certain mélange des caractères des deux, ce qui est, après tout, ce à quoi on aurait pu s'attendre, puisque les espèces bien définies diffèrent généralement par plus d'un caractère.

Ainsi, le croisement entre l'Amherst et le faisan doré ressemble principalement à ce dernier, mais a la collerette blanche comme chez l'Amherst, tandis que la crête, bien que par sa forme ressemble à celle de l'espèce dorée, n'est pas jaune comme chez cette espèce, ni rouge. comme à Amherst, mais d'une teinte intermédiaire, orange brillant.

Le mulet entre le cheval et l'âne, comme chacun le sait, combine les formes des deux parents, bien que sa couleur suive le cheval plutôt que l'âne.

Lorsque deux espèces éloignées, dont une ou chacune d'elles possède une particularité structurelle distinctive, sont croisées, l'hybride n'hérite pas de ces points. La pintade a un casque et une paire de caroncules sur la mâchoire supérieure ; la volaille commune, un peigne et une paire de caroncules sur la mâchoire inférieure ; mais dans l'hybride, aucun peigne, casque ou caroncule n'est présent.

Le canard de Barbarie a un cache-œil rouge nu et le mâle du canard commun a les plumes du milieu de la queue enroulées ; chez l'hybride, aucune de ces particularités n'est reproduite.

Dans un croisement entre des formes presque apparentées, la particularité d'une espèce peut être reproduite sous une forme modifiée dans l'hybride ; par exemple, entre le coq noir (*Tetrao tetrix*) et le grand tétras (*T. urogallus*), la queue fourchue du premier réapparaît dans une faible mesure chez l'hybride.

Très intéressants sont les cas dans lesquels l'hybride ne ressemble à aucun de ses parents, mais tend à ressembler à une espèce tout à fait distincte, ou à avoir un caractère qui lui est propre. Ainsi, les hybrides entre les sheldrakes pies européens et les châtaigniers africains (*Tadorna cornuta* et *Casarca cana*), maintenant au British Museum, ressemblent nettement au sheldrake gris australien (*C. tadornoides*). Chez les faisans également, les croisements entre les faisans communs et dorés, communs et Amherst, dorés et japonais, et faisans dorés et Reeves, très différents car tous ces oiseaux sont par la coloration, sont remarquablement semblables, étant tous des oiseaux de couleur marron avec des poils chamois. plumes médianes de la queue. Ceux-ci peuvent être vus au British Museum. Ce phénomène, ainsi que la disparition évoquée ci-dessus des caractéristiques spécialisées chez les hybrides, est peut-être comparable à la « réversion » observée lors du croisement de races domestiques très distinctes, et peut ainsi nous donner une idée de l'apparence des ancêtres des groupes. des espèces concernées.

Dans les rares cas où plusieurs générations d'hybrides ont été croisées , il ne semble pas y avoir eu de retour aux types purs originaux, comme cela se produit lorsque les formes de couleur sont croisées.

M. Suchetet a élevé des faisans hybrides gold = Amherst pendant quatre générations, et ils ont conservé le caractère hybride. Les jeunes élevés par Darwin à partir d'un couple d'hybrides d'oies communes et chinoises « ressemblaient », dit-il, « dans les moindres détails à leurs parents hybrides ».

Hybrides sauvages

Lorsque les hybrides ont été — comme cela a été le cas bien plus fréquent — reproduits à partir d'une des souches pures, les caractères hybrides ont montré, comme on pouvait s'y attendre, une tendance à disparaître rapidement. L'ours polaire aux trois quarts, actuellement exposé dans les jardins zoologiques de Londres, est un pur ours polaire, à l'exception d'une teinte brune sur le dos. Un faisan trois quarts Amherst = doré au British Museum est un pur Amherst à l'exception de la plus grande crête et d'une tache rouge sur l'abdomen. Lorsque des hybrides trois-quarts pilet = canard commun ont été croisés avec le pilet, la progéniture « a perdu toute ressemblance avec le canard commun ». Dans le cas du troupeau de moutons sauvages Argali-urial mentionné ci-dessus, après que le bélier usurpateur Argali ait été tué par les loups, les hybrides se sont reproduits avec les urials, de sorte que le troupeau a retrouvé l'apparence d'urial pur.

Ainsi, sauf dans le cas très improbable où une famille d'hybrides partirait et fonderait une colonie par elle-même, l'effet de l'hybridisme sur l'évolution des espèces semble avoir été *nul* . Il est cependant curieux que des animaux de race trois-quarts aient rarement, voire jamais, été enregistrés à l'état naturel, bien qu'un bon nombre d'hybrides de race sauvage soient répertoriés.

Cela indique une certaine inaptitude à la lutte pour l'existence, même chez un hybride fertile. Il faut souligner que les hybrides sauvages sont toujours extrêmement rares en tant qu'individus, malgré ce qui a été dit sur le nombre de croisements enregistrés.

Plus d'unions hybrides ont été observées parmi la famille des canards que partout ailleurs dans le règne animal. Néanmoins, Finn n'a jamais vu un seul canard hybride en vente sur le marché de Calcutta, bien que pendant sept ans il ait été constamment à la recherche de telles formes ; Hume n'enregistre pas non plus un tel spécimen dans son *Game Birds and Wild Fowl of India* .

L'hybride qui se présente le plus souvent en tant qu'individu est celui entre le coq noir et le grand tétras, qui est enregistré chaque année sur le continent ; mais il semble stérile et n'a donc aucune influence sur l'espèce.

Les hybrides sauvages entre mammifères sont bien plus rares, même que les hybrides d'oiseaux, les seuls qui semblent être enregistrés sont ceux entre l'Argali et l'Urial mentionnés ci-dessus ; ceux entre les lièvres bruns et bleus et les renards communs et arctiques.

Une considération des phénomènes d'hybridation nous amène donc à la conclusion que, bien que de nombreux hybrides soient fertiles, le croisement d'espèces distinctes n'a exercé que peu ou pas d'effet sur l'origine des espèces. Même lorsque des espèces apparentées, comme le canard pilet et le canard colvert, dont la progéniture hybride est connue pour être fertile, habitent la même zone de reproduction et se croisent occasionnellement dans la nature, un tel croisement ne semble pas, pour une raison ou une autre, affecter la pureté du canard. les espèces.

Bien entendu, l'effet du croisement d'une mutation au sein d'une espèce avec la forme parentale est très différent ; les descendants sont, comme nous le verrons, susceptibles de ressembler à l'un ou l'autre des parents ; de sorte que, si la mutation se produit assez fréquemment et est favorable à l'espèce, la nouvelle forme pourra, avec le temps, remplacer l'ancienne.

CHAPITRE V
HÉRITAGE

Phénomènes qu'une théorie complète de l'héritage doit expliquer — Dans l'état actuel de nos connaissances, il n'est pas possible de formuler une théorie complète de l'héritage — Différentes sortes d'héritage — Les expériences et la théorie de **Mendel** — La valeur et l'importance de Le mendélisme a été exagéré — Dominance parfois imparfaite — Comportement du noyau de la cellule sexuelle — **Chromosomes** — Expériences de Delage et de Loeb — Ceux de Cu é not sur des souris et de Castle sur des cobayes — Suggestion de modification du modèle général -Formules mendéliennes acceptées — Caractères unitaires — Isomérie biologique — Molécules biologiques — Interprétation des phénomènes de variation et d'hérédité sur la conception des molécules biologiques — **Corrélation** — Résumé de la conception des molécules biologiques.

Nous avons vu que les variations peuvent être, d'une part, acquises ou congénitales, et, d'autre part, fluctuantes ou discontinues. Nous avons vu en outre que les variations acquises — du moins chez les animaux supérieurs — ne semblent pas être héritées et n'ont donc pas joué un rôle très important dans l'évolution du monde animal. Les variations ou mutations congénitales discontinues sont les points de départ habituels de nouvelles espèces. Il n'est pas improbable que des variations congénitales fluctuantes, même si elles ne semblent pas donner directement naissance à de nouvelles espèces, puissent jouer un rôle considérable dans la formation de nouvelles espèces, dans la mesure où elles peuvent, pour ainsi dire, ouvrir la voie à des mutations.

Nous sommes maintenant en mesure d'examiner la question extrêmement difficile de l'héritage. Nous savons que la progéniture a tendance à ressembler à ses parents, mais qu'elle est toujours un peu différente de l'un ou l'autre parent et les unes des autres. Comment rendre compte de ces phénomènes ? Quelles sont les lois de l'héritage par lesquelles un enfant tend à hériter des particularités de ses parents, et quelles sont les causes de variation qui font que les enfants diffèrent *entre eux* et par rapport à leurs parents ?

De nombreuses théories sur l'héritage ont été avancées. Il n'est guère exagéré d'affirmer que presque tous les biologistes qui ont prêté beaucoup d'attention au sujet ont une théorie de l'hérédité qui diffère plus ou moins grandement de la théorie défendue par n'importe quel autre biologiste.

En ce qui concerne les phénomènes d'hérédité, nous pouvons dire *Tot homines tot sententiæ* .

Phénomènes d'héritage

Il existe une raison bonne et suffisante à cet état de choses. Nous ne disposons pas encore d'un nombre suffisant de faits pour pouvoir formuler une théorie satisfaisante de l'héritage. Une théorie complète de l'hérédité doit expliquer, entre autres choses, les phénomènes suivants :

1. Pourquoi les créatures présentent une ressemblance générale avec leurs parents.

2. Pourquoi ils diffèrent de leurs parents.

3. Pourquoi les membres d'une famille présentent des différences individuelles.

4. Pourquoi les membres d'une famille ont tendance à se ressembler davantage qu'ils ne ressemblent à des individus appartenant à d'autres familles.

5. Pourquoi le « sport » se produit parfois.

6. Pourquoi certaines espèces sont plus variables que d'autres.

7. Pourquoi certaines variations ont tendance à se produire très fréquemment.

8. Pourquoi les variations dans certaines directions semblent ne jamais se produire.

9. Pourquoi une femelle peut produire une progéniture lorsqu'elle est accouplée à un mâle de son espèce et non lorsqu'elle est accouplée à un autre mâle de l'espèce.

10. Pourquoi les organismes issus de la parthénogenèse semblent aussi variables que ceux produits sexuellement.

11. Pourquoi certains animaux possèdent le pouvoir de régénérer les parties perdues, tandis que d'autres n'ont pas ce pouvoir.

12. Pourquoi la plupart des plantes et certains animaux inférieurs peuvent être produits de manière asexuée à partir de boutures.

13. Pourquoi les mutilations ne sont pas héritées.

14. Pourquoi les caractères acquis sont rarement, voire jamais, hérités.

15. Pourquoi l'ovule produit les corps polaires.

16. Pourquoi la cellule mère des spermatozoïdes produit quatre spermatozoïdes.

17. Pourquoi les différences dans la nature de la nourriture administrée aux larves de fourmis déterminent si celles-ci se développeront en formes sexuées ou neutres.

18. Pourquoi l'application de chaleur, de froid, etc., à certaines larves, affecte la nature de l'imago, ou insecte parfait, auquel elles donneront naissance.

19. Pourquoi les femelles de certaines espèces pondent des œufs qui peuvent produire des petits sans être fécondées.

20. Pourquoi certaines espèces présentent des phénomènes de dimorphisme sexuel, alors que d'autres ne le font pas.

21. En plus de tout ce qui précède, une théorie satisfaisante de l'héritage doit rendre compte de tous les phénomènes variés associés au nom de Mendel. Il doit expliquer les divers faits dont nous avons traité dans le chapitre sur l'hybridisme, pourquoi certaines espèces produisent des hybrides stériles lorsqu'elles sont croisées, tandis que d'autres donnent naissance à des hybrides fertiles, et d'autres encore ne forment aucune descendance lorsqu'elles sont croisées ; pourquoi le bardot diffère en apparence du mulet, etc.

22. Il doit expliquer tous les faits qui constituent ce qu'on appelle l'atavisme.

23. Il doit tenir compte du phénomène de prépuissance.

24. Il doit expliquer le pourquoi et le comment de la corrélation.

25. Elle doit nous dire le sens des résultats des expériences de Driesch, Roux et autres.

26. Elle doit rendre intelligible les effets de la castration sur les animaux.

Théories existantes insatisfaisantes

Or, aucune théorie existante de l'hérédité ne peut donner une explication qui s'approche de manière satisfaisante de tous ces phénomènes.

C'est pour cette raison que nous nous abstenons de les examiner de manière critique, voire de les nommer.

Nous sommes convaincus qu'en l'état actuel de nos connaissances, il n'est possible de formuler autre chose qu'une hypothèse provisoire.

Il ne faut pas croire que nous considérons comme sans valeur les diverses théories qui ont été avancées. Les hypothèses erronées sont souvent d'une grande utilité pour la science, car elles incitent les hommes à réfléchir et suggèrent des expériences au moyen desquelles des ajouts importants à la connaissance sont réalisés.

Nous proposons maintenant d'exposer certains faits d'hérédité, et d'en tirer quelques déductions — déductions qui semblent nous être imposées.

Nous demandons à nos lecteurs de bien distinguer les faits que nous exposons et les conclusions que nous en tirons. Les premiers, étant des faits, doivent être acceptés.

Les interprétations que nous proposons doivent être examinées avec rigueur, dirions-nous, avec suspicion, et toutes les objections possibles soulevées. C'est seulement ainsi que l'on pourra progresser dans la connaissance.

Par héritage, nous entendons ce qu'un organisme reçoit de ses parents et d'autres ancêtres – toutes les caractéristiques, apparentes ou dormantes, dont il hérite ou reçoit de ses parents. La définition du professeur Thomson – « toutes les qualités ou caractères qui ont leur siège initial, leur base physique, dans l'ovule fécondé » – semble couvrir tous les cas sauf ceux où les œufs sont développés par parthénogénétique.

Le premier fait de l'hérédité qu'il faut remarquer, c'est que l'héritage peut prendre plusieurs formes. Cela ressort clairement de ce qui a été exposé dans le chapitre traitant des hybrides.

En considérant les phénomènes d'héritage, il convient de traiter des croisements dans lesquels les parents ne se ressemblent pas beaucoup, car ce faisant, nous pouvons facilement suivre les différents caractères manifestés par chaque parent. On pourrait peut-être affirmer que de tels croisements se produisent rarement dans la nature. C'est vrai. Mais nous devons garder à l'esprit que toute théorie de l'héritage doit expliquer les divers faits liés aux croisements, de sorte que, du point de vue d'une théorie de l'héritage, les croisements sont aussi importants que ce que nous pouvons appeler une progéniture normale. Comme l'héritage est beaucoup plus facile à observer dans les premiers, il est naturel que nous commencions par eux. Nos déductions doivent, si elles sont valables, s'adapter à tous les cas de succession ordinaire, *c'est-à* -dire à tous les cas où la descendance résulte de l'union de parents très semblables. Désormais, lorsque deux formes différentes se croisent, leur progéniture entre dans l'une des six classes.

I. Ils peuvent ressembler exactement à un parent, ou plutôt au type d'un parent, car, bien entendu, ils ne seront jamais exactement comme l'un ou l'autre des parents ; ils doivent nécessairement présenter des variations fluctuantes. Les cas dans lesquels la progéniture ressemble exactement à un type parental à tous égards sont relativement rares. Ils ne surviennent que lorsque les parents diffèrent les uns des autres par un, deux ou au plus trois caractères. Ainsi, lorsqu'une souris grise ordinaire est croisée avec une souris blanche, les descendants sont tous gris, c'est-à-dire qu'ils ressemblent au type parent gris. Bien qu'elles soient bâtardes ou hybrides, elles ont toute l'apparence de souris grises pures. C'est ce qu'on appelle l'héritage unilatéral.

II. La progéniture peut ressembler à un parent dans certains personnages et à l'autre dans d'autres personnages. Ils peuvent avoir par exemple la couleur d'un parent, la forme de l'autre, etc. Ainsi, si l'on croise un cobaye mâle pur, albinos, à poil long et à poil dur, avec une femelle colorée, à poil court et à poil lisse, tous les descendants sont colorés, à poil court et à poil dur. C'est-à-dire qu'ils tiennent du père par leur poil dur, mais de la mère par leur pigmentation et leurs cheveux courts. Cette forme d'hérédité ne se rencontre habituellement que dans les croisements entre deux types qui ne diffèrent que par quelques caractères.

III. La progéniture peut présenter un mélange des caractères des deux parents. Ils peuvent être de type intermédiaire. Ils ne sont pas nécessairement à mi-chemin entre les deux parents ; l'un des parents peut être prépotent. Les croisements entre le cheval et l'âne le montrent bien. Le mulet, dont l'âne est le père, et le bardot, dont le cheval est le père, ressemblent plus à l'âne qu'au cheval ; mais le bardot ressemble moins à un cul que le mulet. La descendance d'un Européen et d'un indigène de l'Inde constitue un bon exemple d'héritage mixte ; Les Eurasiens ne sont ni aussi sombres que les Asiatiques, ni aussi blonds que les Européens.

IV. La progéniture peut présenter une particularité d'un parent dans certaines parties du corps et la particularité de l'autre parent dans d'autres parties du corps. C'est ce qu'on appelle l'héritage particulaire. Le poulain pie, issu d'un croisement entre un père noir et une jument blanche, est un bon exemple d'un tel héritage. Cela ne semble pas être une forme courante d'héritage.

V. Le genre habituel d'héritage est peut-être une combinaison entre les formes II. et III. Dans de tels cas, la progéniture présente des caractères paternels et maternels, ainsi que des caractères dans lesquels les particularités maternelles et paternelles se mélangent. Un exemple d'héritage de cette description est fourni par un croisement entre le faisan doré et le faisan amherst.

VI. La progéniture peut être très différente des deux parents. Par exemple, Cuénot a découvert que parfois une souris grise croisée avec un albinos produit une progéniture noire.

Les expériences de Mendel

Les deux premiers types d'héritage ont été soigneusement étudiés par Gregor Johann Mendel, abbé de Brunn. Les résultats de ses expériences furent publiés dans les Actes de la Société d'Histoire Naturelle de Brunn, en 1854, mais furent très peu remarqués à l'époque.

Mendel a expérimenté des pois, dont il existe de nombreuses variétés. Il prit un certain nombre de variétés, ou sous-espèces, qui différaient les unes des autres par des caractères bien définis, tels que la couleur de l'enveloppe de la graine, la longueur de la tige, etc. Il fit des croisements entre les différentes variétés, en prenant soin de pour enquêter sur un seul personnage à la fois. Il a constaté que la progéniture de tels croisements ne ressemblait, dans ce caractère particulier, qu'à l'un des parents, l'autre parent n'exerçant apparemment aucune influence sur lui. Mendel a appelé le caractère qui apparaissait chez la progéniture dominant, et le caractère qui était supprimé, récessif. Ainsi, lorsque des variétés hautes et courtes ont été croisées, les descendants étaient tous grands. C'est pourquoi Mendel a dit que la taille est un caractère dominant et la petite taille un caractère récessif. Mendel a ensuite croisé ces croisements entre eux et a constaté que certains descendants ressemblaient à l'un des grands-parents en ce qui concerne le caractère en question tandis que d'autres ressemblaient à l'autre. Il a constaté que ceux qui montraient le caractère dominant étaient trois fois plus nombreux que ceux qui affichaient le caractère dominant. caractère récessif. Il a en outre constaté que tous ceux de la deuxième génération de croisements qui présentaient le caractère récessif étaient vrais ; c'est-à-dire que lorsqu'ils furent accouplés, tous leurs descendants présentèrent cette caractéristique. Cependant, les formes dominantes ne se sont pas toutes reproduites fidèlement ; certains d'entre eux ont produit des descendants qui ne présentaient que ce caractère dominant, d'autres, une fois croisés, ont donné naissance à certaines formes au caractère dominant et d'autres au caractère récessif.

Il est donc évident que des organismes d'ascendance totalement différente peuvent se ressembler en apparence extérieure. En d'autres termes, une partie du matériel à partir duquel un organisme se développe peut rester dormante.

Mendélisme

Des résultats ci-dessus, Mendel a déduit, dans le cas de ce qu'il appelle les caractères alternés, que seul l'un ou l'autre des couples peut apparaître dans la progéniture et qu'ils ne se mélangeront pas. Si les deux parents affichent l'un des caractères opposés, la progéniture le montrera bien entendu. Mais si un parent présente un caractère et l'autre le caractère opposé, la progéniture hybride n'en présentera qu'un seul, et celui qui est dominant. L'autre personnage est supprimé pour le moment. Cependant, lorsque ces hybrides sont élevés *entre eux* , leurs gamètes ou cellules sexuelles se divisent en leurs éléments constitutifs, puis les récessifs sont libres de s'unir à d'autres récessifs et produisent ainsi une progéniture qui présente le caractère récessif.

Ses résultats peuvent être présentés sous forme de symboles.

Soit T pour la forme haute et D pour la forme naine. Puisque la progéniture est composée à la fois de gamètes paternels et maternels, nous pouvons les représenter comme TD. Mais le nanisme est, comme nous l'avons vu, récessif, de sorte que tous les descendants semblent être de purs T. Cependant, lorsque nous générons ces TD *entre eux*, le gamète ou cellule sexuelle de chaque individu croisé se divise en ses parties composantes T et D, qui s'unissent à d'autres unités T ou D libres pour former des TD, des TT ou des DD. Quelles sont les combinaisons possibles ? AD d'un parent peut rencontrer et s'unir à un D de l'autre parent, de sorte que les cellules résultantes seront des D purs, c'est-à-dire *DD*, et donneront naissance à une progéniture naine pure. Ou bien le gamète D d'un parent peut s'unir avec un gamète T de l'autre parent, et le résultat sera un croisement TD, mais celui-ci, comme nous l'avons vu, grandira pour ressembler à un pur T, c'est-à-dire deviendra *un* grand organisme. De même, un gamète T d'un parent peut s'unir à un gamète T de l'autre et produire une forme haute pure, ou il peut s'unir à un D et produire un TD hybride, qui donne naissance à une forme grande. Ainsi, les combinaisons possibles de progéniture sont DD, DT, TD, TT, mais ces trois derniers contiennent le gamète T dominant et se développent ainsi en une progéniture de grande taille ; par conséquent, *par hypothèse*, nous aurons trois formes hautes produites en une forme naine, mais de ces trois formes hautes, deux ne sont pas pures et ne se reproduisent pas fidèlement. Les résultats expérimentaux de Mendel concordaient avec ce que nous pourrions espérer obtenir si l'explication ci-dessus était correcte. La conclusion selon laquelle une telle division des gamètes se produit lors de l'acte sexuel semble donc légitime.

Les expériences de Mendel sont d'une grande importance, car elles nous donnent un aperçu de la nature de l'acte sexuel. Mais, comme c'est souvent le cas dans de tels cas, les disciples de Mendel ont grandement exagéré la valeur et l'importance de son œuvre. Il faut garder à l'esprit que les résultats de Mendel ne s'appliquent qu'à un nombre limité de cas, à ce que l'on pourrait appeler des caractères équilibrés. Dans le cas de caractères qui ne s'équilibrent pas, qui ne sont pour ainsi dire pas diamétralement opposés, la loi de Mendel ne s'applique pas. Un deuxième point important est que, dans de nombreux cas, la domination n'est pas aussi complète qu'elle le devrait si la formule mendélienne représentait correctement ce qui se passe réellement dans la nature. De plus, la ségrégation des gamètes ne semble pas aussi complète que l'hypothèse ci-dessus l'exige. Les phénomènes d'héritage semblent bien plus complexes que ce que le mendélien approfondi voudrait nous faire croire.

Il convient de noter que ce n'est pas les faits du mendélisme, mais certaines parties de ce que nous pourrions appeler la théorie mendélienne, que nous contestons.

Maturation des cellules germinales

Avant de passer à l'examen de certains des développements ultérieurs du mendélisme, il est nécessaire d'exposer brièvement certains des faits les plus importants concernant l'acte sexuel que le microscope a mis en lumière. Nous proposons de les énoncer seulement dans les grandes lignes. Ceux qui souhaitent approfondir le sujet sont renvoyés à *l'hérédité du professeur Thomson*
.

Les cellules germinales, comme toutes les autres cellules, sont constituées d'un noyau situé dans une masse de cytoplasme. Le noyau est composé d'un certain nombre de corps en forme de bâtonnets, appelés chromosomes, car ils sont facilement colorables.

Ces chromosomes semblent, dans des circonstances ordinaires, être assemblés bout à bout et ressemblent alors à une corde enchevêtrée.

Lorsqu'une cellule est sur le point de se diviser en deux, ces chromosomes se dissolvent et peuvent alors être comptés, et l'on constate que chaque cellule de chaque espèce animale ou végétale possède un nombre fixe de ces chromosomes. Ainsi, la souris et le lys ont vingt-quatre chromosomes dans chaque cellule, tandis que le bœuf en aurait seize par cellule.

Lorsqu'une cellule se divise en deux, chacun de ces chromosomes se divise par une fissure *longitudinale* en deux moitiés qui semblent exactement identiques. La moitié de chaque chromosome passe dans chacune des cellules filles, de sorte que chacune d'elles reçoit exactement la moitié de chacun des chromosomes en forme de bâtonnet. Lors de la division cellulaire, qui a lieu juste avant que le gamète mâle ou la cellule générative ne rencontre le gamète femelle, les chromosomes ne se divisent pas en moitiés égales, comme c'est habituellement le cas. Dans cette division, la moitié d'entre eux passent dans une cellule fille et l'autre moitié dans l'autre cellule fille, de sorte qu'avant la fécondation, les gamètes mâles et femelles ne contiennent que la moitié du nombre normal de chromosomes. Lors de l'acte sexuel, les chromosomes mâles et femelles unissent leurs forces, puis le nombre normal est reconstitué, chaque parent contribuant exactement pour la moitié.

Expériences de Delage et Loeb

Les biologistes, à quelques exceptions près, semblent s'accorder sur le fait que ces chromosomes sont porteurs de tout ce qu'une génération hérite d'une autre. Ainsi les faits cardinaux de l'acte sexuel sont, d'abord, avant la fécondation, les gamètes mâle et femelle, chacun avec la moitié de leurs chromosomes ; et deuxièmement, la cellule fécondée est composée du nombre normal de chromosomes, dont la moitié a été fournie par chaque parent. Ainsi le microscope montre que le noyau de l'œuf fécondé est constitué d'apports égaux de chaque parent. Ceci est tout à fait conforme aux phénomènes d'hérédité observés.

Mais Delage a montré qu'un fragment non nucléé de l'ovule chez certains animaux inférieurs, comme par exemple l'oursin, peut donner naissance à un organisme fille avec le nombre normal de chromosomes lorsqu'il est fécondé par un spermatozoïde. À l'inverse, Loeb a montré qu'on pouvait se passer du noyau du spermatozoïde. Il semble donc que soit l'œuf, soit le spermatozoïde de l'oursin, contiennent tous les éléments essentiels à la production de la larve parfaite d'un organisme fille. Nous sommes donc amenés à la conclusion que l'ovule fécondé contient deux ensembles d'unités entièrement équipées. Un seul d'entre eux semble contribuer au développement de l'organisme. Si cet ensemble se trouve être composé de matériel provenant d'un seul des parents, nous pouvons voir comment il se fait que nous obtenions un héritage unilatéral dans le cas d'un croisement. Cependant, lorsque les unités des deux parents se mélangent, même si un seul ensemble est actif en développement, le résultat sera un héritage mixte. Ainsi, nous pouvons considérer l'œuf fécondé comme composé de deux ensembles de caractères : un ensemble dominant, qui est actif dans la production de l'organisme résultant, et un ensemble récessif, qui semble prendre peu ou pas de part dans la production de l'organisme résultant. organisme.

Ceci est tout à fait conforme aux conceptions mendéliennes.

Soit X un organisme ayant les caractères unitaires A *B* CD *E* F *G* , et soit Y un autre organisme ayant les caractères unitaires *a* b *c d* e *f* g.

Supposons maintenant que celles-ci se comportent comme des unités mendéliennes opposées et que les caractères unitaires en italique soient dominants. Ensuite, l'individu résultant ressemblera à chaque parent dans certains caractères unitaires. Il peut être représenté par la formule a B cd E f G, mais il contiendra les caractères A b CD e F g sous forme récessive, de sorte que sa formule complète puisse s'écrire

a B cd E f G

A b CD e F g

}

Lorsque ces hybrides seront appariés, il sera *possible* d'obtenir des formes telles que

ABCDEFG
ABCDEFG

et

abcdefg

abcdefg

qui ressemble exactement à

grands-parents respectifs, et ceux-ci devraient se reproduire de manière absolument vraie, si la ségrégation des gamètes est aussi pure que la loi de Mendel semble l'exiger.

Expériences de Cuénot et Château

Il y a cependant certains faits, que des expérimentateurs récents ont mis en lumière, qui semblent montrer que la ségrégation n'est pas aussi complète que l'exige la loi. Par exemple, les formes dites pures extraites peuvent présenter, lorsqu'elles sont croisées avec d'autres variétés, des caractères latents. Cuénot a ainsi observé que les souris albinos pures extraites, c'est-à-dire celles issues de formes hybrides, ne se comportaient pas toutes de la même manière lorsqu'elles étaient associées à d'autres souris. Ceux qui avaient été issus d'hybrides gris × blanc se comportaient, lors du croisement, différemment de ceux qui avaient été issus d'hybrides noir × blanc; et de plus, ceux dérivés d'hybrides jaune × blanc ont donné encore d'autres résultats par croisement. Castle enregistre des phénomènes similaires chez les cobayes et fait en conséquence une distinction entre les caractères récessifs et latents. Les caractères récessifs sont ceux qui disparaissent au contact d'un personnage dominant, mais réapparaissent dès qu'ils sont séparés du personnage dominant opposé. La latence est définie par Castle comme « une condition d'activité dans laquelle un caractère normalement dominant peut exister chez un individu ou un gamète récessif ».

Le mendélien ordinaire représente un caractère unitaire dans une croix qui obéit à la loi de Mendel, comme suit :

le personnage dominant ne fait qu'apparaître. Il nous semble que chaque caractère unitaire doit être représenté comme une entité double, donc D(D), la partie entre parenthèses étant latente. La croix semblerait être représentée par la formule

puisque l'union semble prendre la forme du transfert des caractères latents endormis. Or un récessif pur extrait portera, dans cette hypothèse, la formule

Lorsque de tels récessifs sont traversés, les deux parties dormantes changeront habituellement de place et n'apparaîtront jamais, de sorte que ces récessifs extraits apparaîtront, dans des circonstances ordinaires, aussi purs que les véritables récessifs purs, qui sont représentés par la formule

Supposons maintenant que, pour une cause ou une autre, il soit possible que le D latent change de place avec le R visible, il est évident que la nature impure des récessifs extraits et jusqu'ici apparemment purs deviendra manifeste. Cela semble être ce qui arrive, dans certaines circonstances, aux souris albinos extraites. Ils

possèdent latent le caractère de leur ancêtre dominant.

Caractères de l'unité

Les phénomènes mendéliens nous obligent à conclure que les organismes présentent un certain nombre de caractères unitaires, dont chacun se comporte à peu près de la même manière qu'une radicule en chimie, dans la mesure où à un ou plusieurs de ces caractères, d'autres peuvent être substitués sans interférer avec le reste. caractères unitaires. Par exemple, il est possible de remplacer le radicule chimique NH_3 par le radicule Na_2 ; *par exemple,* $(NH_3)_2SO_4$ (sulfate d'ammonium) peut être transformé en Na_2SO_4 (sulfate de sodium).

La conclusion selon laquelle chaque organisme est composé d'un certain nombre de caractères unitaires, qui se comportent parfois plus ou moins indépendamment les uns des autres, est une conclusion à laquelle semblent être parvenus la plupart des biologistes qui ont étudié les phénomènes d'hérédité. Les zoologistes sont pour la plupart d'avis que ces caractères, ou plutôt leurs précurseurs, existent sous forme d'unités dans l'œuf fécondé. Les conceptions de la nature de ces unités biologiques ont été très variées. Presque tous les biologistes ont donné un nom à leur conception particulière. Ainsi avons-nous les gemmules de Darwin, les caractères unitaires de Spencer, les biophores de Weismann, les micelles de Naegeli, les plastidules de Haeckel, les plasmomes de Wiesner, les idioblastes de Hertwig, les pangens de De Vries, etc. Il n'est pas nécessaire d'allonger cette liste. Il suffit de constater que presque tous ceux qui étudient les phénomènes d'hérédité croient en ces unités et les appellent sous un nom différent. De plus, chacun les revêt de caractéristiques selon son goût ou la fertilité de son imagination.

Molécules chimiques

Ces unités se comportent de manière à nous suggérer une analogie entre elles et les molécules chimiques. L'acte sexuel ressemblerait à certains égards à une synthèse chimique. L'un des phénomènes les plus remarquables de la chimie est celui de l'isomérie. Il n'est pas rare que deux substances très différentes se révèlent, après analyse, avoir la même composition chimique, c'est-à-dire que leurs molécules se révèlent être composées du même genre d'atomes et du même nombre d'entre eux. Ainsi les chimistes sont obligés de croire que les propriétés d'une molécule dépendent, non seulement de la nature des atomes qui la composent, mais aussi de la disposition de ceux-ci au sein de la molécule. Pour prendre un exemple concret : L'analyse montre que l'alcool et l'éther sont représentés par la formule chimique C_2H_6O. Autrement dit, la molécule de chacun de ces composés est constituée de deux atomes de l'élément Carbone, six des élément Hydrogène, et un des éléments Oxygène. Or, tout atome chimique possède la propriété que les chimistes appellent valence, c'est-à-dire que le nombre d'autres atomes avec lesquels il peut s'unir directement est strictement limité. Tous les atomes d'un même élément ont la même valence. Les atomes monovalents sont ceux qui ne peuvent en aucun cas s'unir à plus d'un autre atome. L'atome d'hydrogène est un exemple d'un tel atome. Les atomes divalents, comme par exemple celui de l'oxygène, peuvent s'unir à un autre atome de valence similaire ou à deux atomes monovalents. De même, un atome trivalent, comme celui de l'Azote, peut s'unir à trois atomes monovalents. Un atome tétravalent, comme celui du Carbone, peut se combiner avec quatre atomes monovalents. Il existe également des atomes pentavalents et hexavalents. Or, en indiquant la valence d'un atome donné par un trait pour chaque atome monovalent avec lequel il est capable de se combiner, les chimistes ont pu représenter la molécule de chaque composé, ou, en tout cas, de chaque composé inorganique, par quoi est connue sous le nom de formule graphique ou structurelle. Ainsi, l'alcool éthylique est représenté par la formule : -

    H   H

     | |

$$\text{H} - \text{C} - \text{C} - \text{Ô} - \text{H} = C_2H_6O,\_$$

$$\mid \qquad \mid$$

$$\text{H} \qquad \text{H}$$

et éther méthylique par la formule développée : -

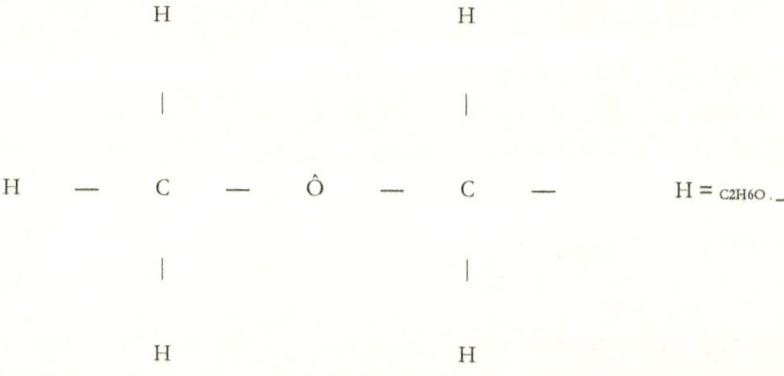

Les formules indiquent une disposition très différente des neuf atomes qui composent la molécule dans chaque cas. Et c'est à cet arrangement différent que devraient être dues les propriétés différentes des deux composés. Une illustration grossière du phénomène de l'isomérie est fournie par le langage écrit. Ainsi, trois mots différents peuvent être formés à partir des lettres t, a et r, *par exemple* tar, art et rat. Ils forment également tra, qui n'est pas un mot anglais, même s'il aurait pu en être un.

Expériences de Gräfin von Linden

Chez les organismes, on observe parfois un phénomène qui ressemble beaucoup à l'isomérie. L'exemple classique en est fourni par les papillons *Vanessa prorsa* et *Vanessa levana* .

À une certaine époque, on croyait qu'ils appartenaient à des espèces différentes, car leur apparence était très différente. *Vanessa levana* est rouge, avec des taches noires et bleues. *Vanessa prorsa* est d'un noir profond, avec une large bande blanc jaunâtre sur les deux ailes. On sait maintenant que le *levana* est la forme printanière et la *prorsa* la forme estivale et automnale de la même espèce. Les pupes de *levana* produisent la forme *prorsa* , mais Weismann a découvert qu'après avoir été placées dans un réfrigérateur, elles émergeaient, non pas sous forme de *prorsa* , mais en partie sous forme *de levana* et en partie sous une autre forme intermédiaire à bien des égards entre *levana* et *prorsa* . Weismann réussit également, en exposant la chrysalide d'hiver à une température élevée, à lui faire donner naissance à la forme *prorsa* , et non à la forme *levana* , comme elle le ferait ordinairement.

Des résultats similaires ont été obtenus avec le *Pieris napi à dimorphisme saisonnier* . Standfuss, le Gräfin von Linden et d'autres ont obtenu des résultats similaires dans le cas d'autres papillons dimorphes selon les saisons. Dans certains cas, il a été prouvé que la modification du pigment est purement chimique ; une transformation similaire peut être effectuée dans le pigment extrait. Mais il faut garder à l'esprit que les changements ainsi induits ne se limitent pas à la couleur ; ils se produisent dans le marquage et la forme de l'aile.

Plus remarquable encore est le fait que chez certaines espèces sexuellement dimorphes, un changement de température altère la femelle, de manière à lui donner l'apparence extérieure du mâle. Par exemple, il a été constaté que la chaleur change les couleurs des femelles *Rhodocera rhamni* et *Parnassius apollo* en couleurs du mâle.

En appliquant des rayons de lumière intense, des chocs électriques ou une centrifugeuse, le Gräfin von Linden a pu changer les couleurs des papillons donnés par les chenilles. Pictet a expérimenté sur vingt et une espèces de papillons, ou plutôt sur leurs chenilles, et a constaté que dans presque tous les cas, lorsque les chenilles mangeaient une nourriture inhabituelle, elles se transformaient en papillons avec une coloration anormale. Schmankewitsch a découvert que, dans le cas du crustacé *Artemia* , il pouvait produire l'une ou l'autre de deux espèces selon la quantité de sel dans l'eau dans laquelle ces créatures étaient placées. Il a déclaré que les différences anatomiques entre les espèces *Artemia salina* et *Artemia milhausenii* dépendaient uniquement du pourcentage de sel présent dans l' eau environnante. Il déclara en outre qu'en ajoutant encore plus de sel, il pourrait transformer l' *Artemia* en un nouveau genre : *Branchipus* . Des observateurs plus récents ont mis en doute ces résultats de Schmankewitsch. Ils admettent cependant que le degré de salinité de l'eau a un certain effet sur la forme de l'

Artemia , bien qu'ils suggèrent que des facteurs autres que la concentration affectent le résultat. Quoi qu'il en soit, il est désormais bien connu que les changements dans l'environnement modifient la coloration de nombreux crustacés. Pictet a montré que l'alternance de saisons humides et sèches dans certains pays tropicaux est la cause, ou le stimulus qui induit, du dimorphisme saisonnier chez certains papillons. Il était capable de modifier la coloration de certaines espèces grâce à l'humidité.

Les cas les plus importants, de notre point de vue, sont ceux dans lesquels l'application de chaleur ou de froid sur une pupe a affecté la couleur, la forme, etc., du papillon émergent. Nous n'avons ici qu'un seul facteur, celui de la température. Tout le matériel nécessaire à la formation du papillon est déjà stocké dans la pupe. Les caractères unitaires, ou leurs précurseurs, sont tous là, et ils prennent une forme ou une autre selon le stimulus appliqué.

Isomérie biologique

Des phénomènes de ce genre ne peuvent, selon nous, être expliqués qu'en supposant que les caractères unitaires affectés sont chacun développés à partir d'une portion définie de l'œuf fécondé, que chacune de ces portions, ces précurseurs des caractères unitaires, est, comme un molécule chimique, composée d'un certain nombre de particules, et que de la disposition de ces particules dans son précurseur dans l'œuf dépend la forme que prendra le caractère unitaire qui en dérive. Un arrangement de ces particules donne lieu à une forme de caractère unitaire, tandis qu'un autre arrangement donnera lieu à une forme totalement différente de caractère unitaire.

Ainsi, certains organismes semblent présenter une isomérie biologique proche de l'isomérie chimique, sauf que les particules qui, dans les organismes, remplacent les atomes chimiques, sont infiniment plus complexes.

Autrement dit, les précurseurs présents dans l'œuf fécondé de chacun de ces caractères unitaires se comportent à certains égards comme des molécules chimiques.

Afin d'éviter la fabrication de termes nouveaux, nous pouvons parler au sens figuré des cellules germinales comme étant composées de molécules biologiques, elles-mêmes constituées de radicaux et d'atomes biologiques. Ceux-ci se comportent d'une certaine manière comme des molécules chimiques, des radicaux et des atomes, selon le cas.

Il semble légitime de considérer chaque caractère unitaire chez l'adulte comme le résultat du développement d'une ou plusieurs des molécules biologiques qui composent le noyau de l'œuf fécondé. Ces molécules biologiques sont bien entendu un million de fois plus complexes que les molécules chimiques. Chaque atome biologique doit contenir en lui-même un certain nombre de molécules protoplasmiques très complexes. Cette vision de la structure de la cellule germinale semble s'imposer à l'observateur. Néanmoins, la conception n'aura de valeur que si elle semble éclairer les divers phénomènes d'hérédité, de variation, etc.

Essayons alors d'en interpréter quelques-unes.

Chaque élément chimique est constitué d'atomes qui sont tous de la même sorte, mais il n'existe pas deux éléments constitués du même type d'atomes, bien que les chimistes soient désormais enclins à concevoir les différents types d'atomes comme étant constitués de quantités variables. d'une substance primordiale. Dans tous les cas, les molécules des composés chimiques sont constituées de différents types d'atomes. Avec les atomes biologiques, le cas semble être différent. Tous semblent être constitués du même type de substance, et les différences montrées par les divers caractères unitaires qui composent un organisme semblent être dues aux nombres différents et à la disposition variable des atomes biologiques qui composent l'organisme. molécules à partir desquelles les caractères unitaires sont dérivés. Cela serait tout à fait conforme à la notion chimique d'allotropie. Ainsi, les molécules de graphite et de diamant sont toutes deux constituées du même type d'atomes.

Mais les atomes biologiques sont vivants, c'est-à-dire qu'ils subissent continuellement l'anabolisme et le catabolisme, la croissance et la décomposition. Ils présentent tous les phénomènes de la vie, ils doivent croître et se diviser, et ils doivent absorber de la nourriture ; il n'est donc pas surprenant qu'ils diffèrent légèrement entre eux, qu'ils présentent le phénomène de variation. Bien qu'ils soient probablement tous composés du même matériau vivant, aucun d'entre eux n'est exactement pareil, c'est pourquoi les molécules qu'ils forment diffèrent également les unes des autres. Nous pouvons ainsi comprendre pourquoi tous les organismes présentent des variations fluctuantes.

Les variations ou mutations discontinues sont très différentes. Celles-ci semblent être dues soit à un réarrangement des atomes biologiques dans la molécule biologique, soit à la division de cette dernière en deux ou plusieurs molécules. Ceci n'est bien sûr que pure hypothèse. Prenons un exemple imaginaire. Supposons qu'une molécule biologique contienne dix-huit atomes biologiques et que ceux-ci soient disposés sous la forme d'un triangle équilatéral, six d'entre eux allant de chaque côté. Supposons maintenant que, pour une raison ou une autre, ils se réorganisent pour former un triangle isocèle, de sorte que quatre seulement forment la base et sept vont vers chacun des côtés restants. Une telle disposition donnerait lieu à une mutation. Supposons maintenant que, pour une cause ou une autre, cette molécule biologique triangulaire se scinde en deux triangles ayant chacun trois atomes de chaque côté, nous obtiendrions une mutation encore plus marquée. Nous sommes loin de dire que les atomes de la molécule organique prennent jamais de telles formes. Nous avons simplement essayé de donner des illustrations grossières mais simples du genre de processus qui, dans cette hypothèse, pourraient se produire dans les cellules germinales ou dans les œufs fécondés.

Considérons maintenant l'acte sexuel sous cet aspect. Les différentes molécules (on parle bien sûr de molécules biologiques) du parent mâle rencontrent celles du parent femelle, et une synthèse se produit, qui aboutit à la formation d'un nouvel organisme. Lorsque ces deux ensembles de gamètes se rencontrent, plusieurs événements peuvent se produire. Les gamètes peuvent refuser de se combiner. Cela se produira chaque fois qu'ils seront de constitution très différente ; c'est ainsi que des espèces très différentes ne se croisent pas. Mais il peut même arriver que des gamètes d'individus d'une même espèce refusent de se regrouper à cause de quelque particularité dans la composition de l'un ou de l'autre d'entre eux. Deuxièmement, ils peuvent être capables de former une sorte d'union, mais, en raison de leur nature diversifiée, les molécules résultantes peuvent être si complexes qu'elles ne peuvent pas être divisées en moitiés égales, et comme cela semble être nécessaire à l'acte sexuel. , l'organisme résultant sera stérile. Troisièmement, les deux ensembles de gamètes peuvent entrer dans une union propre, c'est-à-dire former de nouvelles molécules, mais celles-ci peuvent être de structure si différente de celle des molécules des gamètes, que la progéniture qui en résultera sera très différente en apparence de ses parents. . Quatrièmement, certains ou tous les groupes de radicules de chaque gamète peuvent être unis si étroitement que lors de l'acte sexuel ils ne se désagrègent pas, mais entrent corporellement dans le nouvel organisme qui en résulte. Dans ces circonstances, l'héritage de la progéniture suivra la loi de Mendel. Cinquièmement, il peut y avoir une légère perturbation de la molécule, peut-être qu'un ou quelques atomes seulement seront remplacés par ceux de l'autre gamète. Cela nous donnerait une domination impure.

Cette hypothèse semble donc compatible avec les différents modes de transmission.

Le curieux phénomène connu sous le nom de prépotence semblerait également être tout à fait conforme à cette conception.

Dans les réactions chimiques, la tendance est à la formation des combinaisons les plus stables, comme dans la nature.

Nous pourrions probablement aller plus loin et dire que non seulement les molécules biologiques les plus stables se formeront, mais que les radicaux les plus stables domineront la molécule. Par conséquent, si deux animaux sont croisés et que la progéniture présente un héritage alterné, l'organisme résultant présentera, dans le cas de chaque caractère unitaire, le plus stable de la paire ; en d'autres termes, il s'agira du parent qui se trouve avoir la plus grande stabilité quant à ce caractère particulier. La différence entre le mulet et le bardot semble s'expliquer dans cette supposition. Si l'union était comme une simple synthèse chimique, la manière dont la croix a été réalisée ne ferait aucune différence. Mais si les espèces croisées sont de stabilité variable, et si leurs degrés de stabilité respectifs varient selon le sexe, il est facile de voir que la manière dont les animaux seront croisés fera une différence.

Dans le cas de créatures qui obéissent à la loi de Mendel, la forme la plus stable d'un caractère unitaire sera vraisemblablement la forme dominante.

L'un des phénomènes d'hérédité les plus curieux est celui de la corrélation. Nous y reviendrons plus en détail au chapitre VIII. Il suffira ici de dire que certains caractères semblent liés entre eux dans les organismes. Ceux-ci semblent se transmettre par paires. La progéniture ne présente jamais l'un d'un couple corrélé sans présenter également l'autre.

Il semblerait donc que certaines combinaisons d'atomes biologiques, certaines molécules, ne puissent exister qu'en conjonction avec certaines autres combinaisons. Ceci est tout à fait conforme à l'enseignement des physiologistes concernant l'interdépendance des différents organes du corps. Nous sommes désormais arrivés au stade de l'ovule fécondé. Selon notre conception, il s'agit d'une série ou d'un conglomérat de précurseurs des caractères unitaires de l'adulte. Ces précurseurs, nous les appelons des molécules biologiques. Chacun est d'une nature très complexe. Chacune semble composée de plusieurs portions dont une seule participera à la constitution du corps de la progéniture, les autres portions restant latentes. Nous concevons en outre qu'il est possible que les divers radicaux qui composent ces molécules s'agencent de diverses manières et qu'avec chaque nouvel arrangement, une forme différente de caractère unitaire se développera. Ces molécules sont donc construites à partir de radicaux dérivés des deux parents, les combinaisons les plus stables étant formées et une partie de la molécule dominant l'ensemble. Dans des circonstances normales, cette partie dominante de la molécule donnera naissance à un caractère d'un type défini. Mais il semble que d'autres facteurs puissent intervenir et provoquer un réarrangement des radicules qui le composent, ce qui entraînerait la formation d'un caractère unitaire différent de celui auquel il donnerait ordinairement naissance.

Mais, objectera-t-on, si la couleur d'un organisme dérive d'une de ces molécules dites biologiques, comment se fait-il qu'elle affecte l'organisme tout entier, ou, en tout cas, plusieurs des autres caractères unitaires ? L'objection peut être répondue de plusieurs manières. En premier lieu, les molécules chromogènes peuvent se diviser en autant de portions qu'il y a d'unités qu'elles affectent, et chaque portion peut s'attacher à une unité. Ou encore, la propriété que nous appelons coloration peut ne pas provenir d'une molécule, elle peut être une expression des positions relatives des diverses molécules dans l'œuf fécondé. Ou encore, la molécule déterminant la couleur peut sécréter un ferment ou une hormone, ce qui peut être la cause de la coloration particulière de l'organisme qui en résulte. Nous ne prétendons pas dire laquelle de ces suppositions alternatives (le cas échéant) est la bonne. Mais il nous semble qu'une conception telle que celle que nous avons exposée nous est imposée par les faits observés. Cette conception ne doit pas être considérée comme une théorie, mais plutôt comme une indication des lignes selon lesquelles nous pensons que l'étude de l'héritage pourrait être la mieux menée.

L'ovule fécondé n'a rien de la forme de l'être auquel il donnera naissance. Il s'agit simplement d'un organisme potentiel, quelque chose qui, dans des conditions favorables, se développera en un organisme.

Phénomène sexuel

Chez les animaux supérieurs, chaque individu est soit du sexe mâle, soit du sexe femelle. Les zoologistes ont déployé beaucoup d'ingéniosité pour tenter de déterminer ce qui détermine le sexe. De nombreuses théories ont été avancées, mais aucune d'entre elles n'a obtenu une acceptation générale, parce que ses adversaires sont capables d'invoquer des faits qui semblent incompatibles avec elle.

Il est tentant d'essayer d'interpréter le phénomène sexuel en partant de l'hypothèse que la molécule ou l'unité biologique productrice de femelles est un isoméride de la cellule productrice de mâles. Certains faits semblent cependant contredire cette idée, comme par exemple l'apparition occasionnelle chez un individu d'un sexe de caractéristiques de l'autre sexe.

Il est possible que les tentatives visant à expliquer les phénomènes de production sexuelle sur une base mendélienne s'avèrent plus efficaces. Il ne semble pas impossible que chaque œuf fécondé contienne du matériel capable de se développer en organes génitaux mâles et du matériel capable de se développer en organes génitaux femelles, mais qu'un seul type de matériel, celui qui domine, réussisse à se développer. Le nombre de ce que l'on appelle les « éléments X » qui sont présents dans l'œuf fécondé semble décider quel type de matériau doit être dominant.

Mais le problème de la détermination du sexe, aussi fascinant soit-il, n'est pas de ceux qui peuvent être discutés de manière adéquate dans un ouvrage général sur l'évolution. Ceux qui s'intéressent au sujet sont renvoyés à *l'hérédité* du professeur Thomson et au discours prononcé par le professeur EB Wilson, de l'Université de Columbia, devant l'American Association for the Advancement of Science, dont il a été entièrement rendu compte dans le numéro de Science du *8* janvier. 1909.

En résumé, notre conception est que l'œuf fécondé est composé d'un certain nombre d'entités, auxquelles nous avons donné le nom de « molécules biologiques », car, à certains égards, leur comportement n'est pas sans rappeler celui des molécules chimiques.

Les unités qui composent ces molécules, étant constituées de protoplasme, sont dotées de toutes les propriétés de la vie, y compris l'instabilité inhérente qui caractérise toute matière vivante.

Nous suggérons que les variations continues ou fluctuantes qui apparaissent dans l'organisme adulte pourraient être le résultat de différences individuelles dans les « atomes » biologiques qui composent la molécule.

En revanche, des variations discontinues, ou mutations, peuvent être le résultat d'un réarrangement des atomes au sein de la molécule biologique. Il ne serait pas très profitable de spéculer sur les causes de ce réarrangement dans l'état actuel de nos connaissances. Ce serait s'interroger sur la cause d'un regroupement d'entités dont nous ne sommes pas certains de l'existence ! Pour autant que nous le sachions, il peut y avoir une lutte intracellulaire pour la nourriture entre les différentes molécules et entre les atomes qui composent les molécules. Si une molécule bénéficie d'un avantage particulier sur les autres, le résultat peut être un degré inhabituel de développement du caractère unitaire résultant ; en d'autres termes, le résultat sera une variation dans l'organisme. Cette variation peut s'avérer favorable ou défavorable à son possesseur.

Lutte pour la nourriture

Certains phénomènes semblent indiquer une lutte pour la nourriture entre les parties germinales et somatiques de l'œuf, entre les parties à partir desquelles sont produites les cellules sexuelles de l'organisme résultant et celles qui donnent naissance au corps de l'organisme. Chaque molécule peut s'efforcer, pour ainsi dire, de croître aux dépens des autres. Ainsi, une grande taille dans un organisme est susceptible d'être produite aux dépens des molécules formant les cellules germinales. Autrement dit, une grande taille dans un organisme serait incompatible avec une fécondité excessive. C'est ce que nous observons dans la nature. En revanche, un mauvais développement des tissus corporels, comme dans le cas des parasites intestinaux, serait corrélé à une grande fécondité. Certains organismes ne sont que des sacs remplis d'œufs.

Le succès dans la lutte pour l'alimentation d'une molécule peut être partagé par les autres molécules proches d'elle, d'où le phénomène de corrélation.

Il est ainsi concevable que, dans une couvée composée de plusieurs individus, une molécule particulière ou un ensemble de molécules chez l'un des individus puisse recevoir plus que sa part de nourriture, et cela aura pour conséquence que les organes de cet individu jailliront du puits. -les molécules nourries étant exceptionnellement bien développées. Ainsi apparaît le phénomène de différences entre les membres d'une portée ou d'un couvain.

La sélection naturelle aura tendance à éliminer les individus chez lesquels la variation qui en résulte est défavorable. Si l'environnement est tel, comme dans le cas d'un parasite interne, que la production de cellules germinales est la fonction la plus nécessaire de l'organisme, alors les individus chez lesquels les molécules germinatives augmentent aux dépens de celles qui forment le corps aura tendance à être préservé. Cela provoquerait le phénomène que les biologistes appellent dégénérescence. L'alimentation des différentes molécules biologiques peut éventuellement dépendre de leurs positions relatives dans l'œuf. Ceux qui sont en position favorable auront alors tendance à se développer aux dépens des autres. Cela entraînera des variations selon des lignes définies. Chaque génération suivante tendra à un développement accru de cet organe particulier auquel donne naissance la molécule favorablement située. Ce processus peut continuer, comme dans le cas des cornes de l'élan irlandais, jusqu'à ce que le développement de cet organe particulier devienne si excessif qu'il soit franchement nuisible ; alors la sélection naturelle interviendra et éliminera l'espèce. Mais avant que cela n'arrive, quelque chose peut provoquer un réarrangement des molécules biologiques dans l'œuf fécondé, et ainsi une mutation peut survenir, qui, pour ainsi dire, trace une nouvelle ligne.

Origine des mutations

Enfin, selon cette conception, il peut y avoir une sorte de lien entre les variations fluctuantes et les mutations. On peut imaginer que les variations fluctuantes s'accumulent les unes sur les autres, jusqu'à ce qu'il en résulte un réarrangement des atomes dans une ou plusieurs molécules biologiques qui, à son tour, provoque une mutation.

Parfois, ce remodelage d'une molécule biologique peut affecter certaines des autres molécules et conduire ainsi à des mutations corrélées.

CHAPITRE VI

LA COLORATION DES ORGANISMES

La théorie de la coloration protectrice a été poussée jusqu'à l'absurde. Elle ne supporte pas un examen attentif . Coloration cryptique . Couleurs sématiques . Couleurs pseudo - sématiques. Mimétisme batésien et mullérien . Conditions nécessaires au mimétisme . **Exemples** . — Marquages de reconnaissance — La théorie de la coloration oblitérante — Critique de la théorie — Objections à la théorie de la coloration cryptique — La blancheur de la faune arctique est exagérée — Tableaux illustratifs — Organismes pélagiques — Objecteurs du néo- Les théories darwiniennes sur la coloration se retrouvent parmi les naturalistes de terrain — GAB Dewar, Gadow, Robinson, FC Selous cités — Couleurs des œufs d' oiseaux — Avertissement de coloration — Objections à la théorie — Théorie d' **Eisig** — Donc- attitudes dites intimidantes des animaux — **Mimétisme** — Les arguments en faveur de la théorie — Les arguments contre la théorie — " Faux mimétisme " — Théorie de la reconnaissance des couleurs — La théorie réfutée — Les couleurs des fleurs et des fruits — Néo- Explications darwiniennes — **Objections** — Théorie de Kay Robinson — Conclusion selon laquelle les théories néo-darwiniennes sont intenables — Quelques suggestions concernant la coloration des animaux — À travers la diversité des colorations des organismes, quelque chose comme un ordre circule — Le lien entre les molécules et couleur — Tylor sur les modèles de couleur chez les animaux — Théorie de Bonhote sur les p œ cilomères — Résumé des conclusions auxquelles on est parvenu.

Depuis la publication de *L'Origine des Espèces* , les naturalistes ont accordé une grande attention à la coloration des animaux et des plantes, de sorte qu'une grande majorité des hommes scientifiques croient aujourd'hui que toutes, ou presque toutes, les couleurs présentées par les animaux leur sont d'une utilité directe et sont donc le résultat direct de la sélection naturelle ; quelques-uns ajouteraient : « et de la sélection sexuelle ».

«Parmi les nombreuses applications de la théorie darwinienne», écrit Wallace, «dans l'interprétation des phénomènes complexes, aucune n'a eu autant de succès que celles qui traitent des couleurs des animaux et des plantes.»

Robinson sur la coloration protectrice

Nous admettons volontiers que la théorie darwinienne a apporté beaucoup de lumière sur le phénomène de la coloration animale ; il a réduit à quelque chose comme de l'ordre ce qui était avant l'époque de Darwin le chaos. Tout en admettant cela, nous nous sentons obligés de dire que de nombreux naturalistes, en particulier le Dr Wallace et le professeur Poulton, ont poussé les diverses théories sur la coloration animale jusqu'à l'absurde. Comme le dit avec raison le Dr H. Robinson (*Knowledge* , janvier 1909) : « Il semble avoir été tenu pour acquis, et certains écrits même du Dr Wallace peuvent être interprétés dans ce sens, que la coloration protectrice est nécessaire à l'existence continue de chaque espèce. , et que, coloration sexuelle mise à part, il incombe aux naturalistes de proposer des spéculations ingénieuses dans ce sens pour expliquer l'apparence même des bêtes les plus bizarres et les plus remarquables. Il n'y a donc qu'un pas jusqu'à l'annonce de ces spéculations comme de nouvelles preuves en faveur de la sélection naturelle, et de diverses hypothèses formulées dans le processus spéculatif comme des faits indiscutables. »

Il en résulte que les hommes ont cessé de considérer les théories néo-darwiniennes [6] de la coloration protectrice, du mimétisme et des marques de reconnaissance comme de simples hypothèses semblant éclairer certains phénomènes du monde organique. Ces théories ont pris le rang de lois de la nature. Les contester semble aussi futile que d'affirmer que la terre est plate. S'y opposer paraît aussi ridicule que s'opposer au Mont Blanc. Oser les critiquer est une hérésie de la pire espèce.

Quoi qu'il en soit, dogme scientifique ou pas de dogme scientifique, opinion scientifique ou pas d'opinion scientifique, nous avons osé peser ces théories dans la balance de l'observation et de la raison, et nous les avons trouvées insuffisantes. Nous avons examiné ces puissantes images d'or, d'argent, d'airain et de fer, et avons constaté qu'il y avait beaucoup d'argile dans les pieds.

Nous consacrerons ce chapitre à soulever l'ourlet du vêtement de sainteté qui enveloppe chacune de ces images, et ainsi exposer à la vue l'argile qui est cachée.

Nous proposons, d'abord, d'exposer brièvement ce que nous espérons être considéré comme un exposé juste des diverses théories sur la coloration animale qui sont généralement acceptées aujourd'hui, puis d'en montrer les divers points faibles, et enfin de nous efforcer de de vérifier s'il n'existe pas, dans certains cas, des explications alternatives auxquelles la théorie généralement admise ne s'applique pas.

Coloriage cryptique

Les néo-darwiniens divisent les différentes formes de coloration en trois grandes classes : (1) colorations cryptiques, ou ressemblances protectrices et agressives ; (2) couleurs sématiques, ou couleurs d'avertissement et de reconnaissance ; et (3) les couleurs pseudo-sématiques, ou mimétisme. Un tableau de ce schéma de coloration se trouve aux pages 293-7 des *Essais sur l'évolution du professeur Poulton* .

En ce qui concerne la classe (1), les néo-darwiniens soulignent que la grande majorité des animaux sont si colorés qu'ils sont très difficiles à voir dans leur environnement naturel, d'où la blancheur des créatures qui habitent les régions arctiques enneigées, les la couleur sableuse des animaux du désert, le pelage tacheté des créatures qui vivent parmi les arbres, les marques rayées des animaux qui passent leur vie au milieu des hautes herbes et le bleu transparent des animaux pélagiques. La théorie est que toutes sortes d'animaux, qu'ils soient ceux qui chassent ou ceux qui sont chassés, tirent un grand avantage du fait d'être colorés comme leur environnement. Les créatures chassées sont ainsi mieux à même d'échapper à la vigilance de leurs ennemis, tandis que celles qui chassent sont en mesure de surprendre leur proie ; de sorte que la sélection naturelle les a tous amenés à s'assimiler aux teintes de leur environnement. Les néo-darwiniens soulignent le fait que certains animaux de l'Arctique sont bruns en été pour correspondre au sol d'où la neige a fondu, et deviennent blancs en hiver pour s'assimiler à leur fond enneigé. Les naturalistes citent en outre, comme preuve en faveur de cette théorie, le cas de ces créatures qui imitent des objets inanimés, tels que des feuilles et des brindilles, et échappent ainsi à l'observation de leurs ennemis.

Ainsi, la grande majorité des animaux sont censés être de couleur cryptique, c'est-à-dire colorés de manière à être, sinon tout à fait invisibles, du moins très discrets dans leur habitat naturel.

Coloration d'avertissement

Il est cependant généralement admis que de nombreuses créatures n'ont pas de couleur énigmatique. Certains, en effet, semblent être colorés de manière à les rendre aussi visibles que possible. Les néodarwiniens affirment qu'il y a une raison à cela. « Si », écrit le professeur Milnes Marshall (page 133 de ses *Leçons sur la théorie darwinienne*), « un animal, appartenant à un groupe susceptible d'être mangé par d'autres, possède un goût nauséabond, ou si un animal, tel qu'un guêpe, est spécialement armée et venimeuse, il a intérêt à ce qu'elle soit reconnue rapidement et ainsi évitée par les animaux qui pourraient être disposés à la prendre comme nourriture.

« D'où une coloration d'avertissement, dont l'explication est due à Wallace. Darwin, incapable d'expliquer la raison de la coloration criarde de certaines chenilles, fit part de ses difficultés à Wallace et lui demanda des suggestions. Wallace réfléchit à la question, examina tous les cas connus, puis osa prédire que les oiseaux et autres ennemis refuseraient de telles chenilles si on leur les proposait. Cette explication, appliquée d'abord aux chenilles, s'est bientôt étendue aux formes adultes, non seulement des insectes, mais aussi d'autres groupes. . . . Les insectes offrent de nombreux exemples admirables de couleurs d'avertissement, et de nombreux cas bien connus se produisent chez les papillons. Les meilleurs exemples de ceux-ci se trouvent dans trois grandes familles de papillons : les *Heliconidæ* , trouvés en Amérique du Sud, les *Danaidæ* , que l'on trouve en Asie et dans les régions tropicales en général, et les *Acræidæ* d'Afrique. Ceux-ci ont des ailes grandes mais plutôt faibles et volent lentement. Ils sont toujours très abondants, tous ont des couleurs ou des marques remarquables, et souvent une forme de vol particulière, des caractères grâce auxquels ils peuvent être reconnus d'un seul coup d'œil. Les couleurs sont presque toujours les mêmes sur les surfaces supérieure et inférieure des ailes ; ils n'essaient jamais de se cacher, mais reposent sur la surface supérieure des feuilles et des fleurs. De plus, ils ont tous des jus qui exhalent un parfum puissant ; de sorte que, s'ils sont tués en pinçant le corps, il s'écoule un liquide qui tache les doigts en jaune et laisse une odeur qui ne peut être éliminée que par des lavages répétés. Cette odeur n'est pas très offensive pour l'homme, mais des expériences ont montré qu'elle l'était pour les oiseaux et autres animaux insectivores.

« Les couleurs d'avertissement sont des publicités, souvent très colorées, indiquant qu'elles ne conviennent pas à l'alimentation. Les insectes sont de deux sortes : ceux qui sont extrêmement difficiles à trouver et ceux qui sont mis en évidence par des couleurs saisissantes et des attitudes remarquables. Les couleurs d'avertissement peuvent généralement être distinguées en étant visiblement exposées lorsque l'animal est au repos. Les motifs bruts et les contrastes de couleurs surprenants sont typiquement un avertissement, et ces couleurs et motifs se ressemblent souvent ; le noir combiné avec le blanc, le jaune ou le rouge sont les combinaisons les plus courantes, et les motifs sont généralement constitués d'anneaux, de rayures ou de taches.

Nous espérons que cette longue citation nous sera pardonné. Notre objectif en reproduisant un extrait aussi volumineux est de permettre aux néo- darwiniens de parler pour eux-mêmes. Si nous exposions leur théorie dans nos propres mots, nous pourrions peut-être être accusés de l'énoncer de manière inexacte. Il faut ajouter que, même si la sélection naturelle est censée avoir été à l'origine de colorations visibles chez certains organismes, elle a également amené d'autres à adopter des attitudes intimidantes ou à émettre des sons d'avertissement, comme un sifflement, lorsqu'ils sont attaqués.

Mimétisme batésien

Nous arrivons maintenant à la troisième grande classe de couleurs animales : les couleurs mimétiques. Le mimétisme est de deux sortes, connu respectivement sous le nom de mimétisme batesien et müllérien, du nom de leurs découvreurs respectifs.

Il a été constaté que certains papillons et autres créatures aux couleurs apparemment alarmantes sont appétissants pour les animaux insectivores. L'explication donnée à cela est que ces papillons voyants mais comestibles « imitent », c'est-à-dire qu'ils ont l'apparence, montrent une ressemblance générale avec, des espèces désagréables au goût. C'est ce qu'on appelle le mimétisme batésien. «Le mimétisme protecteur», écrit le professeur Poulton (*Essays on Evolution* , p. 361), «est défini ici comme une ressemblance superficielle avantageuse d'une forme agréable au goût sans défense avec une autre qui est spécialement défendue de manière à être détestée ou crainte par la majorité des ennemis. des groupes auxquels appartiennent à la fois le mime et le modèle, une ressemblance qui fait appel aux sens des ennemis animaux. . . mais ne s'étend pas aux caractères profonds, sauf lorsque la ressemblance superficielle en est affectée.

Comme Wallace l'a souligné, cinq conditions doivent être remplies avant qu'un tel mimétisme protecteur puisse se produire :

"1. Que les espèces imitatives se trouvent dans la même zone et occupent la même station que les espèces imitées. 2. Que les imitateurs sont toujours les plus sans défense. 3. Que les imitateurs sont toujours moins nombreux chez les individus. 4. Que les imitateurs diffèrent de la plupart de leurs alliés. 5. Que l'imitation, aussi infime soit-elle, est externe et visible seulement, ne s'étendant jamais aux caractères internes ou à ceux qui n'affectent pas les caractères externes. (*Darwinisme* , Chap. ix.)

Ainsi, le mime est censé tromper ses ennemis en leur faisant croire qu'il est l'espèce non comestible qu'ils ont autrefois essayé de manger et qu'ils ont juré de ne plus jamais toucher, tant c'était méchant. Le mime peut donc être comparé à l'âne dans la peau du lion. Inutile de préciser que ce mimétisme est tout à fait inconscient. Il est censé avoir été développé par sélection naturelle. Chaque livre populaire sur l'évolution cite de nombreux exemples d'un tel mimétisme. On peut donc se contenter d'en citer quelques-uns.

Exemples de mimétisme

Nos guêpes communes sont copiées par un coléoptère (*Clytus arietis*), actif en mouvement et rayé de noir et de jaune, et par plusieurs syrphides barrées de jaune (*Syrphidæ*) ; et le bourdon par un papillon aux ailes claires (*Sesia fuciformis*). Il existe en effet tout un groupe de ces papillons aux ailes claires, ressemblant à des abeilles, des guêpes et autres hyménoptères piqueurs. Le papillon Danaid indien commun, *Danais chrysippus* , est merveilleusement reproduit par la femelle de *Hypolimnas misippus* , une forme alliée à notre Empereur Pourpre. Le mâle de celui-ci est noir, avec des taches blanches bordées de bleu, la femelle alezan, bordée de noir et avec des taches blanches au bout des ailes, comme chez le *Danais* . Finn a montré expérimentalement que cette espèce est appréciée des oiseaux.

Une autre Danaïde indienne commune (*D. limniace*), noire, tachetée de vert pâle, est imitée, quoique de façon peu fidèle, par la femelle du groupe « blanc », *Nepheronia hippia* . Finn a découvert que cet insecte était mangé librement par les oiseaux et que le bavard commun de la jungle (*Crateropus canorus*) était trompé par le mimétisme de la femelle. Le très nauséeux machaon indien (*Papilio aristolochiæ*) est étroitement imité par un autre machaon (

P. polites), tous deux ayant des ailes noires marquées de rouge et de blanc ; *P. aristolochiæ* a cependant un abdomen rouge. Cette différence n'a pas été remarquée par deux espèces de pie-grièches Drongo (*Dicrurus ater* et *Dissemurus paradiseus*), auxquelles les papillons ont été offerts ; mais le merle de Pékin (*Liothrix luteus*), petit oiseau très intelligent, ne manqua pas de repérer et de manger le mimique, quoiqu'il fut trompé par l'imitation merveilleusement parfaite du *Danais chrysippus* , par la femelle de l' *Hypolimnas* .

De telles ressemblances peuvent donc être efficaces.

Les cas de mimétisme habituellement cités incluent très peu de mammifères, probablement, comme le suggère Beddard, parce que les espèces de cette classe sont relativement peu nombreuses.

Le genre insectivore *Tupaia* est censé imiter les écureuils, auxquels il ressemble beaucoup quant à la forme, à tous égards, à l'exception du long museau ; l'idée étant que les écureuils sont si actifs que les animaux carnivores trouvent inutile de les poursuivre.

Par contre, il y a un écureuil (*Rhinosciurus tupaioides*) qui est censé imiter les tupaias ! Il a un long museau similaire et une légère bande sur l'épaule qui est une marque courante chez les tupaias. Mais on n'explique pas pourquoi l'écureuil, membre du groupe imité, devrait à son tour devenir imitateur.

La véritable interprétation de cette ressemblance est probablement que les écureuils et les tupaias sont tous deux adaptés à la vie dans les arbres. Une profession engendre une apparence : les musaraignes terrestres ressemblent beaucoup à des souris, et les taupes trouvent leurs représentants chez les rongeurs ressemblant à des taupes.

Un autre cas, cependant, où le véritable mimétisme a pu entrer en jeu est celui du cerf d'Amérique du Sud (*Cervus paludosus*) qui ressemble singulièrement par sa coloration au loup aux longues pattes ou *Aguara-guazu* (*Canis jubatus*). Ces deux espèces sont de couleur châtain, avec le devant des pattes noir et les oreilles bordées de poils blancs ; tous deux habitent les mêmes régions d'Amérique du Sud.

Mimétisme müllérien

Le deuxième type de mimétisme – le mimétisme müllérien – est celui où une créature désagréable ressemble à une autre. Cette forme de mimétisme doit son nom à Fritz Müller, qui a suggéré l'explication aujourd'hui généralement acceptée, à savoir que « la vie est sauvée par une ressemblance entre les couleurs d'avertissement dans n'importe quelle zone, dans la mesure où l'éducation des jeunes ennemis inexpérimentés est facilitée, et la vie des insectes enregistré dans le processus. « Il est évident », écrit Poulton (p. 328 de *Essays on Evolution*), « que la quantité d'apprentissage et de mémorisation, et par conséquent les blessures et les pertes de vies impliquées dans ces processus, sont réduites lorsque de nombreuses espèces en un seul endroit possèdent les même coloration aposématique, au lieu que chacun présente un signal de danger différent. . . . La déclaration précise d'avantage a été faite par M. Blakiston et M. Alexander, de Tokio. « Supposons qu'il y ait deux espèces d'insectes également désagréables pour les jeunes oiseaux, et supposons que les oiseaux détruiraient le même nombre d'individus de chacune avant d'être éduqués pour les éviter. Alors, si ces insectes sont parfaitement mélangés et deviennent indiscernables aux oiseaux, chacun obtient un avantage proportionné sur son état d'existence antérieur. Ces avantages proportionnés sont inversement proportionnels au double des pourcentages respectifs qui auraient survécu sans le mimétisme.

C'est une méthode plutôt lourde de dire que s'il y a dans une localité un certain nombre de jeunes oiseaux, et que chacun d'eux doit apprendre par expérience quels insectes sont comestibles et lesquels ne le sont pas, chacun, s'il apprend par un exemple, dévorera. un insecte d'un modèle donné. Or, si deux espèces d'insectes non comestibles présentent ce schéma, elles ne perdront à elles deux qu'un seul membre dans le processus éducatif de chaque oiseau, tandis que si chaque espèce d'insecte avait une coloration qui lui est propre, chaque espèce perdrait un individu entier au lieu de un demi-un. Il ne fait aucun doute qu'une telle livrée désagréable au goût présente un certain avantage pour ses possesseurs.

Il a été démontré expérimentalement que les jeunes oiseaux élevés à la main doivent acquérir leur connaissance des saveurs et des couleurs par l'expérimentation.

Il est bien connu que chez de nombreuses espèces, le mâle et la femelle n'ont pas la même couleur. On dit que ces espèces présentent un dimorphisme sexuel. Dans ces cas-là, c'est généralement le mâle qui est le plus coloré. Darwin a estimé que la théorie de la sélection naturelle ne pouvait pas expliquer de manière satisfaisante ce phénomène, c'est pourquoi il a proposé la théorie supplémentaire de la sélection sexuelle. Dans cette hypothèse, les femelles sont censées être capables de choisir leurs partenaires, et de sélectionner les plus beaux et les plus ornementaux, d'où leur plus grand caractère chez la plupart des espèces sexuellement dimorphes. Wallace n'accepte pas cette théorie. Il pense que c'est inutile. Il considère la coloration brillante des mâles comme due à leur vigueur supérieure ; de plus, il dit que c'est la poule qui couve les œufs et qu'elle a donc besoin d'un plus grand degré de protection que le mâle, et que par conséquent la sélection naturelle ne lui a pas permis de développer tous les ornements déployés par le coq. Nous traiterons longuement du phénomène du dimorphisme sexuel dans le chapitre suivant.

Signaux de danger

Le Dr Wallace reconnaît une autre exception à la règle selon laquelle les animaux ont une couleur énigmatique. De nombreuses créatures possèdent sur le corps des marques qui tendent à les rendre visibles plutôt que difficiles à voir. Lorsque de telles marques apparaissent sur des animaux grégaires, Wallace pense qu'elles ont été développées par sélection naturelle, soit pour permettre à leurs propriétaires de se reconnaître, soit pour servir de signal de danger à leurs congénères. Wallace pense que la queue blanche du lapin sert de signal de danger. Le premier membre de la compagnie à apercevoir l'ennemi qui approche prend la fuite, et, à mesure qu'il se déplace, sa queue blanche attire l'œil de son voisin, qui le suit aussitôt, de sorte qu'en moins de temps qu'il n'en faut pour le dire, toute la compagnie des lapins se précipite vers le terrier, grâce au dessous blanc de la queue.

Tout comme Wallace surpasse Darwin de Darwin, M. Abbott Thayer, naturaliste et artiste américain, surpasse Wallace Wallace. Ce monsieur semble être d'avis que *tous* les animaux sont de couleur énigmatique ou, comme il l'appelle, de couleur dissimulée ou oblitérante. Même les combinaisons de couleurs que l'on a jusqu'ici qualifiées de remarquables sont, affirme-t-il, « purement et puissamment dissimulatrices » lorsqu'on les regarde correctement, c'est-à-dire avec l'œil de l'artiste.

De peur qu'il ne paraisse inutile de critiquer une hypothèse qui semble fondée sur l'hypothèse selon laquelle les animaux voient avec l'œil de l'artiste, nous pouvons dire que le professeur Poulton approuve la théorie de Thayer. Il y fait fréquemment allusion dans ses *Essais sur l'évolution* et en publie un compte rendu dans le numéro de *Nature* du 24 avril 1902. De plus, l'hypothèse a été énoncée dans des revues scientifiques telles que *The Auk* (1896) et *The Year- Livre de la Smithsonian Institution* (1897).

Thayer affirme que tous les animaux, ou en tout cas la grande majorité, y compris beaucoup d'entre eux qui sont habituellement supposés être de couleur visible, sont en réalité colorés de manière oblitérante, c'est-à-dire colorés de telle manière que les effets de lumière et d'ombre sont complètement effacés. contrecarrés, avec pour résultat qu'ils sont invisibles.

Coloration oblitérante

Il est possible, dit M. Thayer, de presque effacer une statue sous une lumière diffuse, en appliquant de la peinture blanche sur les surfaces les plus sombres et de la peinture sombre sur les parties les plus éclairées, le tout dans des proportions appropriées. Or, c'est précisément ce que la nature, selon M. Thayer, aurait fait pour toutes ses créatures.

Il est bien connu qu'un grand nombre d'animaux, comme par exemple le chevreuil indien et le lièvre, sont colorés sur la face supérieure et blancs sur la face inférieure. C'est ce que M. Thayer appelle le principe de la gradation des couleurs. Il s'étend, déclare-t-il, à tout le monde animal et constitue « la principale étape essentielle pour rendre les animaux discrets sous la lumière descendante du ciel ».

Les animaux, affirme-t-il, ne sont pas colorés de manière protectrice pour ressembler à des mottes ou des souches ou à des objets environnants, ils sont simplement colorés de manière oblitérante – recouverts, pour ainsi dire, d'une peinture invisible.

Pour citer *The Century Magazine* (1908) : « Baleines, lions, loups, cerfs, lièvres, souris ; perdrix, cailles, bécasseaux, alouettes, moineaux ; grenouilles, serpents, poissons, lézards, crabes ; sauterelles, limaces, chenilles, tous ces animaux, et bien des milliers d'autres, rampent, s'accroupissent et nagent pour vaquer à leurs occupations, chassant et éludant, sous le couvert de cet étrange masque oblitérant, l'équilibre doux et parfait entre les nuances de couleur et les degrés d'éclairage . .»

La nature ayant ainsi visuellement désubstantialisé les corps des animaux, de sorte que, s'ils sont vus, ils semblent plats et fantomatiques, ne s'arrête pas là. De corps aux couleurs unies, ils ont été transformés, pour ainsi dire, en cartes plates ou en toiles, et, pour compléter l'illusion de l'effacement, des images du fond, véritables images du paysage plus ou moins lointain, ont été peintes sur leurs toiles. ! Tels sont en effet les « marquages élaborés des oiseaux des champs et des forêts ».

Il écrit encore : « Les couleurs brillamment changeantes ou métalliques sont généralement censées rendre les oiseaux qui les portent visibles, mais rien ne pourrait être plus éloigné de la vérité. L'irisation est en effet l'un des facteurs de dissimulation les plus puissants. Le changement semblable à du vif-argent de nombreuses lumières et couleurs, que le moindre mouvement génère sur une surface irisée, comme le dos d'un oiseau ou l'aile d'un papillon, détruit la visibilité de cette aile ou de ce dos en tant que tel et le fait se mélanger inextricablement. avec le monde ombragé labyrinthique brillant et scintillant de feuilles et de fleurs balancées par le vent.

Selon Thayer, la mouffette, qui constitue depuis des années un élément important du stock des partisans de la théorie de la coloration d'avertissement, est un excellent exemple de coloration oblitérante, car ses ennemis sont censés être confondus avec le ciel. -ligner la ligne de jonction entre la fourrure blanche du dos et la fourrure foncée des côtés. De même, les crocodiles sont censés confondre un flamant rose avec le ciel au lever ou au coucher du soleil !

Il y a sans doute quelque chose dans cette théorie de la coloration oblitérante.

N'importe qui peut constater, en visitant le musée de South Kensington, qu'un animal qui est d'une couleur plus claire en bas qu'en haut est moins visible dans un mauvais éclairage qu'il ne le serait s'il était de couleur uniforme. Il ne fait donc aucun doute que cette combinaison de couleurs, si courante dans la nature, a une certaine valeur protectrice.

Dans cette mesure, M. Thayer a apporté une contribution précieuse à la science zoologique. Mais lorsqu'il nous apprend que la coloration oblitérante est un « attribut universel de la vie animale », nous sommes fortement tentés de nous moquer de lui.

Nous demanderions à tous ceux qui croient à l'universalité de la coloration oblitérante d'observer une volée de freux se dirigeant vers leurs dortoirs au coucher du soleil.

Passons maintenant à l'examen des théories les plus orthodoxes de la coloration animale.

OBJECTIONS À LA THÉORIE DE LA COLORATION CRYPTIQUE

Avant de critiquer la théorie de la coloration énigmatique, nous désirons déclarer clairement que nous admettons que, toutes choses égales par ailleurs, il est avantageux pour toutes les créatures qui chassent ou qui sont des proies d'être discrètes. S'ils sont difficiles à distinguer dans leur environnement naturel, les premiers sont susceptibles de sécuriser facilement leurs proies, et les seconds ont une chance d'échapper à leurs ennemis. Notre querelle concerne la théorie de la coloration cryptique telle qu'elle est énoncée par de nombreux néo-darwiniens, avec la théorie selon laquelle chaque teinte, chaque marquage, chaque dispositif affiché par un organisme est utile à l'organisme et a été directement développé par la sélection naturelle.

Les partisans extrêmes de la théorie de la coloration cryptique ont grandement exagéré le degré d'assimilation des animaux à leur environnement naturel.

Faune des régions polaires

Nous admettons qu'un grand nombre de créatures qui, vues dans une ménagerie, paraissent très visibles, le sont à l'inverse lorsqu'elles se tiennent immobiles au milieu de leur environnement naturel. Comme Beddard l'a souligné, il n'est souvent pas facile de retrouver une pièce de six pence qui est tombée sur le tapis, mais la raison en est, non pas que la pièce soit colorée de manière protectrice, mais que tout petit objet, quelle que soit sa couleur, est difficile à distinguer dans un environnement varié. L'hypothèse selon laquelle de nombreux organismes vivant dans les latitudes septentrionales ont un pelage d'hiver blanc a été citée à maintes reprises pour montrer à quel point il est important pour un animal d'avoir une couleur protectrice. Si, insiste-t-on, les créatures qui vivent dans des terres couvertes de neige pendant la moitié de l'année sont devenues blanches en hiver par l'action de la sélection naturelle afin d'échapper à leurs ennemis, il est évidemment d'une importance primordiale pour toutes les créatures qui ils devraient être de couleur énigmatique. Les livres populaires d'histoire naturelle donnent l'impression qu'en hiver, les régions arctiques enneigées et couvertes de glace sont peuplées d'une faune dont la fourrure ou les cheveux rivalisent en blancheur avec le manteau neigeux de la Terre. L'impression ainsi véhiculée est trompeuse. Il est vrai qu'un pourcentage inhabituellement élevé d'animaux qui habitent les régions polaires sont blancs en hiver, mais la majorité des créatures qui y habitent ne revêtent pas le costume blanc de l'hiver.

La faune des régions polaires étant restreinte, nous sommes en mesure de dresser des listes de tous les oiseaux et mammifères qui habitent les régions Arctique et Antarctique. Nous les avons organisés en trois colonnes. Dans la première sont placées les créatures qui sont blanches toute l'année, dans la troisième celles qui conservent leur couleur pendant l'hiver, tandis que la colonne du milieu contient les formes qui changent de couleur avec la saison.

LA FAUNE ARCTIQUE.

LES MAMMIFÈRES.

Blanc.

Ours polaire.

Renard arctique (certains individus).

Baleine blanche ou béluga.

Changer avec les saisons.

Renard arctique (la plupart des individus).

Lemming arctique.

Hermine.

Belette.

Lièvre bleu.

Coloré.

Renard arctique (parfois).

Renne.

Bœuf musqué.

Glouton.

Élan.

Martre.

Scellés.

Morse.

Narhwal.

Baleine du Groenland.

DES OISEAUX.

Blanc.

Mouette ivoire.

Harfang des neiges.

Gyrfalcon.

Oie des neiges.

Changer avec les saisons.

Guillemot noir.

Les lagopèdes.

Bruant des neiges (le plus blanc en été !)

Petit Pingouin.

Petit Pingouin (la gorge devient seulement blanche).

Coloré.

Aigle de mer.

Tailleur flammé du Groenland (très pâle).

Toutes les oies et canards de l'Arctique, à l'exception de l'oie des neiges.

Corbeau.

Cormoran.

Guillemot de Brunnich.

Macareux.

Pétrel Fulmar.

La Mouette rosée.

Goéland bourgmestre (très pâle).

Bécasseaux.

FAUNE DE L'ANTARCTIQUE.

LES MAMMIFÈRES.

Blanc.

Phoque blanc de l'Antarctique (*Lobodon carcinophaga*), dans certains cas.

Changer avec les saisons.

Aucun.

Coloré.

D'autres sceaux que *Lobodon*.

Baleines.

DES OISEAUX.

Blanc.

Bec-gaine.

Pétrel des neiges.

Pétrel géant (quelques individus).

Poussin de manchot empereur.

Changer avec les saisons.

Aucun.

Coloré.

Pingouins.

Cormoran.

Skua Mouette.

Pétrel géant (généralement).

Autres pétrels.

On remarquera que la troisième colonne contient le plus grand nombre de formulaires. Il est donc évident que la blancheur des faunes arctique et antarctique en hiver a été grandement exagérée.

Le renard arctique apparaît dans les trois colonnes, car la créature semble appartenir à trois races : une race blanche en permanence, une race colorée en permanence et une race dimorphique saisonnière.

Parmi les créatures présentées dans la colonne du milieu des tableaux ci-dessus, toutes sont plus blanches en hiver qu'en été, à l'exception du bruant des neiges, qui met à néant la théorie de la coloration énigmatique en devenant plus foncée en hiver ! On peut en dire autant du chamois alpin.

Les partisans de la théorie de la coloration protectrice affirment que les créatures qui ne blanchissent pas en hiver sont des animaux forts et actifs qui n'ont pas d'ennemis à craindre.

FC Selous répond ainsi à cette affirmation (*African Nature Notes and Reminiscences* , p. 9) : « D'après l'expérience des voyageurs de l'Arctique, un grand nombre de jeunes bœufs musqués sont tués chaque année par les loups. . . . Rien, je pense, n'est plus sûr que le fait qu'un pourcentage bien plus faible de girafes dites protectrices sont tuées chaque année par des lions en Afrique que de bœufs musqués par des loups en Amérique Arctique. »

Une autre difficulté à laquelle est confrontée l'école néo-wallace est que, *par hypothèse* , l'adoption de la blouse blanche a été progressive. Par conséquent, le changement dans la direction de la blancheur ne peut pas, à ses débuts, avoir été d'une utilité perceptible pour un organisme. Comment alors la sélection naturelle a-t-elle pu agir sur cela ?

Organismes pélagiques

La transparence des organismes pélagiques est fréquemment citée comme exemple de coloration cryptique. Nous savons tous que la méduse commune est aussi transparente que le verre. Des millions de minuscules organismes flottent à la surface de l'océan, si transparents qu'ils sont invisibles à l'œil humain. À première vue, cela semble certainement être un cas remarquable de coloration protectrice. Malheureusement, presque toutes les formes les plus développées présentent des pigments visibles (comme chez la plupart des méduses) dans certaines parties du corps.

« Un animal flottant dans la mer, écrit Beddard, parfaitement transparent, mais orné de taches noires denses, de la taille de soucoupes, trahirait sa présence même au moins observateur ; si l'observateur était stimulé par la faim ou la peur, la visibilité ne serait pas diminuée. . . . Outre la guerre intestine qui se déroule continuellement entre les petits organismes de surface, ils sont dévorés en masse par les plus gros poissons pélagiques, ainsi que par les baleines et autres cétacés. Une baleine, se précipitant dans l'eau la gueule ouverte et avalant tout devant elle, n'est pas du tout gênée par l'invisibilité des organismes dévorés en si énormes quantités ; une solide phalange de harengs ou de maquereaux ne s'arrête pas non plus pour chercher soigneusement leur nourriture : ils prennent ce qui se présente sur leur chemin et en obtiennent en abondance malgré « l'absence protectrice de coloration ».

« Si la transparence des organismes pélagiques est due entièrement à la sélection naturelle, il est remarquable qu'il y ait si peu de modifications dans ce sens parmi les espèces habitant les fonds à des profondeurs accessibles aux rayons du soleil ; l'avantage résultant de cette transparence et de l'invisibilité qui en résulte serait tout aussi grand. Et pourtant, ce n'est pas le cas ; la majeure partie de la faune des fonds marins des côtes est constituée d'animaux brillamment colorés, et ceux qui présentent une quelconque coloration protectrice semblent être colorés de manière à ressembler à des pierres ou à des algues. [7]

Avant de quitter le sujet des animaux marins, nous pouvons faire remarquer que la majorité des créatures qui vivent dans l'obscurité éternelle des profondeurs de l'océan présentent des couleurs extrêmement visibles, et cette coloration semble constante. Dans de tels cas, la coloration ne peut être utile en tant que telle à ses possesseurs. On peut en dire autant de la couleur du sang ou de la coloration des tissus internes de tous les organismes. Nous ne devons pas perdre de vue que tout organisme, et chaque élément qui le compose, doit nécessairement être soit d'une certaine couleur, soit parfaitement transparent. Il nous semble que depuis la parution de *L'Origine des espèces*, les zoologistes ont eu tendance à exagérer l'importance de la coloration pour les organismes ; ils en parlent souvent comme s'il s'agissait du seul et unique facteur de la lutte pour l'existence. C'est pour cette raison qu'ils estiment qu'il leur incombe de trouver des explications ingénieuses pour chaque élément de coloration présenté par chaque plante ou animal.

Peu d'importance de la couleur

La tendance à exagérer l'importance de la coloration d'un animal est sans doute en grande partie due au fait que de nombreux zoologistes se contentent d'étudier la nature dans les musées plutôt qu'en plein air. Certains de ceux qui observent les organismes dans leur environnement naturel, notamment dans des localités aussi favorables que les tropiques, semblent être d'avis que la sélection naturelle n'a que peu d'influence sur la coloration des organismes.

Ainsi D. Dewar écrit (*Albany Review* , 1907) : « Huit années d'observation des oiseaux en Inde m'ont convaincu qu'en ce qui concerne la lutte pour l'existence, peu importe à un oiseau qu'il soit de couleur visible ou discrète, que ce n'est pas la nécessité de se protéger contre les rapaces qui détermine la coloration d'une espèce ; en bref, que la théorie de la coloration protectrice n'a que peu d'application aux oiseaux du ciel.

De même, FC Selous écrit, à la page 13 de *African Nature Notes and Reminiscences* : « Ayant passé de nombreuses années de ma vie à la recherche constante du gibier africain, j'ai certainement eu des opportunités comme celles dont ont bénéficié peu d'hommes civilisés pour devenir Je connais intimement les habitudes et l'histoire de vie de nombreuses espèces d'animaux vivant sur ce continent, et tout ce que j'ai appris au cours de ma longue expérience de chasseur m'oblige à douter de l'exactitude des théories désormais très généralement acceptées selon lesquelles toutes ces espèces merveilleusement diversifiées Les couleurs des animaux - les rayures du zèbre, le pelage tacheté de la girafe, les taches du guib, la face blanche et la croupe du bontebok, pour n'en citer que quelques-uns - ont été colorées soit comme moyen de protection contre les ennemis, soit comme moyen de protection. aux fins de reconnaissance mutuelle entre animaux de la même espèce en cas d'alarme soudaine.

De même, GAB Dewar, un observateur très attentif de la nature en Angleterre, écrit dans *The Faery Year* : « Peu de théories en histoire naturelle ont reçu plus d'attention ces dernières années que la couleur protectrice ou agressive, le « mimétisme » et l'harmonie avec l'environnement. . . . Mettre en doute cette utilisation de la couleur pour les animaux revient à inviter le chaos à la place du cosmos — car abandonnons la théorie, et un monde de couleur est immédiatement vide de sens, une confusion de hasard. Nous aimons donc tous la théorie. Certains, cependant, envisagent des plans pour aider le porteur dans toutes les couleurs, teintes, nuances et motifs. Nous pouvons être sceptiques quant à bon nombre des cas qu'ils citent en faveur de l'aide à la couleur, bien qu'ils soient attirés par l'idée principale.

Écrivant sur les papillons britanniques les plus communs, il dit : « Après un peu de pratique, tout homme doté d'une bonne vue peut facilement distinguer ces papillons – bleus, cuivres, petites bruyères et bruns des prés – depuis leurs perchoirs ; et ainsi nous pouvons être sûrs que la petite bête, l'oiseau ou l'insecte de proie, doté du sens de la couleur ou de la forme, pourrait également les distinguer. . . . Bien souvent, sans même les chercher, j'aperçois des blancs de choux et autres papillons endormis sur des perchoirs auxquels ils ne s'assimilent nullement. M. GAB Dewar suggère que la sécurité du papillon au repos réside dans « la position, le canapé en hauteur,… ». . . pas le masque de couleur ou de marquage.

Gadow sur les serpents corail

Deux courtes visites dans le sud du Mexique ont suffi à montrer au Dr Hans Gadow que certaines des explications communément acceptées des phénomènes de couleur ne sont pas les bonnes.

Ainsi, écrivant sur les serpents corail, dit-il, à la page 95 de *Through Southern Mexico* : « Ils sont généralement présentés comme des exemples flagrants de coloration d'avertissement, mais je ne suis pas du tout sûr que cela soit justifiable. Ces *Elaps* sont certainement des objets des plus remarquables et des plus beaux. Le noir et le rouge carmin ou corail, en anneaux alternés, sont le motif préféré ; parfois avec d'étroits anneaux jaune doré entre eux, comme pour rehausser la belle combinaison. Mais ces serpents ont tendance à avoir des habitudes nocturnes et, sauf lorsqu'ils se prélassent, passent la plupart de leur temps sous des souches pourries, dans un sol moisi ou dans des nids de fourmis à la recherche de leurs proies, qui doivent être très petites, à en juger. de la taille de la bouche.

Le Dr Gadow poursuit en montrant que même si le noir et le rouge contrastent très fortement pendant la journée, la combinaison cesse d'être efficace dans l'obscurité. Il suggère que le rouge et le noir constituent un modèle d'effacement plutôt qu'un modèle d'avertissement. Il souligne en outre que plusieurs espèces de serpents inoffensifs ont la même couleur et le même motif. « Il ne semble pas y avoir de raison, dit-il, pour ne pas qualifier ces cas de mimétisme ; et pourtant, c'est très probablement une interprétation erronée, car de tels serpents inoffensifs se trouvent également dans des régions où l' *Elaps* n'est pas présent, non seulement au Mexique, mais également dans des régions très éloignées du monde, où ni les élapines ni aucun autre animal de couleur similaire. des serpents venimeux existent. Interpréter cela comme un exemple de « couleurs d'avertissement » chez un serpent parfaitement inoffensif, qui n'a aucune chance de mimer, équivaut dans de tels cas à un non-sens, et nous devons chercher une explication différente, sur des bases physiologiques et autres. »

Il est pour le moins significatif que toute l'opposition à la théorie de la coloration protectrice vienne de ceux qui observent la nature de première main, alors que les plus fervents partisans de cette théorie sont les naturalistes de cabinet et les zoologistes de musée.

Dans le cas des créatures nocturnes, comme le souligne très judicieusement le Dr H. Robinson (*Knowledge* , janvier 1909), la valeur protectrice d'une coloration donnée doit dépendre dans une large mesure de l'état de la lune. « C'était », écrit-il, « une expérience courante dans la guerre d'Afrique du Sud : par temps couvert ou sans lune, le manteau presque noir de l'armée rendait une sentinelle de piquet invisible à une distance de quelques pieds. Sous un fort clair de lune, cet habit était visible de loin, tandis qu'un caban kaki, inutile par une nuit sombre, répondait très bien aux exigences d'invisibilité. Il est donc évident que la couleur sombre du buffle et de l'antilope zibeline ne peut pas être protectrice à la fois pendant les nuits sombres et au clair de lune.

La théorie de la coloration protectrice repose sur l'hypothèse tacite selon laquelle les bêtes de proie comptent sur la vue pour trouver leur proie. Les oiseaux rapaces utilisent certainement leurs yeux pour découvrir leurs victimes ; mais la grande majorité des mammifères prédateurs se fient presque entièrement à leur pouvoir odorant pour traquer leurs proies.

FC Selous cité

« Rien », écrit FC Selous, à la page 14 d' *African Nature Notes and Reminiscences* , « n'est plus certain que le fait que tous les animaux carnivores chassent presque entièrement à l'odeur jusqu'à ce qu'ils se soient approchés de près de leur proie, et généralement la nuit, lorsque tous les animaux sur place se sont approchés de leur proie. dont leurs proies doivent se ressembler beaucoup en ce qui concerne la couleur.

Les herbivores – la proie de la bête de proie – ont également un odorat aigu, de sorte qu'ils font confiance à leur nez plutôt qu'à leurs yeux pour leur sécurité.

Aucun observateur de la nature ne peut manquer de remarquer combien le moindre mouvement d'un animal trahit sa localisation, même si sa coloration s'assimile de très près à l'environnement. Tant que le lièvre reste immobile dans le sillon, il peut rester inaperçu, même si le chasseur le cherche ; mais le moindre mouvement de sa part attire aussitôt son regard. Ainsi, pour que la coloration protectrice puisse être utile à son possesseur, celui-ci doit rester parfaitement immobile. Mais, dans les pays tropicaux, où les mouches, les moucherons, etc., sont un parfait fléau, aucun gros animal n'est, lorsqu'il est éveillé, immobile pendant dix secondes à la fois. La queue est en mouvement constant, repoussant les mouches qui tentent de s'installer sur le quadrupède. Les oreilles sont utilisées de la même manière. Ainsi, la coloration dite protectrice des herbivores ne peut pas leur apporter une grande protection. Il convient en outre de noter que la pointe en forme de brosse de la queue de nombreux mammifères n'est pas de la même couleur que la peau ou la fourrure. Il est très fréquemment noir. On a ainsi le spectacle d'une créature à la couleur protectrice qui bouge continuellement, comme pour attirer l'attention, presque la seule partie de son corps qui ne soit pas colorée de manière protectrice !

Dimorphisme sexuel

De nombreuses espèces d'oiseaux présentent ce que l'on appelle un dimorphisme saisonnier, et d'autres encore présentent un dimorphisme sexuel.

Les oiseaux saisonnièrement dimorphes revêtent très souvent une livrée brillante pendant la saison de reproduction ; ce plumage nuptial n'est en aucun cas invariablement limité au coq, de sorte que nous sommes confrontés au fait que certaines poules, qui sont normalement de couleur discrète, deviennent voyantes et faciles à voir au moment de la nidification, c'est-à-dire , précisément à la saison où ils semblent avoir le plus besoin de protection.

Dans la grande majorité des cas de dimorphisme sexuel chez les oiseaux, le coq est le plus coloré. Or, s'il est d'une importance vitale pour un oiseau d'avoir une couleur protectrice, nous devrions nous attendre à ce que les coqs aux couleurs voyantes soient beaucoup moins nombreux que les poules au plumage terne, puisque les premiers sont, par *hypothèse* , exposées à un danger bien plus grand que les poules discrètes. En fait, les coqs, dans pratiquement toutes les espèces, semblent être au moins aussi nombreux que les poules. On ne peut pas non plus dire que cela soit dû à leurs habitudes plus secrètes. En règle générale, les coqs se montrent aussi facilement que les poules ; en effet, dans le cas du merle familier, le coq remarquable est moins réservé dans ses habitudes que la poule plus sombre. On pourrait peut-être penser que le plus grand danger auquel est exposé l'oiseau assis explique que les poules, malgré leur coloration protectrice, ne soient pas plus nombreuses que les coqs. Malheureusement, chez de nombreuses poules sexuellement dimorphes, comme par exemple le moucherolle paradisiaque (*Terpsiphone paradisi*), le coq voyant partage la charge de l'incubation à parts égales avec la poule.

Il arrive fréquemment que des espèces d'oiseaux apparentées se trouvent dans les pays voisins. Les merles indiens, par exemple, se répartissent en deux espèces. Le merle à dos brun (*Thamnobia cambayensis*) est présent au nord de Bombay, tandis que l'espèce à dos noir (*T. fulicata*) se trouve au sud de Bombay. Les poules de ces deux espèces sont presque impossibles à distinguer, mais les coqs diffèrent, en ce sens que l'une a le dos brun, tandis que l'autre a le dos noir brillant. La théorie wallace de la coloration semble tout à fait incapable d'expliquer ce phénomène — la division d'un genre en espèces locales — que l'on rencontre continuellement dans la nature. L'existence côte à côte d'espèces qui vivent à peu près de la même manière est également contraire à la théorie de la coloration protectrice. Sur chaque lac indien, trois espèces différentes de martins-pêcheurs exercent leur métier côte à côte ; l'un d'eux, *Ceryle rudis* , est tacheté de noir et de blanc, comme un poulet de Hambourg ; le second est le martin-pêcheur que nous connaissons en Angleterre ; et le troisième est la magnifique espèce à poitrine blanche, *Halcyon smyrnensis* , un oiseau bleu vif avec une tête rougeâtre et une barre alaire blanche. Il est évident que ces trois espèces au plumage diversifié ne peuvent pas être colorées de manière protectrice. On objectera peut-être que les méthodes de pêche de ces martins-pêcheurs diffèrent dans le détail. Nous admettons que tel est le cas, mais nous affirmons en même temps que ces différences relativement légères dans leurs habitudes n'expliquent pas les différences très frappantes dans leur plumage. Citons encore les bergeronnettes jaunes et pies de notre pays, que l'on voit se nourrir dans les mêmes prairies. Le plus familier et le plus frappant de tous est la vue quotidienne d'un merle et d'une grive exerçant leurs occupations respectives à quelques mètres l'un de l'autre sur la même pelouse, bien que de couleurs différentes.

Une autre objection importante à la théorie généralement acceptée de la coloration protectrice est que certaines des créatures qui s'assimilent le plus étroitement à leur environnement sont celles qui semblent avoir le moins besoin d'une telle protection.

Précis Artexia

Le papillon *Precis artexia*, écrit FC Selous, « ne se trouve que dans les forêts ombragées, on le voit rarement voler jusqu'à ce qu'il soit dérangé, et il repose toujours sur le sol parmi les feuilles mortes. Bien que joliment coloré sur la face supérieure, lorsque ses ailes sont fermées, il ressemble beaucoup à une feuille morte. Il a une petite queue sur l'aile inférieure, qui ressemble exactement à la tige d'une feuille, et à partir de cette queue, une ligne brun foncé traverse les deux ailes (qui sur la face inférieure sont brun clair) jusqu'au sommet de l'aile supérieure. . On serait naturellement enclin à considérer cette merveilleuse ressemblance avec une feuille morte chez un papillon assis avec les ailes fermées sur le sol parmi de vraies feuilles mortes comme un exemple remarquable de forme et de coloration protectrices. Et bien sûr, il se peut que ce soit la bonne explication. Mais contre quel ennemi ce papillon est-il protégé ? À des centaines d'occasions différentes, j'ai chevauché et marché à travers des forêts où *les Precis artexia* étaient nombreux, et j'ai capturé et conservé de nombreux spécimens de ces papillons, mais jamais je n'ai vu un oiseau tenter d'en attraper un. En effet, les oiseaux de toutes sortes étaient rares dans les forêts où se trouvaient ces insectes.

De même, D. Dewar écrit (*Albany Review*, 1907) : « Si on demande à un naturaliste de citer un exemple parfait de coloration protectrice, il nommera très probablement le tétras des sables (*Pteroclurus exustus*). Cette espèce vit dans les zones ouvertes, sèches et sablonneuses, et son plumage brun-chamois terne, avec ses barres sombres et douces, s'assimile si étroitement à l'environnement sablonneux qu'il rend l'oiseau, au repos, pratiquement invisible, en tout cas à l'environnement sablonneux. œil humain. Malheureusement pour la théorie, cet oiseau a moins besoin d'une coloration protectrice que tout autre, car il possède de merveilleuses capacités de vol. Même un faucon entraîné est incapable de l'attraper, car il peut voler vers le haut en ligne droite comme s'il montait sur un plan incliné, de sorte que le faucon qui le poursuit ne peut jamais le dépasser pour le frapper.

Chenilles rayées

Lord Avebury, qui est un Wallaceien typique, souligne le lien qui existe entre les rayures longitudinales des chenilles et l'habitude de se nourrir soit d'herbe, soit de plantes basses parmi l'herbe. La conclusion, bien entendu, est que les oiseaux confondent ces chenilles avec des feuilles ou, en tout cas, ne parviennent pas à les observer lorsqu'ils se nourrissent, non seulement parce qu'elles sont de couleur verte, mais aussi parce que leurs rayures longitudinales ressemblent aux nervures parallèles des limbes. d'herbe. Mais les papillons de la famille *des Satyridæ* , comme Beddard le fait remarquer, possèdent *tous* des larves rayées, et celles-ci se nourrissent principalement la nuit, lorsque ni leur coloration ni leurs marques ne sont visibles, tandis que pendant le jour beaucoup d'entre elles se couchent sous les pierres ; d'autres chenilles de cette famille se nourrissent à l'intérieur des tiges des plantes. « Or, écrit Beddard (*Animal Colouration* , p. 101), dans ces cas, la couleur n'a évidemment pas d'importance : si donc les rayures longitudinales sont entretenues par une sélection constante en raison de leur utilité et n'ont aucune autre signification. , on pourrait s'attendre à ce que chez ces deux espèces (*Hipparchia semele* et *Œnis*), et chez d'autres ayant des habitudes similaires, l'arrêt de la sélection naturelle aurait permis d'abaisser le niveau élevé requis dans les autres cas - peut-être même, comme cela a été suggéré dans le cas des animaux des cavernes, les couleurs étant inutiles à leurs propriétaires, auraient pu complètement disparaître, mais ce n'est pas le cas.

De nombreux oiseaux extrêmement remarquables, comme par exemple toute la tribu des corbeaux, les aigrettes, les martins-pêcheurs, s'épanouissent malgré leur plumage voyant. De telles créatures, même si elles ne constituent guère une objection valable à la théorie de la coloration protectrice, servent à montrer que la coloration protectrice n'est pas une nécessité. Un animal par ailleurs capable de prendre soin de lui-même peut se permettre de se passer d'une coloration cryptique. "Une once de pugnacité solide est une arme plus efficace dans la lutte pour l'existence que plusieurs kilos de coloration protectrice."

Dans les jardins de la Zoological Society of London vivait autrefois un chat noir appartenant au gérant d'un des restaurants. Cet animal attrapait les oiseaux sur la pelouse. Nous pensons que même M. Thayer ne soutiendra pas qu'un chat noir a une couleur énigmatique lorsqu'il se promène sur une pelouse bien arrosée ! Néanmoins la nigritude de ce chat ne l'empêchait pas de se procurer un repas.

Couleurs des œufs

Le cas des œufs d'oiseaux fournit un excellent exemple de la mesure dans laquelle Wallace et ses disciples ont poussé la théorie de la coloration protectrice.

D. Dewar soutient qu'il est possible de diviser les œufs d'oiseaux colorés, par opposition à ceux qui sont blancs, en deux classes : ceux qui sont colorés de manière protectrice et ceux qui ne le sont pas. La première classe comprend tous ceux qui sont pondus sur des galets ou sur le sol nu, comme, par exemple, les œufs du pluvier annulaire et du vanneau. [8] Il soutient que les œufs diversement colorés et mouchetés qui sont pondus dans des nids en forme de coupe ne sont pas du tout colorés de manière protectrice ; il déclare qu'ils sont généralement très visibles lorsqu'ils sont dans le nid et, de plus, il serait vain qu'ils soient de couleur énigmatique, car un oiseau ou un lézard qui tète habituellement des œufs examinera soigneusement l'intérieur de chaque nid qu'il découvre.

Inutile de dire que ce point de vue ne plaît pas aux soi-disant néo-darwiniens. Wallace écrit, à la page 215 du *Darwinisme* : « Les beaux œufs bleus ou verdâtres du moineau des haies, de la grive musicienne, du merle et du petit mât rouge semblent à première vue spécialement faits pour attirer l'attention, mais il est très douteux que ils sont vraiment si visibles lorsqu'ils sont vus à une petite distance de leur environnement habituel. Car les nids de ces oiseaux sont soit dans des feuilles persistantes, soit dans du houx, soit dans du lierre, soit entourés des délicates teintes vertes de la végétation du début du printemps, et peuvent ainsi s'harmoniser très bien avec les couleurs qui les entourent. La grande majorité des œufs de nos petits oiseaux sont tellement tachetés ou striés de brun ou de noir sur des fonds diversement teintés que, lorsqu'ils sont couchés à l'ombre du nid et entourés des nombreuses couleurs et teintes d'écorce et de mousse, de bourgeons violets et feuillage vert tendre ou jaune, avec toutes les lumières scintillantes complexes et les nuances marbrées produites parmi eux par le soleil printanier et les gouttes de pluie étincelantes, ils doivent avoir un tout autre aspect que celui qu'ils ont lorsque nous les observons arrachés à leur environnement naturel. »

Le commentaire évident à ce sujet est que c'est un anglais très fin et poétique, mais ce n'est pas de la science. Il est vain de nier ce qui devrait être évident pour tout naturaliste de terrain, à savoir que la majorité des œufs pondus dans des nids ouverts sont très visibles.

D. Dewar résume ainsi les principaux faits qui montrent que les œufs dans les nids (par opposition à ceux pondus à même le sol) ne sont pas colorés de manière protectrice :

"1. Les espèces d'oiseaux alliées, même si leurs habitudes de nidification sont très différentes, pondent en règle générale des œufs de couleur similaire.

« 2. Les œufs pondus dans des nids en forme de dôme n'ont certainement pas besoin de coloration protectrice, mais nombre d'entre eux sont colorés.

« 3. Il en va de même pour de nombreux œufs pondus dans des trous dans les arbres ou dans les bâtiments.

« 4. Les ressemblances protectrices des œufs pondus à l'air libre sont évidentes pour tout le monde, ce qui n'est certainement pas le cas de ceux déposés dans les nids.

«5. De nombreux oiseaux pondent des œufs qui présentent de très grandes variations.

« 6. Certains oiseaux pondent des œufs de types différents, et ceux-ci diffèrent parfois tellement les uns des autres qu'il est difficile de croire qu'ils aient pu être pondus par la même espèce. [9]

7. Il n'est pas rare qu'une espèce ponde dans le nid désaffecté d'une autre, et les œufs de cette dernière sont souvent de couleur très différente de ceux de la première.

Nous avons jusqu'à présent considéré la théorie de la coloration cryptique générale, qui déclare que la majorité des créatures sont colorées de manière à passer inaperçues. Reste à traiter l'hypothèse d'une coloration cryptique particulière.

Certains animaux ressemblent, au repos, à un objet inanimé, comme une feuille morte ou une brindille. Cette ressemblance serait le résultat de la sélection naturelle, puisqu'elle permet à ses possesseurs d'échapper à la destruction ; on les voit, mais on les prend pour autre chose.

Les exemples classiques de ce genre de coloration protectrice sont fournis par les *Kallimas* ou papillons-feuilles, qui présentent une ressemblance extraordinaire avec les feuilles mortes.

D'autres exemples sont les phasmes et le papillon de nuit, qui ressemble à un tas de feuilles sèches. Il est inutile de multiplier les cas. Dans tous les travaux sur la coloration animale, de nombreux cas de ce type sont cités.

Nous pouvons admettre que dans certains cas, en tout cas, la ressemblance a de la valeur pour son propriétaire, dans la mesure où elle trompe les créatures prédatrices. Mais il ne s'ensuit pas pour autant que la ressemblance soit née de l'action de la sélection naturelle. Pour qu'il puisse y avoir sélection, il doit y avoir différents degrés de ressemblance tolérable parmi lesquels sélectionner. Comment est née la similitude initiale ? C'est une question sur laquelle les Wallaceiens restent silencieux. Comme le dit justement Poulton, en discutant du degré de protection conféré par de telles ressemblances, nous dotons tacitement les animaux de sens exactement similaires aux nôtres. Sommes-nous justifiés de le faire ? Certainement pas dans le cas des animaux invertébrés, en particulier des arthropodes, dont les yeux sont très différents de ceux des êtres humains.

D. Dewar a souvent vu un crapaud tirer la langue et toucher un mégot de cigarette allumé, le prenant apparemment pour un insecte. De même, il a incité à maintes reprises un lézard gecko à poursuivre et à essayer d'avaler un morceau de coton noir dont une extrémité était enroulée en boule. Il suffit de saisir l'extrémité déroulée du coton, de placer l'extrémité enroulée à quelques centimètres du lézard et de l'éloigner progressivement pour inciter le lézard à tenter de s'en emparer.

Vue des oiseaux

Il semblerait donc que tous ces dispositifs de « protection » élaborés soient des perfectionnements inutiles s'ils sont considérés comme une protection contre les ennemis invertébrés, reptiliens et amphibiens. Les oiseaux, en revanche, semblent avoir une vue extrêmement perçante, de sorte que pour les tromper, la ressemblance doit être très proche. En effet, en ce qui concerne les oiseaux qui chassent systématiquement leurs proies parmi les feuilles et l'herbe, il semble douteux que les prétendues ressemblances « protectrices » des chenilles avec les brindilles, etc., soient suffisantes pour leur être d'une grande utilité. Ainsi Beddard écrit (à la page 91 de *Animal Colouration*) : « En jugeant les oiseaux selon nos propres critères – qui sont la manière dont presque tous les problèmes liés à la couleur ont été abordés – semble-t-il probable que nous ne parvenions pas à voir une chenille ? , peut-être aussi long ou plus long que le bras, d'une texture évidemment différente de celle des branches, et affichant dans de nombreux cas à travers sa peau semi-transparente la pulsation du cœur, que nous recherchions particulièrement ?

Or, les oiseaux se nourrissent certainement très largement de chenilles, alors qu'on les voit rarement manger des papillons. Si donc le but et l'objet de ces ressemblances particulières est la protection de l'espèce, on devrait s'attendre à les voir dans un état presque parfait chez les chenilles dont les oiseaux se nourrissent très largement, et peu développées chez les papillons, qui ne semblent pas se développer. sont de grandes proies pour les oiseaux, mais doivent surtout craindre les lézards et les mammifères aux yeux relativement ternes, dont ces derniers chassent principalement par l'odorat. En fait, les cas de ressemblance les plus frappants avec des objets inanimés se rencontrent chez les papillons, qui semblent en avoir le moins besoin.

Nous avons déjà cité le cas du papillon *Precis artexia* . L'élaboration inutile de la ressemblance semble encore plus marquée chez les papillons Kallima.

LA THÉORIE DE LA COLORATION D'AVERTISSEMENT

Tous les biologistes admettent qu'il existe des organismes qui ne sont pas colorés pour passer inaperçus. En effet, la coloration de certaines espèces est telle qu'elle les rend particulièrement visibles. On dit que ces espèces ont une couleur d'avertissement. Ils sont censés être non comestibles, ou être dotés de puissants dards ou d'autres armes de défense, ou encore ressembler en apparence à des organismes ainsi protégés. Dans les deux premiers cas, on dit qu'ils ont une couleur d'avertissement, et dans le dernier, ils sont cités comme exemples de mimétisme protecteur. Nous traiterons bientôt de la théorie du mimétisme. Il faut d'abord discuter de l'hypothèse d'une coloration d'avertissement.

Lorsque les animaux sont désagréables au goût, ou lorsqu'ils possèdent un dard ou des crocs venimeux, il est, pour reprendre les mots de Wallace, « important de ne pas les confondre avec des espèces sans défense ou comestibles de la même classe ou du même ordre, car dans ce cas ils pouvaient subir des blessures, voire la mort, avant que leurs ennemis ne découvrent le danger ou l'inutilité de l'attaque. Ils ont besoin d'un signal ou d'un drapeau de danger qui servira d'avertissement aux ennemis potentiels de ne pas les attaquer, et ils l'obtiennent généralement sous la forme d'une coloration visible ou brillante, très distincte des teintes protectrices des animaux sans défense alliés. pour eux » (*Darwinisme* , page 232).

Exemples de coloration d'avertissement

Pour des exemples d'animaux dits colorés, nous pouvons renvoyer le lecteur au *Darwinisme de Wallace* , *aux Essais sur l'évolution de Poulton* ou à *la Coloration animale de Beddard* . Un exemple familier à tous est notre coccinelle anglaise. "Les coccinelles", explique Wallace, "sont un autre groupe immangeable, et leurs corps bien visibles et singulièrement tachetés servent à les distinguer d'un coup d'œil de tous les autres coléoptères."

Afin d'établir la théorie de la coloration d'avertissement, il est nécessaire de prouver que tous, ou la grande majorité des organismes visiblement colorés, sont soit des formes désagréables au goût, soit imitent des formes désagréables. S'il en est ainsi, nous pouvons comprendre que la possession d'une coloration criarde peut être avantageuse pour l'individu. Mais même si cela était prouvé de manière satisfaisante, nous devons garder à l'esprit qu'il ne s'ensuit pas nécessairement que ces couleurs d'avertissement puissent être expliquées par la théorie de la sélection naturelle. Car, pour expliquer l'existence d'un organe quelconque par l'action de la sélection naturelle, il faut pouvoir démontrer l'utilité, non seulement de l'organe perfectionné, mais de l'organe à son tout début, et à chaque étape ultérieure de son développement. . C'est précisément, comme nous le montrerons, ce que les néo-darwiniens sont incapables de faire. Nous n'aurons aucune difficulté à prouver qu'il serait plus avantageux, même pour une créature très nauséabonde, de rester discrètement colorée plutôt que de devenir progressivement de plus en plus visible.

En premier lieu, examinons brièvement les preuves sur lesquelles repose l'affirmation selon laquelle tous les insectes aux couleurs criardes, etc., sont désagréables au goût, ou possèdent des piqûres, ou imitent des formes ainsi armées.

En Angleterre, les guêpes, les abeilles et les coccinelles sont des exemples familiers d'insectes remarquables.

Les bandes noires et jaunes de la guêpe commune et du humble abeille sont considérées comme des publicités ou des signaux de danger de la puissante piqûre.

Le pelage rouge avec ses taches noires est également considéré comme un avertissement indiquant que la coccinelle n'est pas bonne à être mangée.

Les chenilles sont généralement de couleur grise ou brune, de manière à être discrètes ; mais il existe de nombreuses exceptions qui sont de couleurs vives, et parmi ces individus, il a été prouvé expérimentalement que beaucoup d'entre eux ne conviennent pas comme nourriture à la plupart des animaux insectivores, étant soit protégés par un goût désagréable, soit recouverts de poils ou d'épines.

Les cas familiers sont ceux des chenilles abondantes et bien visibles marbrées de noir et de jaune de la teigne à pointe chamois (*Pygæra bucephala*), qui sont très détestées par les oiseaux ; et la chenille du Vapourer Moth (*Orgyia antiqua*), aux couleurs gaies, avec ses touffes de poils bien visibles. Les lecteurs se souviendront qu'il y a quelques années, ces chenilles constituaient un véritable fléau à Londres, malgré l'abondance de moineaux, qui se nourrissent librement de chenilles lisses, vertes et brunes.

Des exemples souvent cités de coloration d'avertissement sont les trois grands groupes de papillons principalement tropicaux : les *Heliconidæ* d'Amérique, les *Acræidæ* d'Afrique et les *Danainæ* que l'on trouve partout dans le monde. Dans tous ces cas, les sexes sont semblables. Ils sont tous d'une couleur saisissante, affichant des motifs noirs et rouges, marron, jaunes ou blancs. Chez la plupart des papillons, la surface inférieure des ailes est d'une teinte calme, afin de rendre l'organisme discret au repos, mais dans ces groupes aux couleurs d'avertissement, la surface inférieure des ailes est aussi criarde que la surface supérieure. Leur vol est lent. Ils sont coriaces et dégagent une odeur caractéristique.

Belt a montré qu'au Nicaragua, les oiseaux, les libellules et les lézards semblent éviter les papillons héliconines, car les ailes de ces derniers ne se trouvent pas traînant dans les endroits où se nourrissent les créatures insectivores, alors que l'on trouve des ailes des formes comestibles. D'ailleurs, un singe capucin, élevé par Belt, a toujours refusé de manger des papillons héliconines.

Finn a étudié l'appétence d'un certain nombre d'insectes indiens. Il découvrit que la plupart des oiseaux avec lesquels il expérimentait s'opposaient aux papillons Danaine ; mais ils détestaient encore plus intensément deux papillons appartenant à des groupes non universellement protégés : un machaon (*Papilio aristolochiæ*) et un papillon blanc (*Delias eucharis*).

Finn a ensuite expérimenté la musaraigne arboricole ou Tupaia (*Tupaia ellioti*), qui se nourrit en grande partie d'insectes. Il constata que cette créature refusait catégoriquement tous ces papillons aux couleurs alarmantes. Il ne mangerait en aucun cas les *Danainæ* , alors que les oiseaux le feraient si aucun insecte plus appétissant ne leur était proposé à ce moment-là.

Le colonel A. Alcock a découvert qu'un ours apprivoisé de l'Himalaya refusait avec indignation de manger un criquet (*Aularches militaris*) gaiement coloré de noir, de rouge et de jaune, et exhalant une mousse à l'odeur désagréable ; mais cet ours dévorait volontiers les espèces ordinaires brunes ou vertes.

Parmi les vertébrés à sang froid, la salamandre européenne commune, avec ses marques noires et jaunes brillantes, est un exemple frappant de coloration d'avertissement ; sa peau exhale, sous la pression, une sécrétion très toxique.

Le colonel A. Alcock a décrit un petit poisson de mer siluroïde, aux bandes brillantes de noir et de jaune et armé d'épines venimeuses.

Un serpent venimeux indien bien connu, le Krait bagué (*Bungarus cœruleus*), est visiblement barré de larges bandes noires et jaunes ; et en Amérique du Sud, on trouve de nombreuses espèces de serpents corail, chez lesquels le rouge est ajouté à ces couleurs éclatantes.

Le seul lézard venimeux connu, l'Héloderme du Mexique, est visiblement tacheté de noir et de couleur saumon.

Chez les oiseaux, aucun cas de coloration d'avertissement n'a été enregistré, bien que le professeur Poulton ait suggéré que les teintes frappantes et contrastées de nombreuses espèces tropicales pourraient être dues à cette cause. Cette suggestion est ingénieuse, mais elle n'est actuellement absolument étayée par aucune preuve.

Les mouffettes sont souvent citées comme un excellent exemple de coloration d'avertissement chez les mammifères. Les mouffettes sont très visiblement vêtues de noir et de blanc - ce dernier au-dessus et non en dessous, comme c'est l'habitude - et ont une queue touffue qu'elles portent dressée. Bien que moins puissantes et féroces que les autres membres de la famille des belettes à laquelle elles appartiennent, les mouffettes sont notoirement protégées par leur abondante sécrétion d'un liquide très fétide.

Pour d'autres exemples de colorations d'avertissement, nous renvoyons le lecteur au livre éclairant de Beddard, intitulé *Animal Colouration* .

Il convient de remarquer que dans tous les cas que nous avons cités, la coloration est non seulement frappante, mais se retrouve chez les deux sexes, tandis que chez de nombreux animaux sans défense, le mâle peut être tout aussi frappant, mais la femelle ne l'est pas.

Nous pouvons considérer comme prouvé qu'il existe une relation très générale entre la coloration criarde et le caractère immangeable, ou plutôt désagréable, chez les insectes. On peut affirmer avec certitude que toute espèce d'insecte qui vit, à l'état adulte ou à l'état de larve, à l'air libre, périra dans la lutte pour l'existence si, étant visiblement colorée, elle n'est ni immangeable ni armée d'une arme telle qu'une piqûre. , ni pourvu d'une cuticule épaisse, ni ressemblant en apparence à quelque créature protégée.

Avertissement colorant un inconvénient

Mais il n'est pas légitime de conclure, comme le font les néo-darwiniens, que ces couleurs brillantes ont été lentement créées par la sélection naturelle.

Pourquoi une créature, ayant acquis par la « chance » de la variation et de l'hérédité, une certaine qualité - que ce soit la force, la pugnacité, l'aiguillon ou le goût désagréable - qui la rend relativement immunisée contre la persécution, devrait-elle annoncer ce fait en adoptant une attitude criarde ou frappante ? couleur? Il vaudrait sûrement mieux qu'un tel organisme reste discret. En devenant voyant, il est visible à tout jeune oiseau qui, n'ayant pas encore appris que l'animal en question est impropre à la nourriture, le saisit et peut-être le tue. Il est vrai que le jeune oiseau jure de ne plus jamais toucher un tel organisme. Mais à quoi sert, pour l'exemple mourant de coloration d'avertissement, la résolution du jeune oiseau ? De plus, l'organisme en question, en étant visible, se fait également connaître auprès des quelques ennemis qui le mangeront. Il y a toujours, comme le remarque justement le professeur Poulton, des animaux assez entreprenants pour profiter de proies qui ont au moins l'avantage d'être facilement vues et capturées.

Animaux remarquables attaqués

Il est possible de citer des cas où des animaux, malgré le fait qu'ils possèdent des défenses naturelles, deviennent la proie d'autrui dans certains cas exceptionnels.

La salamandre peut être mangée en toute impunité par le crapaud, une créature très susceptible de la rencontrer.

Le crapaud lui-même peut être mangé ; Finn a vu le crapaud indien (*Bufo melanostictus*) en manger un autre de son espèce. Il a en outre observé que le serpent d'eau indien (*Tropidonotus piscator*) et le coucou « faisan corbeau » (*Centropus sinensis*), à l'état libre, ainsi que le rollier indien (*Coracias indica*) et le calao pie (*Anthracoceros*), en captivité, se nourrissent de le crapaud aux couleurs d'avertissement. D'un autre côté, un drongo à queue de raquette captif rejetait les crapauds lorsqu'on lui en proposait. Le coucou commun est bien connu pour se nourrir de chenilles velues et de « couleur alarmante ».

Finn a également vu le coucou brillant à Zanzibar dévorer des chenilles noires et jaunes. De plus, en Amérique, les corbeaux sélectionnent délibérément des coléoptères très polis et fortement aromatisés. Encore une fois, les guêpes sont la proie des guêpiers et également mangées par notre crapaud commun. En Inde, Finn a découvert, par de nombreuses expériences, que le lézard commun des jardins, ou « sangsue » (*Calotes versicolor*), mangeait, aussi bien en captivité qu'en liberté, tous les papillons « de couleur alarmante », non seulement les *Danainæ*, mais même *Delias eucharis et le Papilio aristolochiæ* par excellence nauséabond . Le fait que ce reptile soit un grand ennemi des papillons est rendu probable par la présence fréquente de spécimens de ces insectes avec ses piqûres semi-circulaires dans les ailes.

De plus, Finn a découvert que les bulbuls, les oiseaux de jardin les plus communs en Inde, mangeaient facilement les *Danainæ* en captivité, même lorsque d'autres papillons pouvaient être trouvés, ce qui n'était pas le cas de la plupart des autres oiseaux. Cependant, Bulbuls refusait généralement les *Délias* et *Papilio* mentionnés ci-dessus.

La Mouffette est la proie en Amérique du Grand-duc (*Bubo virginianus*) et du Puma.

Ainsi, les animaux dotés de défenses naturelles ne sont pas à l'abri des attaques.

La sélection naturelle ne peut donc pas avoir favorisé la survie d'individus affichant une couleur visible, au nom de « l'avertissement ».

Nous ne devons pas oublier que de nombreuses créatures armées d'armes puissantes possèdent une coloration discrète, terne, brune ou verte, associée à la dissimulation des ennemis.

Il ne fait guère de doute que, sans le fait que l'abeille ruche peut infliger une piqûre plus grave que celle de la guêpe, cet insecte utile aurait été cité comme un cas de créature à la couleur protectrice. Malgré sa coloration brune sobre, l'abeille ruche est reconnue et évitée.

Le professeur Poulton rapporte que la chenille terne et discrète du papillon de nuit (*Mænia typica*) est rejetée par les reptiles. Il faut cependant admettre que ces cas chez les insectes sont très rares.

Le triton lisse (*Molge vulgaris*), parent de la salamandre, est protégé par une peau venimeuse ; néanmoins, la créature a le dos brun foncé et passe la plupart de son temps sur terre. Son dessous jaune et tacheté de noir peut avoir une certaine valeur protectrice dans l'eau. Ni le brochet ni la tortue d'eau commune ne mangeront ce triton.

Les crapauds sont presque tous très discrets ; néanmoins ils sont bien protégés par la sécrétion âcre des glandes cutanées ; de plus, ils sont à la fois reconnus et évités par les créatures prédatrices qui leur déplaisent. Les faucons, bien que généralement de couleur claire, sont certainement reconnus par tous les autres oiseaux. Il semblerait donc que les « couleurs d'avertissement », comme les teintes frappantes similaires de nombreux animaux domestiques, soient des attributs fortuits. Il a été possible pour leurs propriétaires de les développer, car pour la plupart, ils sont laissés à eux-mêmes.

Eisig a souligné il y a longtemps que le pigment de couleur vive présent dans la peau de ces insectes aux couleurs alarmantes est dans certains cas de nature excrétrice. Par conséquent, la conclusion qui devrait être tirée est, comme Beddard le souligne à la page 173 de son *Animal Colouration*, *« que les couleurs brillantes (c'est-à-dire la sécrétion abondante de pigment) ont causé le caractère immangeable de l'espèce, plutôt que que le caractère immangeable a nécessité la production de couleurs vives comme publicité .* Autrement dit, les néo-darwiniens mettent la charrue avant les boeufs !

BOURU FRÈRE-OISEAU

Comme la plupart des membres du groupe auquel il appartient, ce mangeur de miel (*Tropidorhynchus bouruensis*) est un oiseau aux couleurs sobres, mais bruyant, actif et agressif.

BOURU ORIOLE

Ce loriot « imitant » (*Oriolus bouruensis*) est du même ton de couleur que son modèle supposé, le Frère-oiseau de la même île.

Dans certains cas, ces insectes aux couleurs vives peuvent être des survivances d'une époque où il n'y avait pas d'oiseaux. Lorsque ceux-ci sont apparus et ont commencé à s'attaquer aux insectes, les espèces aux couleurs visibles qui n'étaient ni immangeables ni très désagréables au goût disparaîtraient bientôt, tandis que celles qui n'étaient pas comestibles survivraient sous forme d'insectes aux couleurs d'avertissement. Dans d'autres cas, il n'est pas improbable que ces créatures aux couleurs alarmantes soient issues de mutations d'insectes aux teintes plus sobres. Il est concevable que de temps à autre se produise une mutation qui rend son propriétaire visible. Cela entraînera la destruction précoce de ces individus aberrants, à moins que leur aspect criard nouvellement acquis ne soit soit corrélé à, soit le résultat de, le dégoût.

Sons aposématiques

Dans le cas de la coloration d'avertissement, les néo-darwiniens ont, comme d'habitude, poussé leur théorie jusqu'à l'absurde. Le professeur Poulton, par exemple, l'étend aux sons et aux attitudes. « Le son », écrit-il à la page 324 d' *Essays on Evolution* , « peut être employé comme un caractère aposématique, comme dans le sifflement de certains serpents et de certains lézards. Certains serpents venimeux, lorsqu'ils sont dérangés, produisent par une méthode entièrement différente un son d'une grande portée, semblable au sifflement. Ainsi le serpent à sonnettes (*Crotalus*) d'Amérique fait vibrer rapidement la série de cellules cuticulaires sèches et cornées, articulées de manière mobile les unes aux autres et au bout de la queue. Le stade par lequel le personnage est probablement apparu est observé dans un autre genre qui fait vibrer sa queue parmi les feuilles sèches et produit ainsi un son d'avertissement. Le petit serpent indien mortel (*Echis carinata*) (« le Kuppa ») émet un bruissement pénétrant en tordant les spirales de son corps les unes sur les autres. Des rangées spéciales d'écailles latérales sont munies de carènes dentelées qui provoquent le bruit lorsqu'elles sont frottées les unes contre les autres. Les grands oiseaux, lorsqu'ils sont attaqués, adoptent souvent une attitude menaçante, accompagnée d'un son intimidant qui évoque généralement plus ou moins le sifflement d'un serpent, et comporte donc un élément de mimétisme. . . . Le cobra avertit un intrus principalement par son attitude et par l'élargissement de son cou aplati, l'effet étant accentué chez certaines espèces par les « lunettes ». Dans de tels cas, nous assistons souvent à une combinaison de méthodes énigmatiques et aposématiques, l'animal étant caché jusqu'à ce qu'il soit dérangé, puis adopte instantanément une attitude d'avertissement.

« L'avantage de telles attitudes intimidantes est clair : un serpent venimeux gagne bien plus d'avantages en terrifiant qu'en tuant un animal qu'il ne peut pas manger. En frappant, le serpent perd momentanément son venin, et avec lui une réserve de défense. De plus, le poison ne provoque pas la mort immédiate et l'ennemi aurait le temps de blesser ou de détruire le serpent.

Attitudes intimidantes

A première vue, ce raisonnement peut paraître très convaincant. Mais considérons un instant le processus par lequel le sifflement est né et s'est progressivement accru par la sélection naturelle. Il faut supposer que le serpent à sonnette était autrefois incapable d'émettre le moindre son. Un jour, une variété apparut dont la peau était légèrement durcie, de sorte que lorsque la créature bougeait rapidement son corps, elle émettait un léger son. Cela a dû inciter un ennemi à s'abstenir d'attaquer ; il vivait ainsi pour transmettre cette particularité à sa descendance, et ceux qui faisaient plus de bruit que leurs ancêtres s'échappaient, tandis que ceux qui faisaient moins succombaient devant leurs ennemis. Pour nous-mêmes, il nous est tout à fait impossible de croire que le hochet ait ainsi évolué progressivement au moyen de la sélection naturelle. En effet, on est enclin à penser que ni le sifflement du cobra ni son « attitude intimidante » n'ont d'effet terrifiant sur son adversaire. Dans le cas du cobra, nous pouvons citer des preuves positives selon lesquelles les chiens et le bétail ne montrent aucune inquiétude face à cette attitude.

« Les chiens, écrit D. Dewar à propos de cette exposition, la considèrent comme une énorme plaisanterie. J'en ai été satisfait à maintes reprises, car lors de nos courses à Muttra, nous rencontrions fréquemment des cobras, que les chiens pourchassaient invariablement, et nous avions parfois de grandes difficultés à tenir les chiens à distance, car ils semblaient ignorer que le la créature était venimeuse.

Le colonel Cunningham écrit, à la page 347 de *Some Indian Friends and Conquaintances* : « Les chiens de sport sont très susceptibles de tomber en panne là où les cobras abondent, car il y a quelque chose de très séduisant pour eux à la vue d'un gros serpent lorsqu'il se redresse en hochant la tête et en grondant. ; et il est souvent difficile d'arriver à temps pour empêcher la survenance de dommages irréparables.

Le colonel Cunningham déclare également que de nombreux ruminants ont une grande animosité envers les serpents et sont enclins à attaquer tous ceux qu'ils rencontrent.

On peut donc être sceptique quant à l'intérêt d'attitudes intimidantes à l'égard des créatures qui ont l'habitude de les frapper.

MIMÉTISME

Dans un travail de ce genre, il n'est ni possible ni nécessaire d'examiner en détail la masse de preuves avancées en faveur de la théorie de la ressemblance mimétique.

Chapitres VII. et viii. des *Essais sur l'évolution* du professeur Poulton contiennent un exposé à jour des faits en faveur de la théorie. Le professeur Poulton estime que dans tous les cas, la ressemblance mimétique est le résultat de l'action de la sélection naturelle.

Il admet qu'il n'existe aucune preuve directe en sa faveur, mais affirme que « les faits du cosmos, pour autant que nous les connaissions, sont cohérents avec la théorie, et aucun d'entre eux n'est incompatible avec elle » (page 271).

Nous ne sommes pas du tout sûrs qu'aucun fait ne s'oppose à la théorie du mimétisme protecteur. Nous en exposerons maintenant quelques-unes qui nous semblent, sinon réellement incompatibles avec la théorie, du moins conduire à la conclusion que le phénomène peut être expliqué autrement que comme un produit de la sélection naturelle.

Preuve de la théorie

Expliquons d'abord brièvement les arguments en faveur de la théorie du mimétisme protecteur.

1. On affirme que les espèces imitatrices et celles qui sont imitées ne sont souvent pas étroitement liées. Par exemple, on dit que la larve désagréable de la teigne du cinabre (*Euchelia jacobaeæ*) *imite une guêpe, car elle a des anneaux noirs et jaunes autour de son corps.*

«La conclusion qui ressort le plus clairement», écrit Poulton (p. 232), «est l'entière indépendance d'affinité zoologique manifestée par ces ressemblances.» C'est censé être la preuve que Darwin avait tort lorsqu'il affirmait que la ressemblance originelle était due à l'affinité. Poulton dit : « La préservation d'une ressemblance originelle due à l'affinité explique sans doute certains cas de mimétisme, mais nous ne pouvons pas faire appel à ce principe dans les cas les plus remarquables. »

2. On affirme que les espèces imitées sont invariablement soit armées d'un dard, soit bien défendues, soit désagréables au goût, de sorte qu'il est contre l'intérêt des créatures insectivores de les attaquer. On affirme en outre que les espèces imitées sont « encore plus désagréables au goût que la généralité de leur ordre ».

3. On fait observer que les groupes de papillons les plus répugnants, les *Danaides*, les *Acræinæ*, les *Ithomiinæ* et les *Heliconinæ*, se composent d'un grand nombre d'espèces qui se ressemblent beaucoup. On dit que cela est dû au mimétisme müllérien. Mayer affirme qu'en Amérique du Sud, il existe 450 espèces d' *Ithomiinæ non comestibles* qui présentent seulement 15 couleurs distinctes, tandis que les 200 espèces de *Papilio*, comestibles, présentent 36 couleurs distinctes. Néanmoins, dit-il, la variabilité individuelle ne manque pas chez les premiers, et leur conservatisme en matière de couleur ne peut donc pas être attribué au fait qu'ils ont peu de tendance à varier.

4. On affirme que, bien que dans de nombreux cas les ressemblances mimétiques s'étendent jusqu'aux moindres détails, elles ne s'accompagnent néanmoins d'aucun changement dans l'espèce mimétique, sauf celui qui contribue à la production ou au renforcement d'une ressemblance superficielle.

Des images illustrant de tels cas de mimétisme figurent aux pages 241, 247 et 251 du *Darwinisme de Wallace* (édition 1890).

5. Il est affirmé que la ressemblance mimétique ne se limite pas à la couleur, mais s'étend au motif, à la forme, à l'attitude et au mouvement ; que les organes profonds sont affectés lorsque la ressemblance superficielle s'intensifie, mais pas autrement. Poulton cite *Clytus arietis*, le « coléoptère-guêpe », comme exemple.

6. On prétend que les ressemblances mimétiques se produisent des manières les plus diverses ; que les modes par lesquels la similitude d'apparence est provoquée sont variés, mais le résultat est uniforme.

« Un insecte lépidoptère, écrit Poulton (p. 251), a avant tout besoin d'avoir des ailes transparentes, et ceci, dans les cas les plus frappants qui ont été étudiés, est produit par la fixation lâche des écailles, de sorte qu'elles peuvent facilement se former. et tombent rapidement et laissent l'aile nue à l'exception d'une ligne marginale et le long des nervures (*Hemaris*, *Trochilium*).

7. On prétend que l'imitateur et l'imité se trouvent toujours dans la même localité. S'ils ne le faisaient pas, la ressemblance ne tirerait aucun avantage. Il est en outre allégué que là où l'espèce imitant est comestible, elle est invariablement moins abondante là où elle est présente que l'espèce qu'elle imite.

8. On fait remarquer qu'il arrive parfois que, là où chez le mime les sexes diffèrent en apparence, le mâle copie une espèce, la femelle une espèce tout à fait différente. On dit en effet que la tromperie serait susceptible d'être détectée si l'espèce imitant devenait commune par rapport à celle imitée. « Nous constatons donc que deux ou plusieurs modèles sont imités par la même espèce » (*Essays on Evolution*, p. 372).

Parfois, la femelle imite deux autres espèces, *c'est-à-dire* qu'elle se présente sous deux formes, chacune comme une espèce différente.

Il arrive parfois que la femelle seule imite. Selon Wallace, cela est dû à son plus grand besoin de protection. Lorsqu'elle est chargée d'œufs, son vol est lent et elle nécessite donc un degré de protection particulier.

9. On dit que chez certaines espèces, on trouve un ancêtre non mimétique conservé sur des îles où la lutte pour l'existence est moins sévère, tandis que sur le continent adjacent le mimétisme s'est développé.

10. On prétend que dans les cas où les papillons ressemblent aux papillons, les premiers sont soit aussi diurnes que les papillons, soit sont des espèces qui « volent facilement de jour lorsqu'elles sont dérangées ».

11. On affirme que certaines formes dimorphiques saisonnières sont des exemples de mimétisme dans un seul état, sous la forme qui naît au moment où la lutte pour l'existence est la plus acharnée ; c'est-à-dire pendant la saison sèche, en Afrique, où la vie des insectes est bien moins abondante que pendant la saison des pluies.

Dans d'autres cas, le mimétisme de la forme par temps sec serait bien plus parfait.

Des exemples de ce phénomène sont exposés dans *les Essais sur l'évolution du professeur Poulton* .

Théories alternatives

On remarquera que nous avons très largement cité les travaux du professeur Poulton. La raison pour laquelle nous le faisons est qu'il semble être le plus éminent défenseur de la théorie du mimétisme protecteur, et son travail, publié en 1908, peut être considéré comme la dernière déclaration néo-darwinienne sur le sujet.

Par conséquent, si nous pouvons démontrer, comme nous le croyons, que ses arguments ne sont pas valables, nous pouvons considérer que nous avons démontré que la théorie dans sa forme actuelle est intenable.

Il convient de noter que le professeur Poulton présente trois autres suggestions qui ont été proposées comme substituts à la sélection naturelle pour expliquer les phénomènes de mimétisme.

La première est la théorie des causes externes, à savoir que la ressemblance est due à une cause externe, comme la nourriture ou le climat.

La seconde est la théorie des causes internes, qui affirme que la ressemblance mimétique est due à des causes internes du développement.

La troisième est la suggestion selon laquelle la sélection sexuelle serait à l'origine de ces ressemblances.

Il procède ensuite à leur démolition à sa propre satisfaction et ajoute triomphalement : « La conclusion semble inévitable que selon aucune théorie, à l'exception de la sélection naturelle, les diverses ressemblances des animaux avec leurs environnements organiques et inorganiques ne s'assemblent dans un arrangement naturel et reçoivent un explication commune »(p. 228).

Au raisonnement de cette description, il y a une réponse évidente. Même si l'on admet que les alternatives à la théorie de la sélection naturelle exposée par le professeur Poulton sont intenables, cela ne signifie pas pour autant que la sélection naturelle fournisse une explication adéquate. Si A, B, C et D sont accusés de vol et que le procureur prouve que ni A, ni B ni C n'ont commis le vol, cela ne suffira pas à obtenir la condamnation de D. Il est fort possible qu'une cinquième personne, E, puisse être le coupable.

Une grande partie de la popularité de la théorie de la sélection naturelle est due au fait que les biologistes n'ont pas encore réussi à lui trouver un substitut.

Il nous semble que la méthode appropriée pour faire progresser la science n'est pas de renforcer la sélection naturelle par des spéculations ingénieuses, mais de rechercher d'autres causes jusqu'ici inconnues.

KING-CROW OU DRONGO

Cet oiseau noir très visible (*Dicrurus ater*), présent de l'Afrique à
la Chine, constitue un élément frappant du paysage partout où il
se trouve.

DRONGO-COUOU

La fourche de la queue de cet oiseau est unique parmi les
coucous, mais elle est néanmoins beaucoup moins développée
que dans le modèle supposé, et peut être une adaptation pour
l'évolution en vol, comme de telles queues semblent
généralement l'être.

OBJECTIONS À LA THÉORIE SELON LAQUELLE LES SOI-DISANT CAS DE MIMÉTISME DOIVENT LEUR ORIGINE À LA SÉLECTION NATURELLE

Il est évident que le fait qu'une créature ressemble à une autre ne peut apporter que peu ou pas d'avantages à l'une ou l'autre jusqu'à ce que la ressemblance soit assez proche. Il est donc insuffisant de prouver l'utilité de la ressemblance parfaite. On peut facilement l'admettre, tout en soutenant que l'origine de la ressemblance ne peut être due à l'action de la sélection naturelle.

Le coucou Drongo (*Surniculus lugubris*) présente une si grande ressemblance avec le Corbeau royal (*Dicrurus ater*) qu'il est fréquemment présenté par les néo-darwiniens comme un excellent exemple de mimétisme parmi les oiseaux. Mais D. Dewar écrit, à la page 204 de *Birds of the Plains* : « Je ne prétends pas connaître la couleur du dernier ancêtre commun de tous les coucous, mais je ne crois pas que la couleur soit noire. Qu'est-ce qui a alors fait que *Surniculus lugubris* est devenu noir et a pris une queue semblable à celle d'un corbeau royal ?

« Une ou deux plumes noires, même si elles étaient associées à un certain allongement de la queue, n'aideraient en aucun cas le coucou à placer son œuf dans le nid du drongo. Supposons qu'un âne emprunte l'appendice caudal du roi de la forêt, l'attache derrière lui, puis s'avance parmi ses congénères en poussant de bruyants braies, un âne d'intelligence moyenne serait-il induit en erreur par cette faible tentative de déguisement ? Je crois que non. Un corbeau royal serait encore moins trompé par quelques plumes noires dans le plumage d'un coucou. Je ne crois pas que la sélection naturelle ait un lien direct avec la nigritude du drongo-coucou.

Darwin était pleinement conscient de cette difficulté lorsqu'il écrivait : « Comme certains auteurs ont éprouvé beaucoup de difficulté à comprendre comment la première étape du processus de mimétisme aurait pu être réalisée par la sélection naturelle, il serait peut-être bon de remarquer que le processus a probablement commencé il y a longtemps. il y a entre des formes pas très différentes en couleur » (*Descent of Man* , 10e éd., p. 324). Une telle affirmation est bien entendu tout à fait incompatible avec la position néo-darwinienne. « La conclusion qui ressort le plus clairement », écrit Poulton (*Essays on Evolution* , p. 232), « est l'entière indépendance d'affinité zoologique manifestée par ces ressemblances ; et l'un des rares cas où la vision de Darwin d'un problème biologique ne lui a pas donné raison est celui où il a suggéré qu'une relation antérieure plus étroite pouvait nous aider à une compréhension générale de l'origine du mimétisme. La conservation d'une ressemblance originelle due à l'affinité explique sans doute certains cas de mimétisme, mais on ne peut invoquer ce principe dans les cas les plus remarquables.

Il est inutile d'insister sur ce point. Il est sûrement évident pour toute personne dotée d'une intelligence moyenne que, tant que la ressemblance entre deux formes n'aura pas progressé considérablement, la ressemblance ne pourra être utile à aucune des deux, ou en tout cas suffisamment utile pour donner à son possesseur un avantage de survie dans la lutte pour l'obtention de l'identité. existence. Jusqu'à ce qu'il atteigne ce stade, la sélection naturelle ne peut pas opérer sur lui. Il est donc absurde de considérer la sélection naturelle comme la cause directe de l'origine de la ressemblance. Lorsqu'un certain degré de ressemblance s'est élevé, il est fort probable que, dans certains cas, la sélection naturelle ait renforcé la ressemblance.

La deuxième grande objection à l'explication néo-darwinienne du phénomène connu sous le nom de mimétisme est que, dans de nombreux cas, la ressemblance est inutilement exacte. De même que nous avons vu comment les Kallimas, ou papillons à feuilles mortes, poussaient leur ressemblance avec les feuilles mortes au point de faire paraître probable que des facteurs autres que la sélection naturelle ont eu une part dans leur production, de même voyons-nous dans certains les cas de ressemblance mimétique une ressemblance inutilement fidèle.

L'oiseau de la fièvre cérébrale

Le coucou épervier commun de l'Inde (*Hierococcyx varius*) en fournit un exemple : « L'oiseau atteint de fièvre cérébrale », écrit Finn, à la page 58 de *Ornithological and Other Oddities* , « est la plus merveilleuse copie en plumes de l'épervier indien ou Shikra (*Astur badius*). Toutes les marques du faucon sont reproduites chez le coucou, qui est également à peu près de la même taille et de proportions similaires en ce qui concerne la queue et les ailes ; et le faucon et le coucou ayant tous deux un premier plumage très différent de celui qu'ils prennent à l'âge adulte, la ressemblance s'étend à cela aussi. De plus, leur vol est tellement le même qu'à moins d'être assez près pour voir le bec, ou de pouvoir observer l'oiseau s'installer et noter la différence entre la pose horizontale du coucou et la position dressée du faucon, il est impossible de le dire. les séparer sur une vue décontractée. De plus, la queue du coucou pend parfois verticalement, intensifiant ainsi la ressemblance avec le faucon.

Il est fort possible que l'oiseau atteint de fièvre cérébrale tire un certain bénéfice de cette ressemblance ; en effet, on l'a vu alarmer les petits oiseaux, tout comme le coucou commun, semblable à un faucon, effraie ses dupes, mais, comme l'a souligné D. Dewar, à la page 105 du vol. 57 du *Journal of the Society of Arts*, « cela ne suffit pas à expliquer une ressemblance si fidèle qu'elle s'étend jusqu'au marquage de chaque plume individuelle. Lorsqu'un bavard aperçoit un oiseau ressemblant à un faucon, il n'attend pas d'inspecter chaque plume pour s'enfuir terrorisé ; par conséquent, tout ce qui est nécessaire au coucou est qu'il présente une ressemblance générale avec le shikra. Le fait que la ressemblance s'étend jusqu'aux moindres détails du marquage des plumes indique que dans chaque cas des causes identiques ont contribué à produire ce type de plumage. Cette conclusion est encore renforcée par le fait que la ressemblance s'étend au plumage immature, c'est-à-dire qu'il existe à une époque où il ne peut aider le coucou dans son travail parasitaire.

Poulton répond à cette objection comme suit :

FAUCON SHIKRA

La surface supérieure de la queue, non représentée sur ce dessin, correspond exactement à celle du coucou « mimique ».

FAUCON-COUCO

Cette espèce (*Hierococcyx varius*) est communément connue en Inde sous le nom d'« oiseau de la fièvre cérébrale ».

Hypertélie

« Toutes ces critiques sont fondées sur notre connaissance imparfaite de la lutte pour l'existence. Les impressions et les jugements de l'homme sont immensément influencés par les « détails corroborants », donnant « une vraisemblance artistique à un récit audacieux et peu convaincant ». En effet, le rire qui est invariablement suscité par ce passage *du Mikado* est, j'ai toujours pensé, non seulement ou principalement dû à l'humour de l'application, mais à la manière dont une grande et familière vérité fait irruption dans l'auditeur avec toute l'agréable surprise qui appartient à l'épigramme. Les oiseaux, principaux ennemis des insectes, sont connus pour avoir des facultés de vision bien supérieures à celles de l'homme, et, d'après notre expérience en captivité, on peut affirmer avec certitude que leur attention est attirée par des détails excessivement minutieux. Jusqu'à ce que notre connaissance de la lutte pour la vie soit beaucoup plus étendue qu'aujourd'hui, l'argument fondé sur Hypertely peut être laissé aux prises avec un autre argument souvent employé contre l'explication de la ressemblance cryptique et mimétique par la sélection naturelle. Hypertely suppose qu'il y a des détails inutiles dans la ressemblance, que la ressemblance est parfaite au-delà des exigences de l'insecte ; le deuxième argument soutient que les oiseaux ont une vue si suprêmement perçante qu'aucune ressemblance, si parfaite soit-elle, ne leur sert à rien. En attendant, la majorité des naturalistes rejetteront probablement les deux extrêmes et croiront que les ennemis sont certainement perspicaces et réussissent dans leur poursuite, mais que la perfection dans les détails rend leur tâche plus difficile et donne aux individus qui la possèdent un niveau plus élevé. degré que d'autres, des chances accrues de s'échapper et de devenir les parents des générations futures. (*Essais sur l'évolution* , p. 302.)

Cette longue citation mérite un examen attentif, car elle nous paraît typique du type de raisonnement auquel recourent les néo-darwiniens.

Notez la référence à notre « connaissance imparfaite de la lutte pour l'existence ». C'est presque invariablement le dernier refuge du néo-darwinien lorsqu'il est confronté à une dispute. Nous admettons pleinement qu'il reste encore beaucoup à apprendre sur la nature de la lutte pour l'existence, mais une telle affirmation semble très curieuse lorsqu'elle est prononcée à ceux qui attachent leur foi à la théorie qui voit dans le principe de la sélection naturelle une explication de tous les problèmes. les phénomènes du monde organique. La sélection naturelle, rappelons-le, n'est qu'un nom pour désigner la lutte pour l'existence.

Oiseaux capturant des papillons

« Les oiseaux, explique le professeur Poulton, sont les principaux ennemis des insectes. » C'est peut-être le cas. Mais nous doutons grandement qu'ils soient les principaux ennemis des papillons et des papillons de nuit, parmi lesquels on suppose que l'on trouve les exemples les plus parfaits de mimétisme.

Nous observons les oiseaux de près depuis quelques années, mais pensons que nous pourrions presque compter sur nos doigts les cas où nous avons vu un oiseau chasser un papillon.

Le professeur Poulton, conscient de cette objection, expose, aux pages 283-292 de *Essays on Evolution* , les preuves qu'il a rassemblées en faveur de l'opinion selon laquelle les oiseaux sont les principaux ennemis des papillons et autres lépidoptères.

Suite à cinq années d'observation en Afrique du Sud, M. GAK Marshall a pu enregistrer environ huit cas d'oiseaux capturant des papillons. Dans trois cas, le papillon saisi était d'une couleur alarmante, ou en tout cas, bien visible ! Dans deux de ces huit cas, l'oiseau n'a pas réussi à capturer sa proie !

Selon M. Marshall, "le fait que les oiseaux s'abstiennent de poursuivre les papillons peut être dû plutôt à la difficulté de les attraper qu'à un quelconque dégoût généralisé de la part de ces insectes".

Au cours de six années d'observation en Inde et à Ceylan, le colonel Yerbury enregistre une demi-douzaine de cas d'oiseaux capturant ou tentant de capturer des insectes. Il écrit : « À mon avis, une raison tout à fait suffisante pour expliquer la rareté de cet événement réside dans le fait que chez les papillons, la matière comestible est un minimum, tandis que les ailes non comestibles, etc., sont un maximum. »

Le colonel CT Bingham, en Birmanie, déclare qu'entre 1878 et 1891, il a été témoin à deux reprises du colportage systématique de papillons par des oiseaux, bien qu'il ait observé à d'autres occasions quelques cas isolés.

Cela semble être la somme totale des preuves présentées par le professeur Poulton concernant la capture de papillons par les oiseaux. Cela nous semble une base tout à fait insuffisante sur laquelle construire la théorie selon laquelle les cas de ressemblance entre espèces non apparentées ont été provoqués par la sélection naturelle.

Il convient toutefois de noter que parmi les oiseaux, les ennemis les plus dangereux des papillons ne sont probablement pas ceux qui capturent habituellement leurs proies en vol. Ceux-là sont experts dans l'art de la capture des mouches et mépriseraient le papillon relativement dépourvu de viande. On rencontre souvent des papillons avec une encoche identique sur chaque aile, ce qui laisse peu de place au doute sur le fait que ces papillons particuliers ont été capturés, *au repos*, par un oiseau. Parmi les oiseaux, les principaux ennemis des papillons et des mites sont probablement ceux qui chassent pour se nourrir dans les buissons et les arbres.

Ainsi, ce que nous savons de la nature de la lutte pour l'existence n'apporte qu'un faible soutien aux explications néo-darwiniennes des cas de soi-disant mimétisme dans la nature.

Pouvoirs d'observation des oiseaux

L'idée du professeur Poulton d'opposer l'argument d'Hypertely à celui de la prétendue vision suprême des oiseaux est ingénieuse, mais elle ne satisfera probablement pas beaucoup de gens, sauf ceux qui se contentent de vivre dans un paradis pour fous. Si les oiseaux sont extrêmement perspicaces et prêtent attention à des détails excessivement minutieux, la difficulté d'expliquer l' *origine* du mimétisme protecteur sur la base de l'hypothèse de la sélection naturelle devient d'autant plus grande.

La question de savoir si les oiseaux sont de bons observateurs ou non est des plus intéressantes. Malheureusement, jusqu'à présent, peu d'attention a été accordée à ce sujet. Les preuves disponibles semblent indiquer que les oiseaux, comme les sauvages, n'ont des yeux perçants que pour certains objets, c'est-à-dire pour les choses qu'ils sont habitués à surveiller. Tous les observateurs de la nature ont dû remarquer avec quelle rapidité un oiseau boucher aperçoit un minuscule insecte sur le sol, à quelques mètres de son perchoir.

Par contre, on dit que lorsqu'il y a de la neige au sol, les palombes s'approchent d'assez près d'un homme portant des vêtements blancs et un chapeau blanc, à condition qu'il reste parfaitement immobile. Finn a vu un jour à Calcutta un moineau ramasser un très jeune crapaud, visiblement par erreur, car il l'a laissé tomber aussitôt avec un dégoût évident. Les oiseaux de proie sont censés avoir une vue remarquablement bonne ; pourtant ils peuvent facilement être attrapés par un filet tendu devant leur proie. Ils ne sont pas entraînés à surveiller des choses telles que les filets et ne semblent donc pas en remarquer un lorsqu'ils sont érigés.

Nous pensons donc que la perfection et le détail même de certaines soi-disant ressemblances mimétiques constituent une objection très sérieuse à la théorie du mimétisme protecteur énoncée par le professeur Poulton et d'autres néo-darwiniens.

Il existe encore une autre objection à cette théorie, qui, à notre avis, est fatale à l'hypothèse dans sa forme généralement acceptée.

Il existe un certain nombre de cas où deux espèces, sans aucun lien de parenté, présentent une grande ressemblance dans des circonstances telles qu'aucune d'entre elles ne peut tirer aucun bénéfice de cette ressemblance. La théorie du mimétisme protecteur est tout à fait incapable d'expliquer ces cas. Ce fait laisse penser que, dans les cas où la théorie semble à première vue offrir une explication, la ressemblance peut aussi être due à une simple coïncidence.

Nous pouvons peut-être appeler « faux mimétisme » les cas que la théorie du mimétisme est incapable d'expliquer, mais ce faisant, nous devons garder à l'esprit la possibilité que certains, en tout cas, des exemples de ce qu'on appelle le mimétisme puissent, une enquête plus approfondie ne révèle rien de tel.

LE « FAUX » MIMÉTISME CHEZ LES MAMMIFÈRES

Le Cacomistle du Mexique (*Bassaris astuta*), de la famille des ratons laveurs, a un corps gris et une longue queue annelée noir et blanc, tout comme le lémur catta de Madagascar (Lemur catta) ; tous deux sont arboricoles et à peu près de la même taille, et la coloration de ce lémurien est exceptionnelle dans sa famille.

Le duiker-buck bagué d'Afrique de l'Ouest (*Cephalophus doriae*) a la même coloration très inhabituelle que le thylacine ou loup marsupial de Tasmanie, brun clair, avec des bandes noires audacieuses sur la partie postérieure du dos, et les animaux sont à peu près les mêmes. taille.

Le loir d'Europe ressemble beaucoup à un petit opossum américain (*Didelphys murina*), et un plus grand opossum (*D. crassicaudata*) ressemble beaucoup au vison de Sibérie (*Mustela sibirica*).

L'écureuil volant d'Amérique du Nord (*Sciuropterus volucella*) est étroitement copié par le Phalanger volant (*Petaurus breviceps*) d'Australie.

On voit bien que dans aucun de ces cas, la ressemblance ne peut être utile ni au « modèle » ni à la « copie ».

FAUX MIMÉTISME BATÉSIEN CHEZ LES OISEAUX

Il existe de nombreux cas de ce phénomène chez les oiseaux. Le coucou de Nouvelle-Zélande (*Urodynamis tritensis*) ressemble beaucoup plus à l'épervier d'Amérique (*Accipiter cooperi*) qu'à n'importe quel faucon de Nouvelle-Zélande et imite en fait de près cet oiseau assez extraterrestre.

Le pétrel orageux, un oiseau purement océanique, ressemble beaucoup par sa taille, sa couleur et son style de vol au martinet indien (*Cypselus affinis*), une créature purement intérieure ; les deux sont noirs de suie, avec une tache blanche bien visible dans le bas du dos.

La Grive babillante (*Crateropus bicolor*) d'Afrique ressemble singulièrement à la Grive à pied (*Grœulipica melanoptera*) de Java, les deux étant à peu près de la même taille, avec un corps blanc et des ailes et des piquants de queue noirs. Il s'agit, pouvons-nous ajouter, d'une coloration très inhabituelle chez les petits oiseaux.

L'Oriole à tête noire (*Oriolus melanocephalus*) de l'Inde ressemble beaucoup en apparence au Troupial commun (*Icterus vulgaris*) du

Brésil ; en effet, les troupiaux, groupe purement américain, ressemblent tellement par la couleur aux loriots du vieux monde qu'ils usurpent leur nom en Amérique.

La petite Iora insectivore (*Ægithina tiphia*) d'Inde ressemble fortement en taille et en couleur à un Tarin (*Chrysomitris colambiana*) d'Amérique du Sud, les mâles étant noirs dessus et jaunes dessous, tandis que chez les femelles le noir est remplacé par du vert olive.

Un autre babillard indien (*Cephalopyrus flammiceps*), vert jaunâtre, au front orange, est étroitement copié par, ou des copies, le célèbre pinson safran du Brésil (*Sycalis flaveola*).

Dans l'île Fergusson, près de la Nouvelle-Guinée, il existe un pigeon terrestre (*Otidiphaps insularis*) noir avec des ailes marron, comme plusieurs des puissants coucous terrestres du genre *Centropus* , mais aucune espèce de ces coucous ainsi colorés ne semble habiter l'île.

En Afrique, il existe une mésange (*Parus leucopterus*) qui a la même coloration très inhabituelle qu'un bulbul des Indes orientales (*Micropus melanoleucus*), tous deux noirs avec une tache blanche sur les couvertures alaires. Ces deux oiseaux ont à peu près la même taille. Pour montrer le caractère purement fortuit de telles ressemblances, mentionnons que ce même motif rare se retrouve chez notre Guillemot à miroir (*Uria grylle*) et chez le Canard de Barbarie (*Cairina moschata*).

Nous avons déjà cité Gadow (p. 198) sur le « faux mimétisme » chez les serpents. Il donne également, p. 110 de *Through Southern Mexico* , un exemple de ce phénomène chez les amphibiens. Il est, écrit-il, « impossible de distinguer certaines rainettes vertes du genre africain *Rappia* d'une *Hyla* , à moins de les ouvrir. S'ils vivaient côte à côte, ce qui n'est pas le cas, cette grande ressemblance serait vantée comme un exemple de mimétisme.

Nous serions très surpris si l'on ne trouve pas d'abondants exemples de « faux mimétisme » chez les insectes. Nous espérons que cette remarque incitera certains entomologistes à s'intéresser au sujet.

C'est l'essence même du mimétisme müllérien que le modèle et la copie soient à l'abri des attaques des ennemis. Malheureusement pour la théorie, des ressemblances similaires se produisent parmi les oiseaux de proie, où aucune des parties ne peut bénéficier de l'association. Cela donne lieu à ce que l'on pourrait peut-être appeler un faux mimétisme müllérien. Ainsi, l'autour des palombes et le faucon pèlerin se ressemblent en ce sens qu'ils sont bruns dessus et striés dessous dans un plumage immature, et qu'ils ont les parties inférieures barrées et un plumage supérieur gris à l'état adulte.

La théorie du mimétisme critiquée

Après avoir exposé les objections les plus importantes à la théorie du mimétisme protecteur, il nous reste maintenant à traiter spécifiquement chaque élément de preuve présenté en sa faveur.

1. En ce qui concerne l'affirmation selon laquelle le modèle et sa copie sont souvent peu apparentés, nous avons montré que, chez les mammifères et les oiseaux, les cas de ressemblance entre groupes très éloignés se produisent dans des circonstances telles qu'aucune des parties ne peut en tirer aucun bénéfice.

2. Quant à l'affirmation selon laquelle les espèces imitées sont soit bien défendues, soit désagréables, cela n'est certainement pas valable en ce qui concerne certaines, du moins par hasard, des ressemblances fortuites entre les oiseaux que nous avons signalées ; même si ces couples d'espèces similaires vivaient dans le même pays, il faudrait beaucoup d'ingéniosité pour comprendre pourquoi l'une devrait imiter l'autre.

3. En ce qui concerne l'argument selon lequel les espèces non comestibles d' *Ithomiinæ , etc., ne présentent que quinze couleurs, tandis que les Papilios* comestibles, moins nombreux, présentent plus du double de ce nombre de couleurs, nous pouvons attirer l'attention sur le fait que les oiseaux les plus immunisés sont précisément ceux qui présentent la plus petite gamme de couleurs, par exemple les faucons, les hiboux, les corbeaux, les mouettes, les cigognes et les grues. Comme nous l'avons déjà souligné, aucune question d'association müllérienne n'intervient ici.

En revanche, les familles éminemment comestibles du gibier à plumes et des canards présentent une grande variété de couleurs, du moins chez les mâles.

4. En ce qui concerne l'affirmation selon laquelle, bien que dans de nombreux cas les ressemblances mimétiques s'étendent jusqu'aux moindres détails, elles ne s'accompagnent d'aucun changement structurel, sauf celui qui contribue à la production d'une ressemblance superficielle, nous pouvons nous référer au

cas que nous avons déjà cité. du coucou de Nouvelle-Zélande, qui, bien qu'il copie si fidèlement un faucon américain, a une structure typiquement cuculine. Ici, bien sûr, il ne peut être question d'un avantage pour le coucou « imitateur » dans les ressemblances.

5. En réponse à l'argument selon lequel la ressemblance mimétique s'étend à la forme, à l'attitude et au mouvement, aussi bien qu'à la couleur, et que les organes profonds ne sont affectés que lorsque la ressemblance superficielle est ainsi intensifiée, nous pouvons attirer l'attention sur des cas tels que celui de suivant:-

(*a*) L'inoffensif serpent indien (*Lycodon aulicus*) est très semblable au célèbre Krait (*Bungarus cœruleus*), également indien ; mais la ressemblance s'étend à un détail structurel qui peut difficilement avoir une valeur mimétique : à savoir, le serpent inoffensif a de longues dents de devant en forme de crocs, bien que celles-ci n'aient aucun rapport avec des glandes à venin. Les animaux qui entrent en contact avec le krait et ses imitateurs sont peu susceptibles d'inspecter leurs dents.

(*b*) Un nombre considérable d'oiseaux du groupe des pie-grièches, connus sous le nom de Pie-grièches coucous (*Campophaga*), ressemblent beaucoup aux coucous en plumage ; mais même s'ils tirent quelque avantage des oiseaux imitateurs qui sont déjà considérés comme des imitateurs, ils ne peuvent pas profiter du fait que les tiges des plumes du croupion des deux groupes sont raidies ; c'est une particularité qui ne serait perceptible que lorsque l'oiseau serait entre les mains d'un agresseur.

(*c*) Comme troisième cas de coïncidence, nous pouvons nous référer au tubercule dans la narine de l'oiseau atteint de fièvre cérébrale (*Hierococcyx varius*), comme un détail minutieux de l'apparence d'un faucon, bien qu'il ne soit pas présent dans l'espèce particulière imitée.

6. L'argument selon lequel les ressemblances mimétiques sont produites de manières les plus diverses, mais le résultat est uniforme, perd beaucoup de sa force lorsque l'on considère les diverses méthodes par lesquelles les oiseaux à queue courte semblent avoir de longs appendices caudaux.

Chez le paon, ce sont les couvertures supérieures de la queue qui sont allongées ; chez la Grue Stanley (*Tetrapteryx paradisea*), ce sont les piquants les plus internes ou tertiaires de l'aile ; chez l'une des aigrettes, certaines des plumes du haut du dos atteignent une grande longueur et forment une traîne ; chez l'Oiseau du Paradis (*Paradisea apoda*), les longs panaches des flancs sont généralement confondus avec la queue.

Dans ces cas-là, il ne peut être question de mimétisme.

7. Nous avons montré que l'idée selon laquelle imitateur et imité se trouvent toujours dans le même domaine est absolument fallacieuse. Chez les oiseaux, par exemple, les ressemblances les plus frappantes semblent se produire entre des espèces éloignées les unes des autres.

8. On peut citer, comme parallèle au cas d'une espèce mimétique dont le mâle copie un modèle et la femelle un autre, l'étrange similitude entre le plumage barré de brun de la femelle coq noir et celui de l'eider femelle. Les mâles de ces espèces, bien que noirs et blancs, diffèrent grandement en apparence ; mais il est vrai que le coq noir mâle ressemble beaucoup au mâle d'une autre espèce de canard de mer, la macreuse.

9. Aux prétendues formes ancestrales non mimétiques existant sur les îles, nous pouvons opposer les loriots « mimétiques » des petites îles et leurs cousins non mimétiques du continent. En Australie, un loriot de ce qui semble être un style ancestral vit à côté, mais refuse d'imiter, un oiseau frère d'un type très prononcé.

10. Le cas de certains papillons diurnes imitant les papillons semble explicable sans l'aide de la théorie du mimétisme protecteur. Lorsque deux espèces adoptent la même méthode pour se nourrir, il n'est pas rare qu'une ressemblance professionnelle surgisse entre elles. Les martinets et les hirondelles en offrent une illustration frappante.

11. Pour contrebalancer les cas où le prétendu mimétisme se limite à certaines saisons de l'année, on peut citer le cas du Jaçana à queue de faisan (Hydrophasianus chirurgus), qui, dans *son* plumage d'hiver, pourrait facilement se tromper, lorsque sur l'aile, pour l'oiseau du riz ou héron des étangs (*Ardeola grayii*), tous deux de même taille et ayant un dos brun, de longues pattes vertes et des ailes blanches. On les retrouve d'ailleurs dans les mêmes localités de l'Inde. Cependant, pendant la saison de reproduction, leur plumage est absolument différent.

Un autre argument encore couramment avancé en faveur de la théorie du mimétisme protecteur est que les variations locales des espèces imitées sont parfois suivies par l'imitateur ; ainsi le papillon *Danais chrysippus* présente une tache blanche sur les ailes postérieures en Afrique, et celle-ci est suivie par son mime.

Mais la même chose se produit, pour ainsi dire de manière tout à fait irrationnelle, chez les oiseaux. Le faucon pèlerin et hobby d'Europe ne sont que des migrateurs hivernaux vers l'Inde, où ils sont remplacés en tant que résidents par le Shaheen (*Falco peregrinator*) et l'Indian Hobby (*F. severus*). Ces deux espèces diffèrent des formes migratrices en étant plus noires dessus et marron dessous, au lieu de couleur crème. Ainsi la ressemblance se produit dans chaque race. Une distinction similaire, comme l'a noté Blyth, existe entre l'Hirondelle commune (*Hirundo rustica*) et l'Hirondelle (*H. tytleri*) d'Asie de l'Est, cette dernière ayant toute la surface ventrale roux au lieu de seulement la gorge. Pourtant, personne ne suggérera que les hirondelles imitent les faucons, ni qu'il existe un mimétisme entre le pèlerin et le passe-temps. Il est évident que de tels changements parallèles se produisent indépendamment du mimétisme.

Le râle d'eau (*Rallus Aquaticus*) et le râle de Baillon (*Porzana bailloni*) d'Europe se distinguent de leurs alliés d'Asie de l'Est par leurs côtés de la tête unis gris, tandis que les formes d'Asie de l'Est (*R. indicus* et *P. pusilla*) ont une strie brune de chaque côté du visage. Ici encore, nous avons un exemple d'oiseaux d'une même famille variant selon la répartition géographique.

COULEURS « RECONNAISSANCE »

L'une des plus belles idées de l'école wallace des zoologistes est la théorie des marques de reconnaissance.

« Si », écrit Wallace, à la page 217 de *Darwinism* , « nous considérons les habitudes et les histoires de vie de ces animaux qui sont plus ou moins grégaires, comprenant une grande proportion d'herbivores, quelques carnivores et un nombre considérable de tous les ordres. des oiseaux, nous verrons qu'un moyen de reconnaissance facile de son espèce, à distance ou lors d'un mouvement rapide, au crépuscule ou à couvert partiel, doit être du plus grand avantage et conduire souvent à la préservation de la vie. Les animaux de cette espèce ne reçoivent généralement pas d'étranger parmi eux. Tant qu'ils restent ensemble, ils sont généralement à l'abri des attaques, mais un traînard solitaire devient une proie facile pour l'ennemi ; il est donc de la plus haute importance que, dans un tel cas, le voyageur ait toutes les facilités pour découvrir avec certitude ses compagnons à n'importe quelle distance dans le champ de vision.

« Certains moyens de reconnaissance facile doivent être d'une importance vitale pour les jeunes et les inexpérimentés de chaque troupeau, et ils permettent également aux sexes de reconnaître leur espèce et d'éviter ainsi les maux des croisements stériles ; et j'incline à croire que sa nécessité a eu une influence plus étendue dans la détermination de la diversité de la coloration animale que toute autre cause. C'est probablement à cela qu'on peut imputer le fait singulier que, si la symétrie bilatérale de coloration se perd très fréquemment chez les animaux domestiques, elle prévaut presque universellement dans l'état de nature ; car si les deux côtés d'un animal étaient différents et si la diversité de coloration parmi les animaux domestiques se produisait à l'état sauvage, une reconnaissance facile serait impossible parmi de nombreuses formes étroitement apparentées.

Comme exemples de coloration de reconnaissance, Wallace cite, entre autres, la queue blanche retroussée du lapin – un « drapeau de signalisation de danger », la tache blanche bien visible affichée par de nombreuses antilopes, les marques blanches sur les plumes des ailes et de la queue du lapin. Espèces britanniques d'oiseaux bouchers, le chat de pierre, le chat whin et l'épi de blé.

Wallace affirme donc, premièrement, que les marques de reconnaissance aident non seulement les animaux herbivores à rester ensemble, mais agissent également comme un signal de danger ; le membre du troupeau qui aperçoit le premier l'ennemi prend la fuite en brandissant son drapeau blanc, qui est le signal du danger pour les autres membres du troupeau. Deuxièmement, les marques de reconnaissance préviennent les méfaits des croisements infertiles. Troisièmement, que la nécessité de pouvoir se reconnaître a rigidement préservé une symétrie bilatérale entre les animaux à l'état de nature.

En ce qui concerne l'affirmation numéro un, soulignons que lorsqu'un troupeau d'herbivores est traqué par un animal de proie, le membre du troupeau le plus proche de l'ennemi, c'est-à-dire le membre le plus postérieur, sera probablement le premier à le faire. observez-le. Comme cette créature sera dans une situation de fuite plus défavorable que le reste du troupeau, il ne sera pas à son avantage de suivre la ligne qu'elle a empruntée. De plus, étant à l'arrière du troupeau, il n'est pas en bonne position pour prendre la tête, et son poursuivant risque de voir le signal de danger avant ses amis. Il semblerait donc que les «signaux de danger», même s'ils peuvent parfois être utiles à ceux qui les possèdent, sont dans l'ensemble des ornements dont on pourrait se passer avec profit. La sélection naturelle ne peut guère être accusée de produire un caractère d'une utilité aussi douteuse pour l'organisme.

De plus, les espèces florissantes de nombreux animaux grégaires ne possèdent aucun « pavillon de signalisation de danger », tandis qu'en revanche un grand nombre d'espèces solitaires arborent des marques qui les rendent très visibles lorsqu'elles sont en mouvement. Prenons le cas du célèbre Paddy Bird indien (*Ardeola grayii*). Celui-ci, au repos, est coloré de manière à être très difficile à distinguer de son environnement, mais le vol le transforme, car il montre alors ses pignons blanc laiteux, qui feraient un parfait signal de danger, s'il n'était pas particulièrement solitaire. dans ses habitudes. Ses frères grégaires, les Héron garde-bœufs (*Bubulcus coromandus*), en revanche, ne montrent aucun signal de danger.

Croisement d'espèces alliées

Que ces marques de reconnaissance empêchent le croisement d'espèces alliées et la production d'hybrides stériles semble être une pure fiction. Comme nous l'avons déjà montré, les hybrides entre espèces alliées ne sont pas toujours stériles. De plus, les espèces qui ne diffèrent que par la couleur semblent généralement se croiser dans les régions où elles se rencontrent.

"Ce métissage", écrit Finn, à la page 14 de *Ornithological and Other Oddities* , "se produit là où la corneille noire (*Corvus corone*) rencontre la corneille mantelée (*Corvus cornix*), là où les chardonnerets européens et himalayens (*Carduelis carduelis* et *C. caniceps*) se rencontrent, et où les rouleaux bleus d'Inde et de Birmanie (*Coracias indicus* et *C. affinis*) entrent en contact, sans parler des autres cas.

Parmi ces autres cas, les bulbuls indiens du genre *Molpastes* en forment un cas très remarquable. Partout où deux des soi-disant espèces se rencontrent, elles semblent se croiser, et elles se croisent si librement qu'aux points où les espèces alliées se rencontrent, il n'est pas possible de rapporter les bulbuls à l'une ou l'autre espèce. Ainsi William Jesse écrit à propos du Bulbul à ventre rouge de Madras (*Molpastes hæmorrhous*) (page 487 de *The Ibis* de juillet 1902) : « Cet oiseau, bien que je lui ai donné la désignation ci-dessus, n'est pas le vrai *M. hæmorrhous* . J'ai examiné le nombre de peaux et pris des nids et des œufs à maintes reprises, et je suis arrivé à la conclusion que notre type est très constant et diffère en même temps de tous les bulbuls à évents rouges décrits jusqu'ici. Les dimensions correspondent à celles données par Oates pour *M. hæmorrhous* , tandis que le noir de la calotte se termine assez brusquement sur l'arrière du cou, et ne se prolonge pas le long du dos, comme c'est le cas pour *M. intermedius* et *M. bengalensis* . En revanche, comme chez les deux dernières espèces, les couvertures auriculaires sont chocolat. De plus, je puis ajouter — bien que j'y attache peu d'importance — que les œufs de l'oiseau de Lucknow que j'ai vus sont, sans exception, beaucoup plus petits que mes œufs du véritable *M. intermedius* du Pendjab. Ma propre opinion est que la race Lucknow est le résultat d'une hybridation entre les trois autres espèces.

De plus, à Bannu, MD Donald a vu *M. intermedius* et *M. leucogenys* accouplés dans le même nid. Ce monsieur ne pouvait pas se tromper sur ce point, car cette dernière espèce a les joues blanches et le dessous des couvertures caudales jaunes, tandis que les joues de la première espèce sont de couleur foncée et la tache de plumes sous la queue est rouge. De même, Whitehead et Magrath, écrivant sur les oiseaux de la vallée de Kurram (*Ibis* , janvier 1909), rapportent que les premiers ont abattu pas moins de douze bulbuls, qui semblent sans aucun doute être des hybrides entre ces deux espèces. Comme ces hybrides diffèrent considérablement *entre eux* , il ne fait aucun doute qu'ils se reproduisent entre eux et avec les espèces parentales.

Symétrie dans la nature

La troisième affirmation de Wallace, selon laquelle si les deux faces des animaux à l'état de nature étaient semblables, une reconnaissance facile serait impossible parmi de nombreuses formes étroitement liées, nous rappelle avec force le triste cas du garçon dont la mère était tailleuse. *Humanum est errare* : elle a confectionné à son fils un pantalon qui se fermait derrière, de sorte que le pauvre garçon, en le portant, ne savait jamais s'il allait ou revenait de l'école ! Si les animaux sont capables de reconnaître leurs partenaires, leur symétrie bilatérale ne semble pas nécessaire pour leur permettre de distinguer leurs congénères des espèces alliées.

Il est en effet vrai que les animaux marqués asymétriquement sont très rarement observés à l'état sauvage, alors qu'ils constituent la règle plutôt que l'exception parmi les espèces domestiquées. Mais cela semble être dû, non pas à la nécessité de marques de reconnaissance dans la nature, mais au fait que les animaux qui présentent une tendance à amasser leurs pigments périssent dans la lutte pour l'existence, puisque cet amas de pigments semble être corrélé à une faiblesse de leur corps. Constitution. En d'autres termes, cet amas de pigment est une variation défavorable qui, dans des conditions naturelles, condamne son propriétaire. Dans les circonstances plus faciles de la domestication, les animaux qui sont irrégulièrement pigmentés sont capables de survivre, de sorte que, parmi eux, la tendance presque universelle à l'accumulation de pigments peut être suivie sans laisser ni entrave.

Il est inutile d'en dire davantage sur ce sujet. Les quelques faits que nous avons exposés suffisent à détruire cette excroissance particulière de la théorie darwinienne.

LA COLORATION DES FLEURS ET DES FRUITS

Aussi extrêmement intéressant que soit le sujet, nous ne pouvons examiner longuement la théorie généralement admise selon laquelle les marques de couleur et les parfums des fleurs sauvages sont le résultat de la sélection inconsciente exercée par les insectes.

Sans nier que beaucoup de fleurs profitent de leur coloration, que ces couleurs puissent parfois servir à attirer les insectes au moyen desquels s'effectuent les fécondations croisées, nous ne sommes pas prêts à aller jusqu'à admettre que toutes les couleurs, etc. , affichés par les fleurs et les structures florales sont dus à la sélection inconsciente exercée par les insectes. C'est une chose d'admettre que la couleur de ses fleurs est d'une utilité directe à une plante ; c'en est une autre d'affirmer que la couleur en question doit son origine et son développement à la sélection naturelle. Notre attitude à l'égard de l'explication généralement acceptée des couleurs des fleurs est similaire à celle que nous adoptons à l'égard de la théorie du mimétisme protecteur chez les animaux. Dans certains cas, nous sommes prêts à admettre que l'organisme imitant tire un bénéfice de la ressemblance ; mais cela, affirmons-nous, ne prouve pas que la sélection naturelle soit à l'origine de cette ressemblance.

Fécondation croisée ou autofécondation

La théorie selon laquelle les fleurs ont développé leurs couleurs afin d'attirer les insectes et ainsi garantir une fertilisation croisée, repose sur l'hypothèse que la fertilisation croisée est avantageuse pour les plantes. On peut se demander si cette hypothèse est justifiée. Il est vrai que de nombreuses expériences ont été réalisées, qui montrent que, dans de nombreux cas, les fleurs artificiellement autofécondées donnent relativement peu de graines. Mais les expériences de ce genre ne prouvent pas grand-chose.

Placer sur le stigmate du pollen provenant des anthères d'une même fleur, dans le cas d'une plante qui a été fécondée de manière croisée pendant de nombreuses générations, revient à soumettre la plante en question à une expérience nouvelle, une expérience qui peut être comparée à une transplantation. vers un autre sol. L'effet immédiat peut paraître défavorable, même si, si l'expérience se poursuit, les résultats finaux peuvent s'avérer bénéfiques pour la plante.

Le révérend G. Henslow affirme que c'est le cas de certaines fleurs fécondées artificiellement. Cet observateur affirme que si Darwin avait poursuivi ses recherches plus loin, il aurait probablement modifié son point de vue sur les bénéfices de l'autofécondation. La déclaration de Darwin selon laquelle « la nature a horreur de l'autofécondation perpétuelle » semble être aussi éloignée de la vérité que celle qui déclare que « la nature a horreur du vide ».

Du simple fait que les fleurs fécondées par croisement produisent une plus grande quantité de graines que lorsqu'elles sont autofécondées, il ne s'ensuit pas nécessairement que la fécondation croisée soit avantageuse. La quantité de graines produites n'est probablement pas toujours un critère quant aux avantages du croisement avec la plante. Certaines fleurs produisent le plus de graines lorsqu'elles sont fécondées par le pollen de fleurs appartenant à une espèce différente !

Il est significatif que certaines plantes produisent des fleurs cléistogames, c'est-à-dire des fleurs qui se fécondent invariablement. De telles fleurs ne s'ouvrent jamais ; afin que les visites d'insectes soient exclues.

Selon Bentham, la pensée (*Viola tricolor*) est la seule espèce britannique de *Viola* dont les fleurs voyantes produisent des graines. Les autres espèces se multiplient toutes par leurs fleurs cléistogames. Le genre *Viola* est une espèce avancée : il semblerait donc que la production de fleurs cléistogames constitue un progrès par rapport à la production de fleurs entomophiles. Les fleurs cléistogames sont évidemment plus économiques.

Dans le cas des malvas, des épilobias et des géraniums, où l'on voit côte à côte des races dont les individus produisent des fleurs fécondées par les insectes et celles qui se caractérisent par des fleurs autofécondées, ces dernières sont tout aussi prospères que les premières.

Le séneçon commun, qui, selon Lord Avebury, est « rarement visité par les insectes », prospère comme le laurier vert, comme de nombreux jardiniers le savent à leurs dépens. On peut en dire autant des mourons. A cet égard, il est important de garder à l'esprit que les angiospermes anémophiles ou fécondées par le vent, comme par exemple les graminées, sont considérées comme les descendants de formes fécondées par les insectes ou entomophiles.

Une objection importante à la théorie selon laquelle les couleurs des fleurs ont été développées parce qu'elles attirent les insectes a été avancée par M. E. Kay Robinson, à savoir que parmi les fleurs sauvages, les plus colorées sont les moins attrayantes pour les insectes.

« Montrez-moi, écrit-il à la page 222 de *The Country-Side* du 20 mars 1909, le collectionneur d'insectes qui cherchera des spécimens parmi les brillants coquelicots écarlates. A quoi lui sert l'églantier, avec ses grands disques d'un blanc rosé ? D'un autre côté, ne trouve-t-il pas que les fleurs de loin les plus attrayantes sont les fleurs presque invisibles du laurier euphorbe en février et mars, les chatons jaunâtres et pelucheux en mars et avril, les fleurs de ronce au milieu de l'été et les petites fleurs vertes du lierre en automne? Parmi celles-ci, seule la ronce a quelque prétention à colorer, et si vous essayez, comme je l'ai essayé, l'expérience consistant à arracher chaque pétale des branches de fleurs de ronce, vous constaterez que son attrait pour les papillons de nuit ne semble pas diminué.

« Le fait que les insectes visitent de nombreuses fleurs aux couleurs vives ne montre pas que la couleur les attire, quand on considère le fait qu'ils en négligent d'autres qui sont également colorées, tandis que les fleurs qu'ils hantent particulièrement sont discrètes. Les fleurs remarquables *qui contiennent une abondance de nectar* attirent les insectes, bien sûr, mais les fleurs discrètes qui contiennent du nectar aussi. Si elles n'ont pas de nectar, ni les fleurs visibles ni les fleurs discrètes n'attirent d'autres insectes que les mangeurs de pollen ou de pétales, dont les visites ne sont pas bonnes pour la plante. Cela montre que le nectar attire les insectes et que la couleur des fleurs ne fait aucune différence.

En automne, de nombreuses feuilles prennent des teintes vives et magnifiques. On ne pense pas que ceux-ci soient utiles à la plante. Les teintes et nuances automnales sont considérées, à juste titre, comme le vêtement de la mort et de la décadence. Ces couleurs sont le résultat de l'oxydation de la chlorophylle ou matière colorante verte des feuilles. Pourquoi les couleurs des pétales des fleurs, qui se fanent et se fanent bien avant les feuilles vertes, ne seraient-elles pas dues à une cause similaire ? Les couleurs vives des fruits sont censées avoir été affectées par la sélection naturelle afin d'attirer les animaux frugivores. Un animal affamé n'a sûrement pas besoin que sa nourriture soit de couleur vive pour le trouver ! Il ne faut pas oublier que pendant la plus grande partie de l'année, la plupart des animaux n'ont d'autre occupation que celle de trouver leur nourriture. Les fruits aux couleurs discrètes, comme ceux du lierre, sont fréquemment mangés par les oiseaux. Les couleurs vives de certains fruits mûrissants sont sans aucun doute celles de la pourriture. De nombreux champignons et algues ont des couleurs vives. Il n'est jamais laissé entendre que ceux-ci sont d'une utilité directe pour leur propriétaire.

Chaque fleur, chaque plante, chaque organisme doit avoir une couleur.

Chéri

De nombreuses plantes à fleurs produisent du miel. Selon certains botanistes, cela serait directement dû à la sélection naturelle, car le miel attire les insectes. Il est possible que ceux qui adoptent cette attitude mettent la charrue avant les boeufs. Il est probable que le miel, comme l'oxygène, est un produit ordinaire du métabolisme de la plante, et que les visites des abeilles et autres insectes sur ces plantes sont le résultat plutôt que la cause de la présence du miel. Boisier a constaté que certaines plantes, par exemple *la Potentilla tormentilla* et *la Geum urbanum* , donnaient du miel en Norvège, mais très peu près de Paris.

Il découvrit en outre qu'en approvisionnant copieusement certaines plantes en eau, il pouvait les inciter à produire plus que leur production normale de miel.

Comme à leur habitude, les néo-darwiniens ont poussé leur théorie des favoris jusqu'à l'absurde dans son application aux fleurs. Ils affirment que les visites des insectes sont responsables non seulement de la couleur générale de chaque fleur, mais aussi des diverses lignes, taches et autres marques des fleurs. Les lignes qui apparaissent fréquemment sur les pétales sont censées guider les insectes vers le miel ! Ce raffinement particulier du néo-darwinisme, pour citer Kay Robinson, « nécessite peu de discussion. Les insectes ont une très mauvaise vue. Vous pouvez le voir lorsqu'une abeille ou un papillon vole heurter un mur blanchi à la chaux ; lorsqu'une guêpe se jette sur une tache noire sur un sol ensoleillé, la prenant pour une mouche ; ou quand une libellule installée vous permettra de la frapper au visage avec le bout d'une canne, bien qu'elle s'éteindra comme un éclair si vous levez le bras. Il y a donc de fortes raisons de douter que les insectes puissent même voir les fines lignes dans la gorge des fleurs qui sont censées les guider vers le nectar. Il est également assez absurde de supposer que de telles lignes puissent être nécessaires, puisque les insectes viennent en essaim sur des fleurs discrètes et apparemment inodores ou sur des troncs d'arbres « sucrés » dans l'obscurité. Là où il y a du nectar, les insectes venus de loin au festin n'ont pas besoin de lignes au crayon pour les guider pendant le dernier quart de pouce de leur voyage.

Parfums de fleurs

Les néo-darwiniens affirment en outre que les parfums des fleurs ont été développés par sélection naturelle car ils servent à attirer les insectes vers les fleurs. À l'appui de cette affirmation, il est avancé que les fleurs les plus parfumées ne sont généralement pas les plus visibles, puisqu'il n'est pas nécessaire qu'une fleur soit à la fois très colorée et fortement parfumée. Encore une fois, les fleurs qui s'ouvrent la nuit sont généralement très parfumées.

Même si ce point de vue paraît plausible, il suscite de sérieuses objections. Celles-ci sont si admirablement résumées par Kay Robinson dans le numéro de *The Country-Side* du 27 mars 1909, que nous pensons ne pouvoir faire mieux que de reproduire ses paroles :

« Il est vrai que beaucoup de fleurs fortement odorantes sont visitées par les insectes, mais ces fleurs sont riches en nectar, et les insectes viennent malgré l'odeur, et non à cause d'elle. Ils visitent les fleurs sans parfum, pourvu qu'elles aient du nectar, également librement ; et ils ne visitent pas les fleurs qui ont un parfum sans nectar.

« D'ailleurs, les fruits sont plus généralement parfumés que les fleurs ; mais quelle explication ont ceux qui attribuent les parfums des fleurs aux goûts des insectes, aux parfums des fruits ? Les insectes qui visitent les fruits ne sont que des voleurs. Donc, si l'on dit que les plantes ont des parfums dans le but d'attirer les insectes, on accuse de tentative de suicide toutes les plantes qui ont des fruits parfumés.

« Il existe encore une fois une multitude de plantes aux feuilles parfumées. Ici aussi les insectes ne sont que des voleurs, et il est bien évident que l'odeur n'est pas utile pour attirer les insectes. Si donc vous adoptez la théorie des insectes pour expliquer les parfums des fleurs, vous devez inventer des théories entièrement nouvelles pour expliquer les parfums des fruits et des feuilles.

Il est donc évident que l'explication habituellement acceptée des couleurs, des parfums et des marques des fleurs est loin d'être satisfaisante.

La théorie de Kay Robinson

M. E. Kay Robinson a proposé dans des numéros récents de *The Country-Side* (20, 27 mars et 3 avril 1909) une explication tout à fait nouvelle du phénomène, et qui mérite un examen attentif. Il soutient que « la signification réelle, primaire et originale des couleurs, des marques, du nectar et des parfums des fleurs n'est pas d'attirer les insectes, mais de dissuader les animaux de brouter et de brouter ».

«Je dis», écrit-il, «que les animaux qui broutent et broutent évitent de manger des fleurs visibles. J'ai vu un troupeau de cinq cents moutons passer sur une bande de gazon bien grignotée d'un mètre de large sur la côte du Norfolk, broutant sur leur passage, et le nombre de fleurs de marguerites ouvertes après leur passage semblait le même qu'avant leur arrivée . Chacun des cinq cents moutons avait mangé quelque chose de ce pré d'herbe, et aucun n'avait mangé aucune des cent trente pâquerettes.

« Chaque été, les chevaux de la ferme sont transformés en le même vieux pâturage, et à mesure que l'été diminue, le champ présente toujours le même aspect : l'herbe verte pâturée de près, les grandes renoncules laissées en hauteur.

« Un jour, penché au-dessus d'un portail avec des amis, j'ai fait remarquer qu'un troupeau de moutons paissant dans un champ de sainfoin grignotait la verdure à proximité, mais ne mangeait pas les tiges fleuries, lorsqu'un mouton près de chez nous a accidentellement arraché un plant de sainfoin entier. les racines et j'ai commencé à les grignoter vers le haut. Pouce après pouce, la tige passa dans ses mâchoires, et je commençai à craindre qu'elle établisse une « exception » à ma règle. Mais, juste au moment où la grappe lumineuse de fleur de sainfoin rose était à moins de deux pouces de ses dents, elle a donné un pincement supplémentaire, et le capitule est tombé au sol, et le mouton a repris sa recherche de verdure.

« Je ne dis pas que cela arriverait toujours – je regretterais toute théorie qui dépendrait de l'intelligence d'un mouton – mais ce fut une leçon de choses très frappante pour mes deux compagnons ; et quiconque regarde autour de lui cet été avec un esprit curieux trouvera de nombreuses preuves que les animaux qui broutent, broutent et grignotent évitent les fleurs et s'en tiennent aux matières vertes lorsqu'ils peuvent les obtenir.

« Je ne dis pas que tous les animaux évitent les mêmes fleurs. Les chevaux, par exemple, peuvent ne pas aimer les grandes fleurs comme les roses et les fleurs jaunes visibles comme les renoncules, mais ils mordront des grappes plates de minuscules fleurs blanches ou jaune pâle, comme l'achillée millefeuille ou le panais sauvage. Ces distinctions faites par certaines espèces d'animaux se révéleront probablement dans l'avenir fournir des indications précieuses sur les régions d'origine de nos fleurs et de nos animaux. Des plantes telles que l'achillée millefeuille et le panais sauvage, par exemple, ne sont probablement pas originaires du territoire du cheval sauvage, car elles ne sont pas protégées contre lui.

« En règle générale, cependant, il existe de nombreuses preuves selon lesquelles les plantes aux fleurs remarquables obtiennent un grand avantage dans la lutte pour l'existence, car les animaux qui broutent et qui broutent les évitent ; alors qu'il n'y a aucune preuve réelle que les fleurs remarquables attirent les insectes.

Kay Robinson étend cette explication à la forme, au parfum et au nectar des fleurs. Il admet que beaucoup de fleurs sont adaptées aux visites des insectes, mais ce n'est, affirme-t-il, qu'un résultat secondaire. La « signification réelle et première » des formes de fleurs de configuration curieuse est, insiste-t-il, « un moyen de dissuasion pour les animaux en pâturage ou en broutage ».

Selon lui, les plantes, comme le muflier, qui ont « des fleurs en forme de bouche », sont évitées par les animaux au pâturage, car ils prennent ces fleurs pour des bouches et n'ont aucune envie d'être mordus ! Les orchidées, affirme-t-il, « sont fortement dissuasives pour les animaux qui paissent et broutent, qui recherchent des substances vertes, et considèrent ces fleurs criardes, araignées et ailées comme des créatures vivantes ». « Si ce n'est pas la vérité », demande-t-il, « un adepte de la théorie selon laquelle nous devons la forme des fleurs aux insectes expliquera-t-il pourquoi certaines de nos orchidées britanniques communes ressemblent tant aux abeilles, aux araignées, etc. ? Certains, qui n'ont aucune ressemblance particulière avec un insecte, présentent encore des formes étranges, évoquant pour l'esprit humain des êtres vivants, comme des lézards, etc. La raison pour laquelle ils ressemblent à des abeilles, des araignées, des lézards et diverses créatures non classées est assez simple. Les animaux au pâturage recherchent des substances vertes et ne souhaitent pas manger de créatures vivantes qui pourraient mordre, piquer ou avoir un mauvais goût. Ainsi les orchidées ont acquis le pouvoir de ressembler à des créatures.

«Tous ceux qui connaissent la fleur de la carotte sauvage, une tête plate composée de minuscules fleurs d'un blanc terne, doivent avoir remarqué combien souvent la fleur centrale de chaque tête est violacée ou noir rougeâtre. Cela la rend très visible au milieu du capitule plat et blanc. Or, quelle utilité concevable cette petite fleur noirâtre et stérile, à peine plus grosse qu'une tête d'épingle, peut-elle être pour la carotte sauvage si l'on considère la tête plate des fleurs blanches comme une attraction pour la vue des insectes ? Si, d'un autre côté, nous considérons à juste titre la tête plate des fleurs blanches comme une annonce aux animaux en pâturage qu'il ne s'agit pas d'une matière verte saine, mais de fleurs innutritives susceptibles d'être infestées de fourmis et d'autres insectes piqueurs, nous voyons immédiatement la grande utilité de cette petite fleur noirâtre au milieu. Cela ressemble à un insecte, et peut-être que dans la maison de la carotte sauvage se trouve un petit insecte noirâtre avec une odeur ou un goût particulièrement méchant - ou peut-être une puissante piqûre - que les animaux au pâturage évitent soigneusement chaque fois qu'ils peuvent le voir. Ainsi fleurit la carotte sauvage ; mais ici en Grande-Bretagne – où la carotte sauvage s'est désormais établie – nous pourrions ne pas comprendre au premier abord le sens exact de cette astuce. Je pense cependant que, lorsque nous le comprenons, cela s'inscrit admirablement dans la théorie selon laquelle les formes et les couleurs des fleurs sont principalement utiles pour dissuader les animaux de brouter et de brouter et non pour attirer les insectes.

« Ainsi voyons-nous, conclut-il, que les formes étranges de ces orchidées, qui sont une grande pierre d'achoppement pour ceux qui prêchent que nous devons les formes des fleurs aux goûts des insectes, deviennent une forte confirmation de leur nature. ma théorie selon laquelle nous devons la forme des fleurs aux animaux qui broutent et broutent.

À propos du nectar des fleurs, Kay Robinson écrit : « Comme il est avidement recherché par de nombreux insectes, dont les visites sont dans la plupart des cas utiles aux fleurs, il semble tout à fait naturel de supposer que nous voyons une cause et un effet à cet égard.

« Ici, cependant, je vais exposer ma théorie sur l'origine du nectar et des fleurs en général.

« Je pense qu'il ne fait aucun doute que toutes les parties d'une fleur sont des feuilles modifiées. Le type original de plante à fleurs — je pense que nous pouvons le supposer sans risque — avait une seule tige et produisait sa graine au sommet, comme couronnement de son effort annuel. La fleur, avant de devenir ce que nous pourrions reconnaître comme une fleur, était un groupe de feuilles protectrices autour des parties productrices de graines de la plante. Toutes les énergies de la plante étaient consacrées à la production de la graine et toutes les essences de la plante étaient concentrées dans la grappe de feuilles située au sommet de la tige. Si, au printemps prochain, vous manipulez et examinez les feuilles situées au bout des fortes pousses d'épines ou d'arbustes fruitiers, vous constaterez que la surface des jeunes feuilles est assez collante. Si vous observez également les animaux brouteurs, vous découvrirez que, contrairement à toute attente, ils n'aiment pas les pousses juteuses et à croissance forte, préférant évidemment les feuilles matures situées plus bas dans la branche. Cela montre, je pense, que les plantes ont le pouvoir de protéger leurs nouvelles pousses en y enfermant les huiles et les essences volatiles qu'elles produisent pour se protéger contre les animaux. Or, le nectar semble toujours désagréable pour les animaux qui broutent et broutent ; et ils n'aiment pas non plus les fleurs parfumées. Je pense donc qu'il est raisonnable de supposer que le nectar et les parfums qui distinguent aujourd'hui tant de fleurs ont d'abord été produits sous forme d'exsudation de sève concentrée sur la surface des feuilles protectrices autour des parties productrices de graines des fleurs originales. À mesure que ces feuilles devenaient protectrices plus efficaces en prenant des couleurs, des formes et des marques qui avertissaient les animaux de leur caractère, leurs appareils de production de parfum et de miel se spécialisèrent ; et à ce stade, l'insecte est apparu sur la scène comme un facteur de réussite de la plante.

Telle est donc la théorie audacieuse et originale de Kay Robinson. À certains égards, cela semble tiré par les cheveux. L'inclination naturelle est de se demander : « Est-il possible que le bétail soit si stupide, si aveugle, qu'il croie réellement qu'un muflier est la gueule d'un animal, ou qu'une orchidée est une araignée ?

Nous savons actuellement si peu de choses sur la psychologie animale que nous ne sommes pas encore en mesure de répondre à cette question. Les chevaux, nous le savons, sont susceptibles d'être effrayés par les choses les plus inoffensives, comme par exemple un morceau de papier brun qui traîne sur la route. La théorie de M. Robinson devrait stimuler l'étude de l'esprit des animaux, étude qui, si elle est correctement entreprise, jettera probablement un flot de lumière sur certains des problèmes de l'évolution. La théorie de M. Robinson, tout comme l'hypothèse ordinairement acceptée, échoue totalement à expliquer les origines premières des couleurs, des parfums, etc. Lorsqu'une fleur a acquis une certaine quantité de couleur, il est facile de comprendre comment cette fleur peut attirer les insectes ou repousser les insectes. Animaux de pâturage. Mais comment expliquer l'origine de la couleur ou d'une autre caractéristique ?

Nous avons demandé à M. Kay Robinson comment il expliquait le grand succès remporté dans la lutte pour l'existence de certaines espèces de graminées dont se nourrissent si largement les animaux herbivores. Il répondit, dans le numéro de *The Country-Side* , daté du 3 avril 1909 : -

« L'herbe a un mode de croissance qui défie l'animal au pâturage. Ses feuilles longues et fines poussent constamment vers le haut depuis le sol et, si elles sont broutées un jour, elles auront de nouveau poussé le lendemain. De plus, lorsque le brin d'herbe extérieur a épuisé sa puissance de croissance, il y a un autre brin à l'intérieur avec encore plusieurs pouces à pousser, et un autre à l'intérieur qui a à peine commencé à pousser, et encore un autre plus loin dans lequel n'a pas encore vu le jour. ; et ainsi de suite. Dans l'état de nature, les animaux au pâturage ne sont nulle part si nombreux sur une parcelle de terrain donnée, jour après jour, qu'ils maintiennent l'herbe en terre. S'ils l'étaient, les animaux carnivores resteraient là pour manger les animaux au pâturage, grossir et se multiplier. Ainsi les troupeaux au pâturage sont dispersés et errants, suivis partout où ils vont par les bêtes de proie ; et en leur absence, l'herbe pousse en avant, de sorte que lorsque les animaux au pâturage reviennent, sa touffe est plus grande et ses racines sont plus fortes, et elle est mieux à même de survivre aux attaques qu'auparavant.

« La méthode des trèfles et des trèfles est tout à fait différente. Lorsque les circonstances sont favorables et les ennemis peu nombreux, ils forment des touffes luxuriantes à grandes feuilles, avec de beaux capitules ; mais là où les animaux au pâturage abondent, ils ont le pouvoir de s'adapter aux circonstances modifiées. Ils rampent si près du sol que les dents de l'animal qui brout ne peuvent pas les ramasser dans l'herbe environnante, et ils produisent des feuilles si petites et si courtes que les manger équivaudrait à grignoter un tas de velours. Tout trèfle ou trèfle poussant ainsi en guise d'autodéfense est accepté comme le « trèfle » de l'Irlande ; et c'est certainement un bel emblème pour une race qui se considère comme survivant malgré une oppression incessante.

"Ce sont pourtant les raisons pour lesquelles les graminées et les trèfles ou les trèfles continuent d'enrichir les anciens pâturages alors que la plupart des autres plantes disparaissent, à l'exception des marguerites et des renoncules, et des oseilles acides."

Nous serions heureux d'entendre comment M. Robinson explique les fleurs remarquables de l'espèce de « figue de Barbarie » (*Euphorbia*), si abondante en Inde et qui n'est pas broutée par les animaux.

Nous regrettons de ne pas pouvoir consacrer plus de place à cette théorie des plus intéressantes. On peut seulement ajouter que, même s'il ne parvient pas à être largement accepté, il présente un grand intérêt car il montre qu'il est possible de proposer une explication plausible à un grand nombre de phénomènes, que neuf botanistes sur dix expliquent de manière très différente. .

La majorité des naturalistes sont si satisfaits de la « théorie des insectes » qu'ils semblent, ces dernières années, n'avoir prêté que peu d'attention au sujet de la coloration florale. Ceci offre un exemple frappant de l'influence pernicieuse que le néo-darwinisme exerce aujourd'hui sur l'esprit des hommes. Cela tend à étouffer la recherche au lieu de la stimuler.

Théories acceptées insatisfaisantes

Nous avons maintenant traité de la théorie de la coloration protectrice, de la théorie de la coloration d'avertissement, de la théorie du mimétisme et de la théorie des marques de reconnaissance. Nous avons montré que même si de nombreux organismes tirent incontestablement profit de leur difficulté à être repérés dans leur milieu naturel ou de leur ressemblance avec d'autres organismes, l'hypothèse selon laquelle cette discrétion ou ce mimétisme de ces animaux aurait été provoquée par la sélection naturelle des espèces de petites variations sont intenables.

Nous avons montré que les couleurs d'avertissement, bien que désavantageuses pour leurs propriétaires, sont parfois observées dans la nature car elles sont accompagnées d'un goût désagréable. La théorie des marques de reconnaissance doit, nous le craignons, être enterrée dans le cimetière des hypothèses éclatées.

L'extrême popularité des théories existantes concernant la coloration animale et leur acceptation très générale doivent être attribuées, premièrement, à leur simplicité ; deuxièmement, au fait qu'ils ont mis en lumière de nombreux phénomènes qui semblaient auparavant inexplicables ; troisièmement, si nous supposons, comme le font la grande majorité des biologistes, que l'évolution a été effectuée par l'accumulation de nombreuses variations, de faible degré et de direction indéfinie, nous semblons obligés soit d'accepter le néo-darwinisme, soit d'admettre que l'ensemble du sujet En d'autres termes, la coloration animale nous déconcerte de rejeter ce qui apparaît comme le cosmos et de lui substituer le chaos.

À quelques exceptions près, les livres qui traitent des couleurs des organismes, tout en mettant l'accent sur les preuves en faveur des théories généralement acceptées, semblent presque entièrement ignorer la multitude de faits qui ne semblent pas correspondre à celles-ci.

Cela est dû en grande partie aux préjugés presque inévitables de l'esprit humain lorsqu'il est obsédé par une théorie favorite. Il n'y a personne d'aussi aveugle que ceux qui ne veulent pas voir. C'est aussi, en partie, la conséquence de la négligence généralisée de la méthode scientifique de comparaison qui conduit les hommes à théoriser sur la base de preuves insuffisantes. Ceci est bien entendu le résultat naturel de la spécialisation en biologie. Les naturalistes ont l'habitude de limiter leur étude aux habitudes des animaux d'un pays particulier et d'en tirer ensuite des généralisations d'une grande portée.

Comme exemple du type de théorie à laquelle conduit cette méthode, nous pouvons citer la théorie souvent citée qui attribue la coloration verte de certains pigeons arboricoles frugivores à l'adaptation à une existence parmi les feuillages tropicaux, et ignore le fait qu'en Amérique les pigeons qui hantent les arbres ne sont jamais de cette couleur, et qu'elle n'est en aucun cas universelle, même parmi les pigeons de l'ancien monde.

Duvet blanc des oisillons

De même, une théorie a été avancée (WP Pycraft, *Knowledge*, 1904, p. 275) selon laquelle le duvet blanc de certains oiseaux nicheurs est une adaptation pour résister à la chaleur du soleil dans les nids ouverts. Ceci est immédiatement contredit par le fait que les jeunes hiboux, généralement éclos dans des endroits ombragés, sont aussi généralement blancs, tandis que les jeunes cormorans, vivant dans des nids ouverts, sont noirs ; pourtant les dards alliés, avec les mêmes lieux de reproduction dans certains cas, ont des petits blancs. De peur que l'on puisse penser que le noir a une valeur particulière chez un oisillon vivant exposé, mentionnons que les jeunes pétrels, qui naissent dans des trous, ont le duvet noir ou foncé.

Comme nous l'avons déjà souligné, les naturalistes, en acceptant trop facilement la théorie selon laquelle la variation est infime en degré et indéfinie en direction, ont soulevé des difficultés tout à fait inutiles, même pour l'hypothèse de la sélection. Nous avons cité certains faits qui semblent montrer que les variations, en règle générale, n'ont pas une direction indéfinie ; parmi ceux-ci, le plus frappant est fourni par les oiseaux chez lesquels les plumes de la queue sont très allongées. Si les variations étaient indéterminées, nous pourrions raisonnablement nous attendre à constater que l'élongation se produit dans une plume ou une paire de plumes particulière chez une espèce, dans une autre paire chez une deuxième espèce, dans une troisième paire chez une troisième espèce, et ainsi de suite. Mais ce n'est pas le cas; aucun oiseau n'a une *seule* longue plume dans sa queue, et quand deux sont allongées, comme c'est si souvent le cas, ce sont presque invariablement la paire du milieu ou la paire extérieure ; *par exemple* , chez le guêpier d'Europe et le faisan, c'est le premier, chez l'hirondelle et le coq noir, le second.

Les exceptions sont si rares qu'on pourrait presque dire qu'elles confirment la règle ; *Par exemple* , bien que la plupart des sternes aient les rectrices externes allongées, chez certaines sternes noddies (*Anous* , *Gygis*), la troisième paire, chez d'autres la quatrième paire, de rectrices est la plus longue. Cela doit signifier l'une des deux choses suivantes : soit que la variation, en ce qui concerne la longueur des plumes de la queue, autre que celle du milieu ou de l'extérieur, ne se produit pas habituellement, soit qu'elle se produit, mais qu'elle est, d'une certaine manière, contraire au bien-être de l'espèce. . Cette dernière hypothèse ne semble pas probable, car les Oui-Oui sont des oiseaux particulièrement abondants là où ils se trouvent, c'est-à-dire dans les mers tropicales ; par conséquent, nous pouvons seulement conclure que cette variation particulière ne s'est pas produite chez les oiseaux dans leur ensemble.

Nous avons apporté de nombreuses preuves démontrant que des mutations ou des variations discontinues se produisent dans la nature ; et comme ceux-ci fournissent un matériau beaucoup plus favorable sur lequel la sélection naturelle peut agir, il est raisonnable de supposer qu'ils ont joué un rôle considérable dans l'évolution.

En discutant des phénomènes d'hérédité, nous avons tenté de montrer que, de manière non improbable, ces variations discontinues sont dues à un certain réarrangement des éléments constitutifs des caractères unitaires, ou molécules biologiques, comme nous les avons appelés.

Grues

A ce propos, nous pouvons mentionner le phénomène apparemment singulier de différentes espèces d'un même groupe naturel, présentant soit un excès soit un déficit de plumage sur la tête. Parmi les grues, la plupart des espèces sont plus ou moins chauves ; mais la Demoiselle (*Anthropoides virgo*) a une tête entièrement emplumée avec de longues plumes latérales, tandis que la tête de la Grue Stanley (*A. paradisea*) semble renflée, tant elle est abondamment emplumée. Les grues couronnées, bien que joues nues, possèdent une double crête dont les deux parties ont été comparées respectivement à un essuie-stylo et à un tas de cure-dents !

Parmi les pintades, plusieurs espèces sont huppées, tandis que d'autres, comme par exemple la domestique, sont tête nue. Or, selon la théorie de l'évolution, par accumulation de variations infimes, de tels phénomènes sont difficiles à expliquer ; mais, en supposant qu'un léger réarrangement des atomes biologiques dans la molécule puisse produire des résultats très divers, comme nous le voyons dans le cas des molécules chimiques et des papillons dimorphes selon les saisons, il n'y a aucune raison particulière de s'étonner d'un tel phénomène.

A ce propos, nous pouvons citer le fait significatif, si bien connu des éleveurs de canaris, que deux oiseaux à crête, une fois accouplés, ont tendance à en produire un à tête chauve.

Si la couleur d'une partie quelconque d'un organisme est due à la disposition interne des éléments constitutifs de la molécule biologique dont elle est issue, nous devrions nous attendre à ce que tout réarrangement des éléments constitutifs produise une couleur tout à fait différente. En d'autres termes, nous devrions nous attendre à observer occasionnellement des mutations de couleur. C'est précisément ce que nous voyons. De même, si le schéma de coloration d'un organisme est dû à un certain groupement de molécules biologiques, nous devrions nous attendre à ce que le même schéma de coloration se produise dans des organismes qui ne sont pas étroitement apparentés. Cela aussi, nous l'observons dans la nature.

Beaucoup de phénomènes de mimétisme, et tous les cas que nous avons cités comme pseudo-mimétisme, nous paraissent y être rattachés.

Coloriage Pie

Prenons, par exemple, la coloration de la pie chez les oiseaux, c'est-à-dire un schéma de coloration dans lequel le corps est blanc et la tête, les ailes et la queue noires. Cela se produit chez les oiseaux suivants appartenant aux groupes les plus divers : -

La Pie.

Le Tangara pie (*Cissopis leveriana*).

Le Merle Magpie (*Copsychus saularis*), coq uniquement ; chez la poule, le noir est remplacé par du gris brunâtre.

Le Méliphage pie (*Entomophila picata*).

Le Corbeau de l'aumônier (forme au corps blanc du corbeau à capuche).

La Pie-grièche de Nouvelle-Irlande (*Artamus insignis*).

L'Oie Pie (*Anseranas melanoleucus*).

Les combinaisons de ce genre, dans lesquelles le noir est remplacé par du brun ou du gris, sont excessivement rares.

Par contre, on voit chez plusieurs oiseaux la combinaison dans laquelle le blanc est remplacé par du jaune :

Le Troupial commun (*Icterus vulgaris*).

L'Oriole à tête noire (*Oriolus melano cephalus*).

Le Gros-bec noir et jaune, mâle uniquement.

Ce que l'on pourrait appeler une coloration imparfaite de la pie, *c'est-à-dire* où la tête devient blanche, se produit chez plusieurs espèces d'oiseaux. La tête d'une espèce noire devient parfois blanche par mutation ; chez le canard de Barbarie domestique, par exemple, on produit parfois un individu ayant la tête blanche, bien que le noir du reste du plumage reste inchangé.

Comme exemples de ce schéma de coloration, nous pouvons citer :

Pigeons fruitiers noir et blanc (*Myristicivoræ*).

Plusieurs Fous de Bassan (*Sula capensis* , *S. serrator* , etc.)

Milan à queue fourchue (*Elanoides furcatus*).

Plusieurs cigognes (*Euxenura maguari* , *Anastomus oscitans* , *Pseudotantalus cinereus*).

De plus, une variété commune de volaille de grange a également un corps blanc et des primaires et une queue noires, ce qui montre que cette palette de couleurs peut résulter d'une mutation.

Une élimination plus poussée du noir dans la queue et le corps nous conduit à des oiseaux blancs aux ailes plus ou moins noires :

Cigognes blanches (*Ciconia alba* , *C. boyciana* et *Euxenura maguari*).

La Grue blanche (*Grus leucogeranus*).

Les Oies des neiges (*Chen nivalis* , *C. rossi*).

Le Fou de Bassan (*Sula bassana*).

La Buse Blanche (*Leucopternis*).

Les vautours charognards (*Neophron*).

Une combinaison récurrente chez les mammifères est le noir, avec une marque blanche sur la poitrine.

La plupart des ours, même les jeunes ours bruns, ont cette tendance. On le trouve également chez le diable de Tasmanie et chez certaines variétés de nos chats, rats et chiens domestiques ; également chez le canard domestique.

Le pelage tacheté de blanc, pas rare chez les cerfs, en particulier les faons, est curieusement répété chez les marsupiaux carnivores australiens, connus sous le nom de chats indigènes (*Dasyurus*).

Chez les animaux domestiques, nous trouvons fréquemment la localisation suivante du blanc : chaussettes, collier, poitrine et museau blancs. Cet arrangement se produit chez les chats, les chiens, les lapins, les cobayes et les souris, ainsi que chez le cheval et le cochon, mais sans le collier. Cet arrangement ne se voit pas chez les chèvres, les bovins ou les moutons, ni chez les animaux sauvages d'aucune sorte. Ceci amènerait à conclure que la combinaison est corrélée à un certain caractère défavorable à la survie dans des conditions naturelles.

De nombreuses variations qui surviennent fréquemment chez les animaux sauvages et domestiques ne persistent pas dans la nature.

Albinos

Comme exemples de telles variations, on peut citer les formes albinos pures, c'est-à-dire celles dans lesquelles aucun pigment n'est présent dans les yeux.

Il est facile de comprendre pourquoi cette variation ne peut pas persister dans la nature. Ses propriétaires sont handicapés par une mauvaise vue et n'ont donc aucune chance de survivre dans la lutte pour l'existence. C'est ainsi qu'agit la sélection naturelle. En revanche, les espèces blanches aux yeux pigmentés sont assez nombreuses. Ceux-ci jouissent d'une vue normale, mais ont le désavantage d'être facilement vus par leurs ennemis. Nous constatons donc que les espèces blanches se trouvent généralement dans un habitat enneigé ou sont puissantes et capables et prêtes à se défendre. A cet égard, il est intéressant de noter qu'en Nouvelle-Zélande, tous les oiseaux, qu'ils soient introduits ou indigènes, sont particulièrement sujets à l'albinisme. Grâce au petit nombre d'ennemis, ces formes albinos peuvent persister.

Une variation, ou plutôt une mutation, qui se produit fréquemment chez les oiseaux domestiques, mais que l'on observe chez très peu d'espèces sauvages, est celle qui prend la forme de plumes primaires blanches sur l'aile. Cette variation doit souvent se produire dans la nature, mais elle s'établit rarement, apparemment parce que les plumes blanches ne résistent pas aussi bien à l'usure que les plumes colorées.

Molécules biologiques et couleur

La coloration noire et jaune se produit chez plusieurs espèces d'oiseaux largement séparées. La disposition des deux couleurs suit en quelque sorte les mêmes règles que la combinaison du noir et du blanc.

Plusieurs oiseaux ont un corps jaune avec une tête, des ailes et une queue noires, comme :

L'Oriole à tête noire (*Oriolus melanocephalus*).

Le Gros-bec noir et jaune (*Pycnorhamphus icteroides* , *P. affinis*) (coq).

Le Troupial commun (*Icterus vulgaris*).

Chez d'autres, le noir sur la tête est presque ou complètement supprimé, celui sur la queue restant plus ou moins étendu ; tels sont...

Les Loriots dorés (*Oriolus galbula* , *O. kundoo* , etc.).

Plusieurs espèces d' *Icterus* .

Plusieurs mouches du genre *Piezorhynchus* (mâles uniquement).

TROUPIAL BRÉSILIEN

Cette espèce (*Icterus vulgaris*) est celle la plus fréquemment
observée en captivité ; le motif de couleur se retrouve dans
plusieurs autres formes alliées.

ORIOLE INDIEN À TÊTE NOIRE

Plusieurs autres loriots (*O. melanocephalus*) ont la tête noire.

Nous en avons dit assez pour montrer que certaines
combinaisons de couleurs se reproduisent dans la nature chez des

espèces qui ne sont ni étroitement apparentées les unes aux autres, ni soumises à un milieu semblable. Il est difficile, voire impossible, de justifier de tels phénomènes sur la base de la théorie selon laquelle la sélection naturelle, agissant sur des variations infimes, est responsable de toutes les colorations variées du règne animal. Les faits concordent cependant avec l'hypothèse selon laquelle l'organisme est le résultat de la croissance et du développement d'un certain nombre d'unités ou de molécules biologiques qui existent dans l'œuf fécondé.

Si cette supposition est vraie, la coloration de chaque animal doit être due au développement d'une ou plusieurs de ces molécules. La coloration peut être l'expression de la disposition de toutes les molécules dans l'œuf fécondé, ou elle peut être due au développement d'un certain nombre de molécules dont la fonction est de déterminer la coloration d'un organisme, ou encore elle peut être le résultat du développement de une de ces molécules, qui peut-être se divise de telle manière qu'une partie s'attache à chacune des autres molécules.

Mais il est vain de spéculer sur ce point. Comme nous l'avons déjà souligné, la tendance à élaborer des théories élaborées sur des bases très minces est un défaut trop fréquent des zoologistes. Nous désirons simplement souligner le fait que les phénomènes de coloration animale nous obligent presque à conclure que la coloration de chaque organisme est le résultat du développement d'un certain nombre d'unités.

On pourrait objecter que, si tel est le cas, le nombre des unités qui contribuent à la couleur de tout organisme doit être extrêmement grand, puisque nous voyons dans la nature un nombre presque illimité de schémas de coloration différents. Si la couleur de chaque animal est le résultat du développement de quelques unités, on pourrait penser, premièrement, que la diversité des schémas de coloration que nous observons dans la nature ne pourrait pas se produire ; et deuxièmement, que, dans de telles circonstances, le motif coloré d'un oiseau ou d'un animal devrait être de la nature d'une mosaïque, chaque couleur étant nettement définie et séparée de toutes les autres couleurs, au lieu que les couleurs se fondent les unes dans les autres, comme c'est le cas. c'est si souvent le cas.

De telles objections seraient fondées sur une conception erronée quant à la nature des unités qui se combinent pour produire la coloration d'un organisme. *Ces unités se présentent comme des centres de développement de la couleur* , comme des points à partir desquels la couleur ou le colorant qu'elles représentent s'étend jusqu'à ce qu'elle rencontre et se mêle à d'autres taches de couleur qui se développent à partir d'autres centres. La couleur produite dans un centre peut se propager plus rapidement que celle qui se forme dans un autre centre ; cela entraînera bien sûr une prépondérance dans l'organisme de la couleur produite au premier centre.

De plus, nous devons garder à l'esprit que le développement de chaque unité productrice de couleur est largement affecté par des conditions extérieures, comme nous le verrons en traitant du dimorphisme sexuel.

Plus d'un naturaliste, qui a prêté une attention particulière au sujet de la coloration des animaux, a perçu qu'à travers la diversité apparemment infinie des colorations des organismes, il existe quelque chose comme un ordre.

M. Tylor cité

Il y a plus de trente ans, M. Alfred Tylor a attiré l'attention sur ce fait important. Cet observateur, dont les vues rencontrèrent l'approbation de Wallace, était d'avis que la couleur suit la structure et que, chez un animal multicolore, elle change aux points où la fonction change.

« Si, écrit M. Tylor, nous prenons des espèces très décorées, c'est-à-dire des animaux marqués par des bandes ou des taches alternativement sombres ou claires, comme le zèbre, certains cerfs ou les carnivores, nous constatons d'abord que la région de la colonne vertébrale est marquée par une bande sombre ; deuxièmement, que les régions des appendices ou des membres sont marquées différemment ; troisièmement, que les flancs sont rayés ou tachetés, le long ou entre les régions des lignes des côtes ; quatrièmement, que les régions des épaules et des hanches sont marquées par des lignes courbes ; cinquièmement, que le motif change ainsi que la direction des lignes ou des taches au niveau de la tête, du cou et de chaque articulation des membres ; et enfin que le bout des oreilles, du nez, de la queue et des pieds, ainsi que les yeux, soient soulignés de couleur.

Plus récemment, MJ Lewis Bonhote a consacré beaucoup d'attention à ce sujet important. Les résultats de ses recherches sont résumés à la page 185 du vol. XXIX. des *Actes de la Linnæan Society* , et à la page 258 des *Actes du Quatrième Congrès Ornithologique International* , 1905. M. Bonhote déclare que la présence ou l'absence de couleur tend presque invariablement à apparaître, en premier lieu, sur certaines étendues définies. , commun aux mammifères comme aux oiseaux, qu'il appelle *pœcilomères* .

Poécilomères

« Les poécilomères, écrit-il, sont situés sur les parties suivantes, à savoir le menton, la raie malaire, la raie maxillaire, une tache au-dessus et légèrement en avant de l'œil, une tache en dessous ou légèrement en arrière de l'œil, l'oreille, la couronne. de la tête, de l'occiput, de l'avant du sternum, du bas-ventre, de la croupe, des cuisses, du poignet, des épaules (au-dessus et en dessous).

« Or, il n'y a presque aucune espèce d'oiseau sur laquelle un ou plusieurs de ces pœcilomères ne soient « repérés » (pour employer l'expression d'un peintre) dans une couleur différente de celle des parties environnantes, et, en fait, la plupart des on retrouvera sur ces patchs des marquages dits de reconnaissance ou de protection.

« D'un autre côté, chez de nombreuses espèces, la différenciation de couleur sur les pœcilomères n'est pas si frappante qu'elle attire l'œil ou serve de quelque manière que ce soit à la protection ou au mimétisme, et pourtant nous les trouvons encore marquées par des différences de couleur si légères que , *à moins d'être particulièrement recherchés, ils ne seraient jamais remarqués* .

« Ou encore, certaines espèces présentent occasionnellement, mais non invariablement, quelques plumes blanches sur certaines parties de leur corps, et, lorsque tel est le cas, on constatera que ces plumes blanches apparaissent sur les pœcilomères. . . . Il n'existe pratiquement aucune espèce dans laquelle on ne trouve pas d'exemples de ces pœcilomères. . . . Le Martin-pêcheur (*Alcedo ispida*) montre très clairement les différents pœcilomères de la tête et, comme exemples de différences discrètes sur ces étendues, le croupion du Bruant poule (*Passer domesticus*) et du pinson femelle (*Fringilla cœlebs*), la bande malaire et la tache sombre sur l'oreille. du Bruant jaune (*Emberiza citrinella*) et la tache sombre ante-orbitale de la Chouette effraie (*Strix flammea*) en sont des exemples familiers. Et enfin, comme exemple de la classe où apparaissent fréquemment, mais non invariablement, quelques plumes blanches, les jeunes du coucou (*Cuculus canorus*) constituent un bon exemple.

"Ces taches peuvent cependant apparaître de manière transitoire, comme par exemple lorsqu'un changement de plumage (pas nécessairement une mue) se produit."

À titre d'exemple, Bonhote cite le cas d'un jeune mâle Shoveler (*Spatula clypeata*), « chez lequel la couleur métallique de la tête s'est d'abord manifestée sur les pœcilomères post-orbitaux et auriculaires, se rencontrant et se rejoignant progressivement à travers la tête avec la couronne et les pœcilomères occipitaux, puis s'étendent finalement vers l'avant. Et il peut être bon de noter que la jonction des pœcilomères auriculaires et post-orbitaux a formé une tache métallique similaire en taille et en position à celle trouvée chez la Sarcelle mâle (Querquedula crecca) , et, de plus, dans la dernière étape, lorsque toute la tête, à l'exception de la partie autour du bec, était métallique, les marques sont similaires à celles trouvées en permanence chez le Fuligule milouinan (*Fuligula marila*).

« Maintenant, ces ressemblances se produisant chez le pelleteur sauvage de race pure normale, la question de la réversion ne se pose pas, et personne ne supposerait que ces ressemblances sont dues à autre chose qu'une variation transitionnelle, et c'est l'objet de cette partie du papier pour montrer que la variation de couleur suit des lignes définies.

Molécules biologiques

M. Bonhote poursuit : « Pour illustrer à quel point ces lignées sont largement répandues dans les règnes mammifères et aviaires, nous pouvons noter l'hypothèse de la tête brune dans le cas de la Mouette rieuse (Larus ridibundus), qui suit invariablement chacune d' *elles* . année selon des lignes similaires à celles liées dans le cas du pelleteur, et . . . la méthode par laquelle, à l'approche de l'hiver, l'hermine prend sa robe blanche est (bien que le changement soit du brun au blanc) à nouveau conduite selon des lignes exactement similaires. M. Bonhote soutient avec force que, comme le processus se produit chez deux animaux très éloignés, la cause fondamentale doit être profonde. Il ne fait aucun doute que ces pœcilomères de Bonhote sont liés à nos molécules biologiques. Chacun de ces pœcilomères est le résultat du développement d'un de ces caractères unitaires ; chacun doit être considéré comme le centre d'activité, la sphère d'influence d'une molécule biologique, ou la partie d'une molécule biologique, qui contrôle la coloration d'une région définie de l'organisme. Dans le cas de créatures qui affichent partout la même couleur, ces molécules donnent toutes lieu au même type de coloration ; dans le cas d'animaux qui présentent une variété de couleurs et de marques, les différentes molécules donnent naissance à diverses couleurs. Mais il faut garder à l'esprit que la couleur finale à laquelle donne naissance chaque molécule productrice de couleur dépend dans une certaine mesure de circonstances autres que la constitution de la molécule. C'est ainsi que les jeunes de la plupart des organismes diffèrent par leur couleur et leurs marques de ceux des adultes. De cela dépendent aussi les phénomènes de dimorphisme saisonnier et sexuel. La même molécule productrice de couleur peut donner naissance à une couleur dans un ensemble de conditions et à une couleur totalement différente dans un autre ensemble de conditions.

Il est significatif que, dans des conditions anormales, les plumes des oiseaux tendent à disparaître précisément aux endroits où se trouvent les pœcilomères de Bonhote.

Ainsi, chez un oiseau de cage malade, les plumes ont fréquemment tendance à tomber aux endroits suivants : sommet de la tête, lores, mâchoires, tête en général, croupe, bas-ventre et cuisses.

De nombreux oiseaux sauvages, comme par exemple les grues, présentent des taches de peau nue sur la tête, généralement situées sur les pœcilomères. De même, les développements naturels excessifs du plumage ont tendance à se produire sur les pœcilomères, ou plutôt sur les taches caractérisées par les pœcilomères, par exemple la traîne du paon. Le plumage du Loral, il est vrai, est rarement long, mais il est souvent d'une nature particulière.

Les mutations de couleur ont tendance à se produire sur les pœcilomères. C'est ainsi que ces pœcilomères forment souvent les caractères distinctifs et les marques d'espèces alliées. C'est précisément ce à quoi on devrait s'attendre si les pœcilomères correspondent à des molécules biologiques et que les mutations sont le résultat du réarrangement des éléments constitutifs de ces molécules.

Plus significatif encore est le fait que les marques de couleur chez les hybrides ont tendance à suivre les pœcilomères.

Bonhote a réalisé un grand nombre d'expériences sur l'hybridation de canards. Certains de ses hybrides étaient issus de trois ancêtres purs, comme par exemple le canard pilet, le bec tacheté et le canard colvert ; d'autres sont issus de deux ancêtres. Certains de ces hybrides ont été croisés avec d'autres hybrides, et d'autres avec les formes parentales, c'est pourquoi Bonhote a obtenu un certain nombre d'hybrides, dont chacun avait une apparence distinctive ; mais *toutes* les variations apparaissant parmi les hybrides commençaient sur un ou plusieurs des pœcilomères.

Certains des hybrides présentaient une ressemblance avec l'une ou l'autre des espèces parentales, d'autres ne différaient d'aucun des deux parents et ne ressemblaient soit à aucune espèce connue, soit à des espèces autres que leurs parents.

Lorsqu'un hybride présente une ressemblance avec une espèce autre que celle à laquelle appartient l'un ou l'autre de ses parents, on dit qu'il présente un phénomène d'atavisme ou de réversion : l'individu est censé avoir été « renvoyé » à une forme ancestrale.

La véritable explication du phénomène semble être que, à la suite du croisement, des molécules biologiques se sont formées dans l'œuf fécondé qui, au cours du développement, donnent naissance à des combinaisons de couleurs semblables à celles observées chez d'autres espèces.

Ainsi, les phénomènes de « mimétisme » et de « réversion » sont, selon nous, dus au fait que dans l'œuf fécondé, à la fois le modèle et sa copie, on obtient un arrangement similaire de molécules biologiques. Si nous considérons l'acte sexuel comme ressemblant à bien des égards à une synthèse chimique, le phénomène ne doit pas nous surprendre.

En résumé, les faits observés sur la coloration animale semblent indiquer qu'il existe dans chaque organisme quelque douze ou treize centres de coloration, qui, selon nous, pourraient correspondre à des parties de l'œuf fécondé. À partir de chacun de ces centres, la couleur se développe et se propage, de sorte que chaque partie de l'organisme finisse par être colorée. Ces centres de coloration ne sont pas tout à fait indépendants les uns des autres. Parfois, ils donnent tous la même teinte, auquel cas nous avons un organisme de couleur uniforme, comme le corbeau. Le plus souvent, de l'un se développe une couleur, et de l'autre une autre couleur ; si ces deux couleurs sont le noir et le blanc, le résultat est un organisme pie, qui présente un motif défini en raison de la corrélation des différentes molécules biologiques produisant la couleur.

Il arrive ainsi parfois que deux organismes très différents présentent des marquages très similaires et se ressemblent donc. Lorsqu'on croit que cette ressemblance est avantageuse pour l'une ou l'autre des espèces de même couleur, les naturalistes appellent cela du mimétisme et affirment que la ressemblance est due à l'action de la sélection naturelle ; mais là où aucun des deux organismes ne peut profiter de la ressemblance, les zoologistes ne tentent pas de l'expliquer. Ce que nous suggérons, c'est que la coloration d'un animal dépend de la structure, ou, en tout cas, de la nature, des parties de l'œuf qui produisent ces centres de couleur. Mais ce n'est en aucun cas la seule cause qui détermine la coloration de l'organisme. Si tel était le cas, les jeunes créatures dans leur premier plumage ressembleraient invariablement à leurs parents, les deux sexes seraient toujours semblables et il n'y aurait pas de phénomène tel que le dimorphisme saisonnier.

En effet, les portions de l'œuf (nous les appelons, par souci de clarté, molécules biologiques productrices de couleur) qui donnent naissance aux pœcilomères ne se présentent que sous la forme de tendances ; la forme finale que prendra la coloration dépend dans une large mesure de circonstances autres et étrangères, telles que la sécrétion d'hormones.

C'est ainsi que les organismes semblent afficher une diversité de coloration presque infinie. Mais derrière toute cette diversité se cache quelque chose comme de l'ordre. Il arrive parfois (*pourquoi* , nous ne le savons pas) qu'une ou plusieurs des molécules biologiques qui composent le noyau de l'ovule fécondé soient altérées au cours de l'acte sexuel, de sorte qu'une variation ou une mutation discontinue apparaisse dans l'acte sexuel qui en résulte. organisme. La mutation peut être favorable, ou bien n'affecter en rien les chances d'un organisme dans la lutte pour l'existence, ou bien être défavorable. Dans le dernier des trois cas, l'organisme périra prématurément et ne laissera aucune descendance présentant sa particularité.

C'est ainsi qu'agit la sélection naturelle. La sélection naturelle élimine sans relâche tous les organismes qui présentent des variations défavorables. Il est donc évident qu'il peut exister, et nous pensons qu'il existe, de nombreuses espèces qui possèdent des caractères qui ne leur sont pas directement utiles, ou même qui sont légèrement nuisibles. C'est pour cette raison que Wallace et ses disciples échouent dans leurs tentatives de prouver que chaque tache de couleur dans chaque organisme est d'une utilité directe. La sélection naturelle doit prendre un animal tel qu'il le trouve : le bien avec le mal. Si un organisme dans son ensemble ne manque pas, c'est-à-dire s'il est capable de se défendre contre d'autres organismes et s'il est apte à occuper n'importe quelle place dans la nature, cet organisme survivra probablement, même s'il peut être défectueux dans de nombreux domaines. respects. Comme son nom l'indique, la sélection naturelle est un simple agent de sélection. Il doit choisir parmi ce qui lui est présenté. Ce n'est pas, comme beaucoup semblent le penser, un fabricant ou un inducteur de variations. La sélection naturelle ne peut pas plus *faire* varier un animal dans une direction donnée que l'éleveur humain. Son pouvoir se limite à détruire toutes les variations qui ne passent pas le test qu'il prescrit.

CHAPITRE VII
DIMORPHISME SEXUEL

Signification du terme — Fatal pour le wallacisme — Sélection sexuelle — La loi du combat — Préférence féminine — Sélection mutuelle — Les expériences de **Finn** — Objections à la théorie de la sélection sexuelle — L'explication de **Wallace** sur la sexualité dimorphisme sexuel énoncé et démontré insatisfaisant — L' explication de Thomson et Geddes s'est révélée inadéquate — La théorie de **Stolzmann** énoncée et critiquée — Explication néo -lamarckienne du dimorphisme sexuel énoncée et critiquée — Quelques caractéristiques du dimorphisme sexuel — Dissimilitude La différence de sexe apparaît probablement comme une mutation soudaine. Les quatre sortes de mutations . Le dimorphisme sexuel s'étant manifesté, la sélection naturelle détermine si les organismes qui le manifestent survivront ou non.

Chez certaines espèces, les sexes sont si semblables en apparence qu'il n'est pas possible de déterminer par une simple inspection extérieure à quel sexe appartient un individu donné.

Chez d'autres espèces, les sexes diffèrent tellement par leur apparence extérieure qu'il est difficile de croire que le mâle et la femelle appartiennent à la même espèce. Entre ces deux extrêmes se trouvent un grand nombre d'espèces dont les sexes sont plus ou moins dissemblables. Les espèces dont les sexes diffèrent en apparence sont dites sexuellement dimorphes. Les phénomènes de dimorphisme sexuel sont fatals à cette forme de néo-darwinisme qui voit dans la sélection naturelle une explication de toutes les particularités de la structure et de la coloration des animaux.

Il n'est pas facile de comprendre comment la sélection naturelle a pu provoquer un dimorphisme sexuel marqué chez une espèce où les habitudes des sexes sont les mêmes, chez le Moucherolle du Paradis (Terpsiphone paradisi), par exemple, où le *coq* et la poule obtiennent leur nourriture en de la même manière et partagent à parts égales les tâches de construction du nid, d'incubation et d'alimentation des jeunes.

Bien entendu, dans toutes les espèces où chaque individu ne porte qu'une des deux sortes d'organes sexuels, il doit nécessairement y avoir une légère différence entre les individus qui portent l'organe mâle, qui remplit une fonction, et ceux qui portent l'organe femelle, qui remplit une autre fonction.

Mais chez beaucoup d'espèces, les sexes présentent des différences qui n'ont aucun rapport direct avec les organes génitaux : par exemple chez le cerf, où le cerf seul a des cornes.

Les caractères qui diffèrent selon le sexe, mais qui ne sont pas directement liés aux organes de reproduction, sont appelés caractères sexuels secondaires.

REINE POURQUOI

Cette espèce (*Tetraenura regia*) est un exemple typique de dimorphisme sexuel saisonnier, le mâle étant à longue queue et visiblement coloré uniquement pendant la saison de reproduction, et ressemblant à d'autres moments à la femelle ressemblant à un moineau.

Théorie de la sélection sexuelle

Dans presque toutes les espèces où le mâle et la femelle diffèrent par la beauté, c'est le mâle qui surpasse la femelle. La sélection naturelle n'est, dans de nombreux cas, pas en mesure d'expliquer l'origine de ces différences, ni pourquoi, lorsqu'elles se produisent, le mâle devrait être plus beau que la femelle. C'est ce que Darwin a vu. Afin de rendre compte des phénomènes de dimorphisme sexuel, il formule la théorie de la sélection sexuelle. Cette hypothèse repose sur l'hypothèse selon laquelle il existe, chez toutes les espèces animales, une compétition entre les mâles pour obtenir des femelles comme partenaires. Il n'est pas difficile de comprendre comment cette compétition naît chez les espèces polygames. En supposant qu'un nombre à peu près égal de mâles et de femelles naissent (hypothèse qui semble justifiée pour la majorité des espèces), il est clair que pour chaque mâle ayant plus d'une épouse, au moins un mâle sera obligé de vivre dans un état de béatitude unique.

Mais comment peut-il y avoir concurrence dans le cas d'espèces monogames ? Les sexes étant à peu près égaux en nombre, il y a suffisamment de femelles pour permettre un partenaire pour chaque mâle.

La loi du combat

Telle est la nature des choses, disait Darwin, que, même dans ces circonstances, il existe une compétition entre les hommes pour les femmes.

« Prenons n'importe quelle espèce, écrit-il à la page 329 de *The Descent of Man* (Ed. 1901), par exemple un oiseau, et divisons les femelles habitant un district en deux corps égaux, l'un étant constitué de la plus vigoureuse. et les individus les mieux nourris, et l'autre des individus moins vigoureux et moins sains. Les premiers, il ne fait aucun doute, seraient prêts à se reproduire au printemps avant les autres ; et c'est l'opinion de M. Jenner Weir, qui a soigneusement observé les habitudes des oiseaux pendant de nombreuses années. Il ne fait également aucun doute que les reproducteurs les plus vigoureux, les mieux nourris et les plus précoces réussiraient en moyenne à élever le plus grand nombre de beaux descendants. Les mâles, comme nous l'avons vu, sont généralement prêts à se reproduire avant les femelles ; les mâles les plus forts, et chez certaines espèces les mieux armés, chassent les plus faibles ; et les premières s'uniraient alors aux femelles plus vigoureuses et mieux nourries, parce qu'elles sont les premières à se reproduire. De tels couples vigoureux élèveraient sûrement un plus grand nombre de descendants que les femelles attardées, qui seraient obligées de s'unir aux mâles conquis et moins puissants, en supposant que les sexes soient numériquement égaux ; et c'est tout ce qu'il faudrait ajouter, au cours des générations successives, à la taille, à la force et au courage des mâles, ou pour perfectionner leurs armes.

De cette compétition entre les mâles naissent, premièrement, des luttes entre les mâles pour la compagne ; deuxièmement, la préférence des femelles pour les mâles favorisés.

Il est de notoriété publique qu'à la saison de reproduction, les mâles de presque toutes les espèces, sinon de toutes, sont très combatifs. Deux mâles s'engagent souvent dans des combats désespérés pour une ou plusieurs femelles ; le vainqueur chasse son ennemi et sécurise le harem. Dans de tels combats, le mâle le plus fort gagne, et ainsi émerge cette forme particulière de sélection sexuelle que Darwin appelait « la loi du combat ».

« Il existe », écrit Darwin, à la page 324 de *The Descent of Man* , « de nombreuses autres structures et instincts qui ont dû se développer à travers la sélection sexuelle – tels que les armes offensives et les moyens de défense des mâles pour combattre et conduire les hommes. éloigner leurs rivaux – leur courage et leur pugnacité – leurs divers ornements – leurs dispositifs pour produire de la musique vocale ou instrumentale – et leurs glandes pour émettre des odeurs. Les premiers caractères ont, selon Darwin, été développés par la loi de la bataille, et les seconds, puisqu'ils ne servent qu'à séduire ou exciter la femelle, par la préférence de la femelle.

« Il est clair, poursuit Darwin, que ces caractères sont le résultat d'une sélection sexuelle et non d'une sélection ordinaire, puisque des mâles sans armes, sans ornements ou peu attrayants réussiraient tout aussi bien dans la bataille pour la vie et à laisser une progéniture nombreuse, mais pour la présence de mâles mieux dotés. Nous pouvons en déduire que ce serait le cas, car les femelles, qui ne sont ni armées ni ornementées, sont capables de survivre et de procréer leur espèce. . . . De même que l'homme peut améliorer la race de ses coqs en sélectionnant les oiseaux qui sont victorieux dans le cockpit, de même il semble que les mâles les plus forts et les plus vigoureux, ou ceux pourvus des meilleures armes, ont prévalu sous la nature, et ont conduit à l'amélioration de la race ou de l'espèce naturelle.

Sélection par les femelles

«Chez les mammifères», dit Darwin (*loc. cit.* , p. 763), «le mâle semble gagner la femelle bien plus par la loi du combat que par l'étalage de ses charmes.»

Dans le cas des oiseaux, cependant, la préférence féminine entre davantage en jeu. Il est bien connu que les coqs montrent leurs charmes aux poules pendant la saison de reproduction, et Darwin croyait que la poule sélectionnait le plus beau de ses prétendants rivaux.

« Tout comme l'homme », écrit-il (p. 326 de *The Descent of Man* , nouvelle édition, 1901), « peut donner de la beauté, selon ses normes de goût, à ses volailles mâles, ou, plus strictement, peut modifier la beauté de ses volailles. acquis à l'origine par l'espèce mère, peut donner au nain Sebright un plumage nouveau et élégant, un port dressé et particulier, il semble donc que les oiseaux femelles à l'état de nature ont, par une longue sélection des mâles les plus attrayants, ajoutés à leur beauté ou d'autres qualités attrayantes.

Ainsi, la théorie de la sélection sexuelle repose sur trois hypothèses. Premièrement, il existe dans toutes les espèces une compétition entre les mâles pour les femelles avec lesquelles s'accoupler. Deuxièmement, cela aboutit soit à « la loi du combat » parmi les mâles, soit à la sélection par la femelle d'un admirateur parmi plusieurs. Troisièmement, la femme choisit, en règle générale, le plus attirant de ses prétendants.

Les preuves sur lesquelles Darwin fonde cette théorie peuvent être résumées ainsi :

1. Dans les cas où les sexes diffèrent par l'apparence ou la puissance du chant, c'est presque invariablement le coq qui est le plus beau ou le meilleur chanteur, selon le cas.

2. Tous les oiseaux mâles qui possèdent des panaches accessoires ou d'autres attractions en font une démonstration très élaborée devant les femelles à la saison des amours, d'où « il est évidemment probable que celles-ci apprécient la beauté de leurs prétendants ».

3. Darwin a pu citer des cas spécifiques dans lesquels les poules ont montré une préférence.

Dans le cas des espèces polygames, il ne fait aucun doute qu'il existe une concurrence considérable entre les mâles pour leurs épouses. On ne peut pas dire que cette affirmation soit aussi bien établie dans le cas des espèces monogames. D. Dewar suggère que des circonstances peuvent survenir dans lesquelles les poules doivent se battre pour le coq, ou dans lesquelles le mâle se trouve dans la position heureuse de pouvoir sélectionner sa compagne. Il affirme que, dans de nombreux cas, la sélection est mutuelle, comme dans le cas des êtres humains.

«J'ai vu», écrit-il, à la page 13 des *Oiseaux des Plaines*, «une poule Moucherolle du Paradis (*Terpsiphone paradisi*) en chasser une autre puis aller rattraper un coq. De même, j'ai vu deux orioles poules se comporter d'une manière très peu distinguée l'une envers l'autre, tout simplement parce qu'ils avaient tous deux des desseins sur le même coq. Il s'est assis et a regardé le concours de loin.

Darwin cite, à la page 500 de *The Descent of Man*, le cas d'un mâle exerçant la sélection : « Il semble rare que le mâle refuse une femelle en particulier, mais M. Wright de Geldersley House, un grand éleveur de chiens, m'informe que il a connu quelques cas : il cite le cas d'un de ses propres chiens de chasse qui ne voulait pas prêter attention à une femelle dogue en particulier, de sorte qu'un autre chien de chasse a dû être employé.

De même, Finn rapporte, dans *The Country-Side* du 29 août 1908, que le mâle Globose Curassow (*Crax globicera*) dans les jardins zoologiques de Londres, qui s'est reproduit avec la femelle Heck's Curassow (*C. hecki*), comme indiqué à la p. 104, a sélectionné la poule de cette forme ou espèce très distinctement colorée de préférence à l'une des poules typiques de sa propre espèce.

Attractivité masculine

Les cas enregistrés de coqs en mesure de sélectionner leurs partenaires sont relativement rares, tandis que les cas de sélection de la part des poules sont beaucoup plus nombreux.

Il semblerait donc que le sexe, qui est minoritaire et a donc la possibilité de choisir un partenaire, exerce un choix et préfère un individu particulier ; et que, pour les raisons indiquées par Darwin, c'est dans la plupart des cas la femelle qui est en mesure de choisir son partenaire. Il est, comme Darwin l'a dit avec raison, bien plus difficile de décider quelles qualités déterminent le choix de la femme. Il pensait que cela tenait « dans une large mesure aux attraits extérieurs de l'homme, même si sans aucun doute sa vigueur, son courage et d'autres qualités mentales entrent en jeu ».

Darwin a soutenu que c'est l'amour des poules pour les « attractions externes » des coqs qui a donné naissance à tous les merveilleux panaches qui caractérisent des oiseaux tels que le paon. « De nombreuses génératrices du paon », écrit-il, à la page 661 de *The Descent of Man* (éd. 1901), « au cours d'une longue lignée, ont apprécié cette supériorité, car elles ont inconsciemment, par la préférence continue du paon. les plus beaux mâles, ont fait du paon le plus splendide des oiseaux vivants.

Cette conclusion a été vigoureusement contestée. On prétend, avec quelque raison, qu'il est absurde d'attribuer aux oiseaux des goûts esthétiques égaux, sinon supérieurs, à ceux des êtres humains les plus raffinés et les plus civilisés.

Est-il probable, demande-t-on, qu'un oiseau, qui nichera dans une vieille chaussure abandonnée par un vagabond, puisse apprécier la beauté du plumage ?

Comme le disent Geddes et Thomson (page 29 de *The Evolution of Sex*) : « Lorsque l'on considère la complexité des marques de l' oiseau ou de l'insecte mâle et les lentes gradations d'un degré de perfection à un autre, il semble difficile d'attribuer le crédit aux oiseaux ou aux insectes. des papillons avec un degré de développement esthétique qu'aucun être humain ne peut présenter sans une acuité esthétique particulière et une formation particulière. De plus, le papillon, qui est censé posséder cet extraordinaire développement de subtilité psychologique, vole naïvement vers un morceau de papier blanc posé au sol et est attiré par le stimulus esthétique primaire d'un papier peint démodé, pour ne pas dire de la luminosité criarde et monotone de certaines de nos fleurs de jardin. Nous avons donc une difficulté supplémentaire : nous devons supposer que le papillon femelle a un double standard de goût, l'un pour les fleurs qu'elle et son compagnon visitent tous deux, l'autre pour les colorations et les marques beaucoup plus complexes des mâles. Et même parmi les oiseaux, si l'on considère ces indices indubitables d'éveil réel du sens esthétique que manifestent l'oiseau-jardin australien ou le choucas commun dans son penchant pour les objets brillants, combien son goût est très grossier comparé à l'examen critique. des variations infinitésimales du plumage sur lesquelles s'appuie Darwin. Sa supposition essentielle n'est-elle donc pas trop manifestement anthropomorphique ?

« Encore une fois, les plus beaux mâles sont souvent extrêmement combatifs ; et du point de vue conventionnel, il s'agit d'une simple coïncidence, mais très malheureuse pour le point de vue de M. Darwin. La bataille décide ainsi constamment de la question de l'accouplement, et dans les cas où, par hypothèse, la femelle devrait avoir le plus de choix, elle doit simplement céder au vainqueur.

Darwin, avec l'équité qui le caractérise, cite quelques exemples qui semblent s'opposer à la théorie selon laquelle la poule sélectionne le plus beau de ses prétendants. Il nous apprend que MM. Hewitt, Tegetmeier et Brent, qui ont tous une longue expérience des oiseaux domestiques, « ne croient pas que les femelles préfèrent certains mâles à cause de la beauté de leur plumage. . . . M. Tegetmeier est convaincu qu'un coq de chasse, bien que défiguré par l'adoubement et avec ses poils coupés, serait accepté aussi facilement qu'un mâle conservant tous ses ornements naturels. M. Brent admet cependant que la beauté du mâle contribue probablement à exciter la femelle ; et son acquiescement est nécessaire. M. Hewitt est convaincu que l'union n'est en aucun cas laissée au hasard, car la femelle préfère presque invariablement le mâle le plus vigoureux, le plus provocateur et le plus courageux » ; et, en conséquence, quand il y a un coq de chasse dans la basse-cour, les poules auront toutes recours à lui de préférence au coq de leur propre race. Darwin pense qu'« il faut tenir compte dans une certaine mesure de l'état artificiel dans lequel ces oiseaux ont longtemps été gardés » et cite en sa faveur le cas de la femelle deerhound de M. Cupples qui a donné naissance à trois reprises à des chiots et, à chaque fois, a montré une préférence marquée pour les chiots. l'un des plus grands et des plus beaux, mais pas le plus enthousiaste, des quatre chiens de chasse vivant avec elle, tous dans la fleur de l'âge.

La question de savoir ce qui détermine le choix de la femelle est évidemment d'une importance considérable, et il fallait s'attendre à ce que de nombreux zoologistes aient mené des expériences en vue de le décider. Cette attente légitime n'a pas été réalisée.

La question de la sélection sexuelle reste aujourd'hui pratiquement là où Darwin l'avait laissée. Wallace rejette toute la théorie et estime que la sélection naturelle peut à elle seule expliquer tous les phénomènes de dimorphisme sexuel. L'idée séduisante de la toute-puissance de la sélection naturelle domine à tel point l'esprit des scientifiques que peu d'entre eux ont prêté la moindre attention à la question de la sélection sexuelle. Cette négligence du sujet offre un exemple des résultats néfastes de l'acceptation trop facile d'une théorie séduisante : « La sélection naturelle explique tout, pourquoi alors enquêter plus avant ? » Cela semble être l'attitude générale de nos naturalistes actuels.

Edmund Selous et D. Dewar ont fait quelques observations sur des oiseaux, et les Peckham sur des araignées, à l'état de nature. De telles observations démontrent que l'accouplement sélectif se produit dans la nature, mais, pour la plupart, ne parviennent pas à montrer ce qui détermine le choix.

D. Dewar déclare cependant (*Birds of the Plains* , p. 42) que les paonnes colorées des jardins zoologiques de Lahore montrent une préférence marquée pour les coqs blancs, qui sont gardés dans la volière avec les coqs normalement colorés. Il donne son avis que « les poules sélectionnent les coqs blancs, non pas parce qu'ils sont blancs, mais à cause de la force des instincts sexuels de ces derniers. Les coqs blancs s'exhibent continuellement devant les poules ; le désir sexuel est plus développé chez eux que chez les coqs ordinaires, et c'est cela qui attire les poules.

Les enquêtes de Pearson

Les seuls zoologistes qui ont étudié expérimentalement la question de la sélection sexuelle semblent être Karl Pearson et Frank Finn. Les premiers ont tenté de déterminer, par des mesures réelles, s'il existe entre les êtres humains un accouplement préférentiel en ce qui concerne leurs caractéristiques physiques. « Nos statistiques, écrit-il à la page 427 de *The Grammar of Science* , ne s'élèvent qu'à quelques centaines et n'ont pas été collectées *de manière ponctuelle* . Pourtant, pour autant qu'ils soient, ils ne montrent aucune preuve d'un accouplement préférentiel chez l'humanité sur la base de la stature, ou d'un quelconque caractère *très* étroitement corrélé à la stature. Les hommes ne semblent pas, par exemple, choisir des femmes de grande taille pour épouses, ni refuser de s'accoupler avec des femmes très grandes ou très petites. En ce qui concerne la couleur des yeux, Pearson semble être parvenu à des résultats un peu plus précis. « Nous concluons, écrit-il (p. 428), que chez l'humanité il existe certainement un accouplement préférentiel en ce qui concerne la couleur des yeux, ou un caractère étroitement apparenté chez le mâle ; dans le cas de la femelle, il semble également y avoir un certain changement de type dû à un accouplement préférentiel. . . . La tendance générale est que les yeux plus clairs s'accouplent, les yeux les plus foncés étant relativement moins fréquents.

Mais les expériences de Pearson semblent montrer qu'en ce qui concerne la stature et la couleur des yeux, il existe « une tendance tout à fait sensible entre les semblables et les semblables ». « En fait, écrit Pearson, le mari et la femme de l'un de ces personnages se ressemblent plus que l'oncle et la nièce, et pour l'autre plus semblables que les cousins germains. » Il ajoute : « Un tel degré de ressemblance entre deux partenaires, que nous supposons raisonnablement comme n'étant pas propre à l'homme, ne pourrait manquer d'avoir du poids si tous les stades entre semblables et différents étaient détruits par la sélection différentielle. »

Deux critiques évidentes à l'égard des résultats obtenus par le professeur Pearson nous viennent à l'esprit. La première est que ses conclusions ne semblent pas conformes à l'idée populaire selon laquelle les hommes blonds préfèrent les cheveux foncés chez une femme, tandis que les hommes bruns préfèrent les femmes blondes, et vice *versa*. La seconde est que l'animal humain n'est pas un animal typique. Les maris et les femmes sont sélectionnés pour leurs qualités mentales et morales plutôt que physiques. Il peut bien entendu en être de même dans une certaine mesure pour les animaux, mais chez eux, il doit nécessairement y avoir bien moins de variations en ce qui concerne les attributs mentaux. De plus, la question du revenu est étroitement liée aux alliances matrimoniales humaines ; un homme ou une femme riche a le même avantage en matière de sélection que possède un animal doté d'une force physique supérieure à la moyenne de son espèce.

Les expériences de Finn

Finn a adopté le plan d'expérience suggéré par le professeur Moseley. Son appareil consistait en une cage divisée en trois compartiments par des cloisons grillagées, afin qu'un oiseau vivant dans l'un d'eux puisse voir son voisin dans le compartiment suivant. Dans le compartiment du milieu, il a placé une poule Amadavat (*Sporæginthus amandava*), et dans chacun des autres compartiments, il a mis un coq. Dans de telles circonstances, la poule du compartiment du milieu s'assoira et se perchera à côté du coq qu'elle préfère. L'amadavat mâle, écrit-il, dans *The Country-Side* , vol. ip 142, « est en plumage nuptial rouge avec des taches blanches, et la poule est brune. Le rouge varie en intensité même chez les oiseaux au plumage complet, et j'ai soumis à la poule d'abord deux oiseaux mâles, l'un d'une teinte cuivrée et l'autre d'une riche teinte écarlate. En peu de temps, elle avait fait son choix pour ce dernier oiseau ; l'autre, je suis désolé de le dire, mourut très vite ; et, comme il semblait en parfaite santé, je crains que le chagrin ne soit responsable de sa fin – un avertissement aux futurs expérimentateurs de retirer le prétendant rejeté le plus tôt possible. Dans le cas présent, j'ai enlevé l'oiseau préféré et j'ai mis dans les compartiments latéraux que lui et son rival avaient occupés deux autres coqs, qui différaient de la même manière, mais pas dans la même mesure. Encore une fois, la poule est restée à côté du riche spécimen rouge, alors, estimant que je connaissais son avis sur la couleur correcte pour un amadavat, je l'ai emmenée aussi et j'ai essayé une deuxième poule avec ces deux mâles. C'était un oiseau inhabituellement gros et très indépendant, car il ne voulait pas du tout se décider, et finalement j'ai relâché les trois sans avoir obtenu aucun résultat.

« Par la suite, j'ai fait une autre expérience avec des linottes. Dans ce cas, tous les trois ont été autorisés à voler ensemble dans une grande volière, une méthode que je ne recommande pas.

« Dans ce cas, cependant, le plus beau coq, qui montrait un rouge beaucoup plus riche sur la poitrine, avait une patte estropiée et, comme je m'y attendais, avait peur de l'autre ; néanmoins, la poule s'accouple avec lui. Il faut dire, pour rendre justice à l'oiseau plus terne, qu'il n'a pas exploité l'avantage que lui donnait sa santé, mais avec un oiseau moins doux que la linotte, cela serait arrivé.

Il est évident qu'il existe un vaste champ d'observation dans ce sens. Dans le cas des grands oiseaux, l'expérience pourrait être rendue encore plus concluante en enfermant les trois oiseaux sur lesquels l'expérimentation s'est produite dans un seul enclos, divisé en trois compartiments par des clôtures. Les mâles doivent être placés chacun dans un compartiment séparé et avoir une aile coupée de manière à les empêcher de quitter leurs compartiments respectifs, tandis que la poule doit avoir la possibilité de voler afin qu'elle puisse visiter à volonté n'importe quel compartiment.

Finn a également enregistré (*loc. cit.*) quelques autres observations portant sur la question de la sélection sexuelle. Il écrit:-

« On ne peut pas beaucoup observer ou lire sur les habitudes des oiseaux sans découvrir que, quelle que soit la valeur de la beauté, la force compte pour beaucoup. Les oiseaux mâles se battent constamment pour leurs compagnes, et l'individu battu, s'il n'est pas tué, est du moins tenu à distance par son rival qui réussit, de sorte que, s'il est vraiment plus beau, sa beauté ne lui est pas nécessairement d'une grande utilité. . J'ai été particulièrement impressionné par cela il y a quelques années, lorsque j'observais fréquemment les canards colverts semi-domestiqués à Regent's Park pendant la saison d'accouplement. Ces oiseaux variaient beaucoup en couleur ; chez certains, la riche poitrine bordeaux manquait, et d'autres avaient même une mousse couleur ardoise au lieu du vert brillant normal. Pourtant, j'ai découvert que ces oiseaux « décolorés » pouvaient réussir à trouver et à garder des partenaires alors que des drakes correctement habillés se languissaient dans un célibat solitaire ; un oiseau à poitrine grise avait même pu se livrer à la bigamie. Cette force régnait ici était évidente à la manière dont les oiseaux mariés chassaient leurs rivaux non accouplés, une procédure à laquelle leurs épouses sympathisaient le plus.

« Évidemment, la beauté n'a pas beaucoup d'importance chez le canard des parcs, et il semble qu'il en soit de même pour la volaille. Quand j'étais enfant, je visitais souvent une cour où se trouvait un assortiment très varié de volailles. Parmi ceux-ci se trouvait un très beau coq, de la coloration noire et rouge typique de l'oiseau sauvage, et très entièrement « meublé » en plumes de camail et de faucille. Pourtant les poules ne lui tenaient pas grand compte, tandis que le maître de la cour, un gros oiseau noir, avec beaucoup de sang espagnol, pourvu d'une énorme paire d'éperons, était si admiré qu'il était toujours accompagné de quelques petites poules naines, bien que elles auraient pu avoir de petits maris de leur propre classe.

« Il ne faut cependant pas oublier que ces canards et ces volailles avaient un choix anormalement large. Dans la nature, les variétés sont rares et les prétendants en compétition sont susceptibles d'être tous très semblables ; cela rend les choses très difficiles pour l'observateur, qui peut facilement ignorer de petites différences assez évidentes aux yeux des poules.

LA COUR DE SKYLARK

Illustration d'une espèce sans coloration décorative ni différence de sexe.

Affichage de coqs non décorés

Finn a observé qu'une jeune poule Oiseau de Paradis (*Paradisea apoda*) dans les jardins zoologiques de Londres, s'est accouplée avec un coq entièrement adulte dans le compartiment voisin, bien qu'un jeune coq en plumage femelle dans son propre compartiment ait fait de son mieux pour se montrer.

Il semblerait donc que les preuves très limitées actuellement disponibles ne suffisent pas à étayer la théorie selon laquelle les poules sélectionnent le plus attirant de leurs prétendants. Il est significatif que les espèces d'oiseaux aux couleurs claires se montrent avec autant de soin que leurs congénères au plumage gai ; et, s'ils sont presque alliés, adoptent des attitudes courtoises similaires. Ainsi, les mâles modestes du Bec tacheté (*Anas poecilorhyncha*), du Canard chipeau et du Canard noir (*Anas superciliosa*), se montrent exactement de la même manière que le beau canard colvert.

Howard décrit et représente dans son excellente monographie magnifiquement illustrée la présentation élaborée de certaines de nos petites parulines de couleur unie lors de la saison d'accouplement. L'alouette a également un spectacle remarquable.

La perdrix commune adopte une attitude nuptiale semblable à celle du faisan, et, bien que le coq de la première espèce n'ait rien d'éclatant à montrer, la poule perdrix prête bien plus d'attention aux parades de son prétendant que la poule faisane.

Le fait que certains coqs s'exhibent *après* l'acte d'accouplement semble aller à l'encontre de la théorie de la sélection sexuelle, ou en tout cas indiquer la nature purement mécanique de l'acte d'accouplement. Finn a été témoin de cette exposition postnuptiale au Zoological Gardens (Londres) chez la bergeronnette pie, le paon, la sarcelle d'Andaman (*Nettium albigulare*), l'avocette, l'oie égyptienne (*Chenatopex ægyptiaca*) et l'oie à crinière (*Chenonetta jubata*). .

Une autre objection à la théorie selon laquelle les couleurs vives des coqs sont dues à la sélection féminine est présentée par les oiseaux qui se reproduisent dans un plumage immature. Darwin admet que cette objection serait valable « si les mâles plus jeunes et moins ornementaux réussissaient aussi bien à conquérir les femelles et à propager leur espèce que les mâles plus âgés et plus beaux. Mais, poursuit-il, nous n'avons aucune raison de supposer que tel soit le cas.

Malheureusement pour la théorie de la sélection sexuelle, il existe des preuves démontrant que le coq du Moucherolle du Paradis (*Terpsiphone paradisi*) en plumage immature réussit tout aussi bien à obtenir un partenaire que le coq dans son plumage final. Le coq de cette belle espèce a un plumage châtain au cours de sa deuxième année et un plumage blanc au cours de la troisième année et des années suivantes de sa vie. Néanmoins, une proportion considérable des nids découverts appartiennent à des coqs alezans.

Plumage des hérons

Darwin était d'avis que toute nouveauté dans la coloration chez le mâle est admirée par la femelle ; et de cette manière il chercha à surmonter certaines difficultés de sa théorie que présentaient certains oiseaux.

Écrivant sur la famille des hérons, il dit :—

« Les jeunes de l' *Ardea asha* sont blancs, les adultes étant de couleur ardoise ; et non seulement les jeunes, mais aussi les adultes du *Buphus coromandus allié* dans leur plumage d'hiver sont blancs, leur couleur se changeant en un riche chamois doré pendant la saison de reproduction. Il est incroyable que les jeunes de ces deux espèces, ainsi que ceux de quelques autres membres de la même famille, aient été spécialement rendus d'un blanc pur, et ainsi rendus visibles à leurs ennemis ; ou que les adultes de l'une de ces deux espèces auraient dû être spécialement rendus blancs pendant l'hiver dans un pays qui n'est jamais couvert de neige. D'un autre côté, nous avons des raisons de croire que la blancheur a été acquise par de nombreux oiseaux comme ornement sexuel. Nous pouvons donc conclure qu'un des premiers ancêtres de l' *Ardea asha* et du *Buphus* a acquis un plumage blanc à des fins nuptiales et a transmis cette couleur à ses petits ; de sorte que les jeunes et les vieux devinrent blancs comme certaines aigrettes existantes, la blancheur ayant ensuite été conservée par les jeunes tandis que les adultes l'échangeaient contre des teintes plus prononcées. Mais si nous pouvions regarder encore plus loin dans le temps jusqu'aux géniteurs encore plus anciens de ces deux espèces, nous verrions probablement les adultes de couleur foncée. J'en déduis que ce serait le cas, par analogie avec beaucoup d'autres oiseaux, qui sont sombres lorsqu'ils sont jeunes, et lorsqu'ils sont adultes, ils sont blancs ; et plus spécialement de l'adulte de l' *Ardea gularis* , dont les couleurs sont inverses de celles de *l'A. asha* , car les jeunes sont foncés et les adultes blancs, les jeunes ayant conservé un état antérieur de plumage. Il apparaît donc que les géniteurs à l'état adulte de l' *A. asha* , du *Buphus* et de certains alliés ont subi, au cours d'une longue lignée, les changements de couleur suivants : d'abord une teinte sombre, ensuite un blanc pur, et troisièmement, en raison d'un autre changement de mode (si je puis m'exprimer ainsi), leurs teintes actuelles ardoisées, rougeâtres ou chamoisées. Ces changements successifs ne sont intelligibles que sur la base du principe de nouveauté ayant été admiré par les oiseaux pour le plaisir de la nouveauté.

Ce raisonnement peut paraître farfelu et peu convaincant. Il semble cependant fort probable que la poule choisisse comme compagnon le prétendant qui est visiblement différent des autres, non pas parce qu'elle admire la nouveauté, mais parce que sa singularité attire son attention et lui permet de se décider rapidement à le prendre. et se débarrasser ainsi des autres admirateurs gênants, qui se ressemblent tous beaucoup.

Différence sexuelle

Il est peut-être intéressant de noter qu'après que le plus réussi de ses prétendants ait réussi à s'emparer de la poule, il peut arriver qu'un rival déçu lui fasse l'amour en l'absence de son seigneur et maître et annule ainsi l'effet de sa sélection précédente. .

Il est à remarquer que, même si l'on tient pour prouvé, comme le croyait Darwin, que les poules exercent seules le choix de leurs partenaires et qu'elles sélectionnent les plus beaux de leurs prétendants, nous sommes encore loin d'arriver à une explication de ce phénomène. le fait que les mâles seuls ont acquis la beauté. En admettant que les poules s'accouplent toujours avec les plus beaux coqs, on devrait s'attendre à ce que les descendants de chaque union soient tous plus ou moins semblables en beauté, c'est-à-dire plus beaux que la mère et moins que le coq. Comment expliquer l'héritage unilatéral de cette beauté ? Pourquoi est-ce réservé aux coqs ?

Pour répondre à cette objection, Darwin dut faire appel à des lois inconnues en matière d'héritage. « Les lois de l'héritage », écrit-il (*Descent of Man* , p. 759), « indépendamment de la sélection, semblent avoir déterminé si les caractères acquis par les mâles pour l'ornement, pour produire des sons divers et pour combattre ensemble, ont été transmises aux mâles seuls ou aux deux sexes, de manière permanente ou périodique, au cours de certaines saisons de l'année. On ne sait pas dans la plupart des cas pourquoi divers caractères ont dû être transmis tantôt d'une manière, tantôt d'une autre ; mais la période de variabilité semble souvent avoir été la cause déterminante. Lorsque les deux sexes ont hérité de tous les caractères communs, ils se ressemblent nécessairement ; mais, comme les variations successives peuvent se transmettre différemment, toutes les gradations possibles peuvent se trouver, même à l'intérieur d'un même genre, depuis la plus grande similitude jusqu'à la plus grande dissemblance entre les sexes.

Cette affirmation, même si elle ne jette aucune lumière sur le problème, porte quelque peu préjudice à la théorie de la sélection sexuelle. Si l'on admet que la dissemblance entre les sexes est due au fait que les mâles ont varié dans un sens et les femelles dans un autre sens, il ne semble pas nécessaire d'invoquer le secours de la préférence féminine.

La difficulté est encore plus grande chez les espèces chez lesquelles les mâles seuls sont pourvus de cornes ou de bois. « Lorsque », écrit Darwin (*Descent of Man* , p. 767), « les mâles sont pourvus d'armes qui sont absentes chez les femelles, il ne fait guère de doute que celles-ci servent au combat avec d'autres mâles ; et qu'ils ont été acquis par sélection sexuelle et ont été transmis au seul sexe masculin. Il est peu probable, du moins dans la plupart des cas, que les femmes aient été empêchées d'acquérir de telles armes parce qu'elles étaient inutiles, superflues ou nuisibles d'une manière ou d'une autre. Au contraire, comme ils sont souvent utilisés par les mâles à diverses fins, notamment pour se défendre contre leurs ennemis, il est surprenant qu'ils soient si peu développés, ou tout à fait absents, chez les femelles de tant d'animaux.

Nous croyons avoir démontré que la théorie darwinienne de la sélection sexuelle est incapable de rendre compte de manière satisfaisante de tous les phénomènes de dimorphisme sexuel. Mais, comme nous l'avons vu, il est fort possible que la sélection sexuelle soit un véritable facteur d'évolution.

Nous espérons que ce que nous venons de dire incitera quelque naturaliste oisif à étudier la question de la préférence masculine et féminine.

Examinons maintenant brièvement quelques-unes des autres tentatives qui ont été faites pour expliquer les phénomènes de dimorphisme sexuel.

L'EXPLICATION DE WALLACE SUR LA DISSEMBLANCE SEXUELLE

Wallace n'accepte pas la théorie de la sélection sexuelle. Il admet que la forme de rivalité masculine, que Darwin appelle « la loi du combat », est « une véritable puissance dans la nature » et estime que « nous devons lui imputer le développement de la force, de la taille et de l'activité exceptionnelles des hommes ». mâle, ainsi que la possession d'armes spéciales offensives et défensives, et de tous les autres caractères qui découlent du développement de celles-ci, ou qui sont en corrélation avec elles » (*Darwinisme* , p. 283). Mais l'idée selon laquelle la femme choisit la plus belle de ses prétendantes a toujours semblé à Wallace « non étayée par des preuves, tout en étant tout à fait insuffisante pour rendre compte des faits ». Par exemple, les panaches accessoires des oiseaux « apparaissent généralement dans quelques parties définies du corps. Nous avons besoin d'une cause pour initier le développement dans une partie plutôt que dans une autre.

Wallace considère que la sélection naturelle est capable d'expliquer tous les phénomènes de dimorphisme sexuel. Il souligne que, lorsque les sexes sont différents chez les oiseaux, c'est presque invariablement la femelle qui est de couleur plus terne. La raison en est, estime-t-il, que les poules, lorsqu'elles sont assises, « sont exposées à l'observation et aux attaques des nombreux dévoreurs d'œufs et d'oiseaux, et il est d'une importance vitale qu'elles soient colorées de manière protectrice dans toutes ces parties de leur corps. le corps qui est exposé pendant l'incubation. Pour y parvenir, toutes les couleurs vives et les ornements voyants qui décorent le mâle n'ont pas été acquis par la femelle, qui reste souvent vêtue des teintes sobres qui étaient probablement autrefois communes à tout l'ordre auquel elle appartient. Les différentes quantités de couleur acquises par les femelles dépendent sans aucun doute des particularités des habitudes et de l'environnement, ainsi que des pouvoirs de défense et de dissimulation que possède l'espèce.

À l'appui de son affirmation, Wallace affirme que toutes les espèces d'oiseaux, dont les poules sont aussi visiblement colorées que les coqs, nichent dans des trous ou construisent des nids en forme de dôme. Les plumes et autres ornements que présentent les coqs de certaines espèces, Wallace les attribuerait à un surplus de force, de vitalité et de puissance de croissance, qui est capable de se dépenser ainsi sans se blesser.

« Si, écrit-il, nous avons trouvé une *véritable cause* pour l'origine des appendices ornementaux des oiseaux et d'autres animaux dans un excédent d'énergie vitale, conduisant à des croissances anormales dans les parties du tégument où l'action musculaire et nerveuse est la plus grande, le développement continu de ces appendices résultera de l'action ordinaire de la sélection naturelle pour préserver les individus les plus sains et les plus vigoureux, et de l'action sélective encore plus poussée de la lutte sexuelle pour donner aux plus forts et aux plus énergiques la filiation de la génération suivante. (*Darwinisme*, p. 293.) «Pourquoi», dit-il, «chez les espèces alliées, le développement de panaches accessoires a pris différentes formes, nous sommes incapables de le dire, sauf que cela peut être dû à cette variabilité individuelle qui a servi de point de départ. point pour tant de ce qui nous semble étrange par la forme ou fantastique par la couleur, tant dans le monde animal que végétal.

La théorie de Wallace critiquée

L'opinion de Wallace selon laquelle le plumage terne de la poule est dû à son plus grand besoin de protection repose sur l'hypothèse que la poule seule participe à l'incubation.

Cette hypothèse est-elle correcte ?

Ce n'est certainement pas le cas dans tous les cas. Comme l'a déclaré D. Dewar dans *Birds of the Plains* , le coq blanc voyant Paradise Fly-catcher (*Terpsiphone paradisi*) se trouve en plein jour sur le nid ouvert tout autant que la poule. Et cela pourrait s'avérer vrai pour de nombreuses autres espèces d'oiseaux. Encore une fois, les coqs des différentes espèces de sunbirds indiens sont de couleurs vives tandis que les poules sont brun terne. Chez ces espèces, la poule seule couve les œufs, mais comme le nid est bien recouvert, la poule peut afficher toutes les couleurs de l'arc-en-ciel sans être visible aux oiseaux de passage. De plus, comme l'a souligné D. Dewar dans un article lu devant la Royal Society of Arts (*Journal* , vol. lvii., p. 104), bien que, chez la plupart des espèces de tourterelles indiennes, les sexes présentent peu ou pas de dissemblance, il y a une espèce (*Œnopopelia tranquebarica*) qui présente un dimorphisme sexuel considérable. Mais les habitudes de nidification de cette espèce particulière sont en tous points semblables à celles des autres espèces de tourterelles. Pourquoi alors cette dissemblance marquée entre les sexes ?

Une autre objection à la théorie de Wallace est celle avancée par JT Cunningham (*Archiv für Entwicklungsmechanik der Organismen* , vol. XXVI., p. 378), à savoir que les caractères sexuels secondaires chez les espèces qui les possèdent montrent une absence totale d'uniformité dans la nature et la position. « Pourquoi, demande Cunningham, la constitution mâle du cerf se manifesterait-elle par des excroissances osseuses du crâne, chez le paon par une croissance excessive de l'autre extrémité du corps ? Pourquoi le larynx serait-il modifié chez tel mammifère, les dents chez tel autre, le nez chez tel autre ? Pourquoi le triton mâle se distingue-t-il par une nageoire dorsale, la grenouille mâle par une tuméfaction sur l'avant-pied ?

Une autre objection à l'explication du dimorphisme sexuel suggérée par Wallace est que chez de nombreuses espèces d'oiseaux, comme par exemple le moineau domestique et les perroquets verts de l'Inde, les différences externes entre les sexes sont si légères qu'il est déraisonnable de croire qu'ils sont le résultat de la sélection naturelle. Il semble impossible de considérer que le Perroquet à collier (*Palæornis torquatus*), une espèce qui niche dans des trous, aurait disparu si les poules avaient développé l'étroit collier rose qui caractérise les coqs.

Darwin a souligné que même si l'hypothèse de Wallace peut paraître plausible si elle est appliquée à la couleur, elle peut difficilement expliquer l'origine de structures telles que l'appareil musical de certains insectes mâles ou la plus grande taille du larynx chez certains oiseaux et mammifères. On voit ainsi que les suggestions proposées par Wallace, bien qu'elles contiennent un minimum de vérité, ne parviennent pas à expliquer les phénomènes de dimorphisme sexuel.

La critique la plus juste possible de ces vues est celle de Darwin :

« On aura vu que je ne peux pas suivre M. Wallace dans la conviction que les couleurs ternes, lorsqu'elles sont confinées aux femelles, ont été dans la plupart des cas spécialement obtenues dans un souci de protection. Il ne fait cependant aucun doute, comme nous l'avons déjà remarqué, que les deux sexes de beaucoup d'oiseaux ont vu leurs couleurs modifiées, de manière à échapper à l'attention de leurs ennemis ; ou dans certains cas, de manière à s'approcher de leur proie sans être observés, tout comme les hiboux ont eu leur plumage adouci, afin que leur vol ne puisse pas être entendu » (*The Descent of Man* , p. 745).

LA THÉORIE DE THOMSON ET GEDDES

Thomson et Geddes ont tenté d'expliquer le dimorphisme sexuel en partant de l'hypothèse que les mâles sont essentiellement des dissipateurs d'énergie, tandis que les femelles ont tendance à conserver l'énergie. Ils soulignent que le spermatozoïde est un petit corps intensément actif, qui dissipe son énergie en mouvement, tandis que l'ovule est un grand corps inerte, résultat de la tendance féminine à conserver l'énergie et à accumuler de la matière. Les divers ornements et excroissances qui apparaissent dans les organismes masculins sont le résultat de cette tendance masculine à dissiper l'énergie. Dans le spermatozoïde, l'énergie dissipée apparaît sous forme de mouvement actif ; dans l'organisme adulte, il prend la forme de panaches et autres ornements, de chants et de concours pour les femelles.

Cette théorie n'explique cependant pas ce que l'on pourrait appeler le caractère aléatoire du dimorphisme sexuel. Si la dissemblance sexuelle est due à la tendance du mâle à dissiper son énergie, pourquoi voit-on un dimorphisme très marqué chez une espèce, et aucun dimorphisme chez une espèce très proche ? Pourquoi les mâles sont-ils plus gros que les femelles chez certaines espèces et plus petits chez d'autres ? Comment se fait-il encore que chez certaines espèces d'oiseaux, les cailles du genre

Turnix, la bécassine peinte (*Rhynchœa*) et les Phalaropes, ce soit la femelle qui possède le plumage le plus voyant ? D'ailleurs, cette théorie, tout comme celle de Wallace, n'explique pas pourquoi les excroissances qui caractérisent le mâle apparaissent dans diverses parties du corps chez différentes espèces.

LA THÉORIE DE STOLZMANN

Stolzmann a fait une tentative ingénieuse pour expliquer pourquoi, chez les oiseaux, le coq est si souvent plus visiblement coloré que la poule. Il affirme que chez les oiseaux les mâles sont plus nombreux que les femelles, et que cette prépondérance n'est pas avantageuse pour l'espèce. Les mâles qui n'ont pas réussi à trouver un partenaire ont tendance à persécuter les femelles pendant qu'elles pondent leurs œufs, au détriment de ces dernières. La sélection naturelle, dit Stolzmann, se préoccupe du bien-être de l'espèce plutôt que de celui de l'individu. Par conséquent, tout ce qui tendrait à diminuer le nombre des mâles serait une bonne chose pour l'espèce, de sorte qu'une particularité, telle qu'un plumage brillant, qui rend les mâles visibles, ou des panaches ornementaux, qui ralentissent leur vol, et ainsi conduit à leur destruction, sera saisie et perpétuée par la sélection naturelle. Il souligne que le coq d'une espèce de colibri, *Loddigesia mirabilis*, a non seulement des plumes de queue plus longues, mais aussi une aile plus courte que la femelle, et doit, par conséquent, trouver relativement difficile d'obtenir de la nourriture et être plus susceptible de tomber. une victime des oiseaux de proie que la poule. Stolzmann suggère en outre que la pugnacité excessive des oiseaux mâles pendant la saison de reproduction peut conduire à la destruction de certains individus, et ainsi s'avérer avantageuse pour l'espèce.

Plusieurs objections semblent se présenter à cette théorie des plus ingénieuses.

En premier lieu, il ne semble pas y avoir de preuve satisfaisante démontrant que plus de coqs naissent que de poules.

Nous pouvons admettre qu'un excès de coqs est préjudiciable à toute espèce, puisque ceux qui ne sont pas accouplés sont susceptibles de persécuter les poules ; on peut aussi admettre que de nombreux coqs sont handicapés dans la lutte pour l'existence par la croissance excessive de certaines de leurs plumes, mais nous ne voyons pas comment ce développement excessif a été provoqué par la sélection naturelle de la manière suggérée par Stolzmann. Bien qu'il puisse être avantageux pour l'espèce que les coqs soient voyants, la sélection naturelle ne peut perpétuer cet avantage qu'en éliminant les coqs les moins visibles. Mais ce sont les plus criards, ceux, selon Stolzmann, dont la présence est bénéfique à l'espèce, qui seront éliminés par la sélection naturelle. De sorte que, dans ce cas, cette force agira d'une manière contraire aux intérêts de l'espèce, si l'idée de Stolzmann est correcte.

La théorie en question semble donc intenable. Néanmoins, il y a sans doute une part de vérité dans l'idée selon laquelle trop de mâles gâtent l'espèce. Ainsi, une apparence excessive et une mortalité élevée parmi les mâles peuvent être bénéfiques pour l'espèce. Mais il ne faut pas oublier que plus elle est bénéfique, plus la sélection naturelle doit avoir tendance à éliminer les mâles possédant la particularité désirée.

EXPLICATION NÉO-LAMARCKIENNE

La théorie de Cunningham

JT Cunningham tente d'expliquer les phénomènes de dimorphisme sexuel sur des principes néo-lamarckiens. Sa théorie est exposée dans un article intitulé *L'hérédité des caractères sexuels secondaires en relation avec les hormones* , qui a été lu devant la Zoological Society of London et publié dans son intégralité dans l' *Archiv für Entwicklungsmechanik der Organismen* . « La corrélation significative entre les caractères sexuels masculins, écrit-il, n'est pas liée à une propriété générale ou essentielle du sexe masculin, comme le catabolisme (ou la tendance à dissiper l'énergie, comme nous l'avons appelé), mais à certaines habitudes et fonctions confinées à un sexe, mais différentes selon les animaux. . . . Chez les animaux qui possèdent de tels caractères (*c'est-à-dire* sexuels secondaires), les parties du soma (*c'est-à-dire* le corps) affectées diffèrent autant qu'elles peuvent différer ; n'importe quelle partie du soma peut présenter une différence sexuelle : dents chez un mammifère, crâne chez un autre ; les plumes de la queue chez un oiseau, celles du cou chez un autre, et ainsi de suite. Mais dans tous les cas, ces caractères unisexués correspondent à leurs fonctions ou à leur utilisation dans des habitudes et des instincts associés, mais seulement indirectement, à la production sexuelle. Ces habitudes sont aussi diverses et aussi irrégulières dans leur répartition que les personnages. Les coqs des poules communes et des Phasianidés sont généralement polygames, se battent entre eux pour la possession des femelles et ne prennent aucune part à l'incubation ou aux soins des petits, et ils diffèrent des poules par leur plumage brillant et élargi, leurs éperons. les pattes et les peignes, caroncules ou autres excroissances sur la tête. Chez les Columbidæ *per contra,* les mâles ne sont pas polygames, mais restent en couple pour la vie, les mâles ne se battent pas et partagent à parts égales avec les femelles les devoirs parentaux.

« À ce contraste d'habitudes sexuelles correspond le contraste du dimorphisme sexuel, qui est pratiquement absent chez les Columbidæ.

«Je pense donc que la seule explication scientifique est que la différence d'habitudes est la cause du dimorphisme sexuel, et que les habitudes sexuelles spéciales qui se produisent chez certaines espèces mais pas chez d'autres sont les causes des caractères sexuels. . . . Les habitudes en question impliquent toujours certaines stimulations précises appliquées aux parties du corps dont la modification constitue les caractères sexuels somatiques. Les stimulations sont limitées, comme les caractères, à un sexe, à une période de la vie, à une saison de l'année, aux animaux qui ont les caractères, aux parties du corps qui sont modifiées. M. Cunningham estime que ces stimulations provoquent une hypertrophie ou une croissance excessive de la partie affectée, et que cette particularité se transmet à la progéniture. Et c'est ainsi qu'il suppose que tous les ornements et excroissances des mâles des diverses espèces sont apparus.

Pour prouver son point de vue, il souligne que ces excroissances sont, chez de nombreuses espèces, non seulement inutiles mais absolument nuisibles, comme dans le cas de la crête et des caroncules du coq de jungle et de ses descendants domestiques, qui servent simplement de support. poignée que les ennemis peuvent saisir.

Cunningham affirme que la seule objection à sa théorie est le dogme selon lequel les caractères acquis ne peuvent être hérités. Cette affirmation n'est cependant pas exacte. C'est en effet une objection très sérieuse que toutes les preuves disponibles semblent montrer que les caractères acquis ne sont pas hérités, mais ce n'est en aucun cas la seule difficulté.

Avant de mentionner ces autres objections, disons un mot au sujet de l'hérédité des caractères acquis. M. Cunningham lui-même compare la formation d'une attelle ou d'un spavin chez un cheval, résultat d'une tension particulière, à l'acquisition de caractères sexuels secondaires. Malheureusement pour la théorie de Cunningham, mais heureusement pour l'humanité en général, les chevaux et les juments spavés n'engendrent pas de progéniture spavée. Si donc l'éparvine n'est pas héréditaire, n'est-il pas déraisonnable d'affirmer que l'épaississement de l'os qui se développe sur la tête d'un animal qui donne des coups est héréditaire ?

Une autre objection à la théorie de Cunningham est que de nombreux oiseaux qui exhibent leur plumage le plus vigoureusement ne possèdent aucun panache ornemental. Comme Howard l'a noté, bon nombre de nos parulines britanniques aux couleurs ternes se montrent de la même manière que les oiseaux aux couleurs vives. Si l'exercice a provoqué le développement et la transmission de panaches chez certaines espèces, pourquoi pas chez d'autres ?

Encore une fois, Cunningham n'a pas raison de dire que le dimorphisme sexuel est « pratiquement absent » chez les Columbidæ. Peu d'oiseaux présentent un dimorphisme sexuel aussi frappant que la Tourterelle orange (*Chrysæna victor*) des Fidji, chez laquelle le mâle est orange vif et la poule verte. Nous avons déjà cité le cas de la curieuse tourterelle rouge au dimorphisme sexuel. Or, les attitudes et les actions de cour de cette espèce sont exactement les mêmes que celles des autres tourterelles alliées ; Pourquoi, alors, ces exercices ont-ils provoqué le dimorphisme sexuel d'une seule espèce ?

Les théories existantes ne sont pas satisfaisantes

Notre examen des tentatives les plus importantes qui ont été faites pour expliquer les phénomènes de dimorphisme sexuel nous amène à la conclusion que celles-ci nécessitent encore des éclaircissements. Nous avons pesé chaque théorie dans la balance et nous l'avons trouvée insuffisante.

La caractéristique marquante de la dissemblance sexuelle est la manière apparemment aléatoire de son apparition.

Nous avons déjà évoqué le cas des colombes en Inde. Dans ce pays, quatre espèces sont largement répandues, à savoir la Tourterelle ponctuée (*Turtur suratensis*), la Tourterelle à collier (*Turtur risorius*), la Petite Tourterelle brune (*Turtur cambayensis*) et la Tourterelle rouge (*Œnopopelia tranqebarica*). Les habitudes de ces quatre espèces semblent identiques, néanmoins dans les trois premières les sexes ne présentent que peu ou pas de dissemblance dans l'apparence extérieure, tandis que dans la dernière le dimorphisme sexuel est si grand qu'on pensait autrefois que le coq et la poule appartenaient à des espèces différentes. espèces.

Un autre cas très curieux est celui des oies sud-américaines du genre *Chloëphaga* , dont certaines espèces, comme l'Oie des hautes terres ou l'Oie de Magellan de nos parcs (*C. magellanica*), ont des sexes tout à fait différents, tandis que chez d'autres, comme l'Oie rousse. Oie à tête blanche (*C. rubidiceps*), elles sont assez semblables les unes aux autres.

Les canards nous fournissent un autre très bon exemple du caractère apparemment aléatoire du dimorphisme sexuel. Chez le Canard colvert ou Canard sauvage (*Anas boscas*), le coq est beaucoup plus coloré que la poule, mais chez toutes les espèces qui lui sont le plus proches, les mâles sont aussi discrets que les femelles, par exemple *chez* le Bec tacheté indien (*Anas pœcilorhyncha*), le Canard gris d'Australie (*A. superciliosa*), le Bec jaune d'Afrique (*Anas undulata*) et le Canard sombre d'Amérique (*A. obscura*). Comme le canard sombre habite l'Amérique du Nord, où l'on trouve également le canard colvert, le cas est particulièrement frappant.

Parmi les mammifères, le lion et le tigre, ainsi que les antilopes zibeline et rouanne (*Hippogragus niger* et *H. equinus*) fournissent des exemples familiers d'espèces presque apparentées, chez l'une desquelles les sexes sont semblables et dans l'autre d'apparence dissemblable.

Les hormones

Un autre point important à garder à l'esprit est la corrélation intime qui existe entre les organes reproducteurs et l'aspect général de l'organisme, plus spécialement des caractères sexuels secondaires. Ces dernières, dans la plupart des cas, ne se manifestent qu'à la maturité des organes sexuels. Les effets bien connus de la castration illustrent ce lien. Encore une fois, les femelles dont les organes reproducteurs ont cessé d'être fonctionnels revêtent souvent des caractères masculins.

Il a été récemment prouvé par l'expérience que, dans de nombreux cas au moins, le développement des ornements, etc., caractéristiques des sexes, est dû à la sécrétion par les cellules sexuelles de ce qu'on appelle des hormones, c'est-à-dire : sécrétions qui stimulent le développement des caractères sexuels secondaires. La tendance à produire les caractéristiques externes du sexe auquel appartient un organisme est héréditaire, mais son développement réel dépend dans de nombreux cas de la sécrétion de ces hormones. En conséquence, si un individu mâle est complètement castré, il cesse de développer les caractères extérieurs de son sexe. Les preuves sur lesquelles repose la doctrine des hormones sont admirablement résumées dans l'article de Cunningham cité ci-dessus. Nous ne pouvons pas entrer dans cette évidence. Il suffit que la doctrine soit tout à fait conforme à tous les résultats observés de la castration.

Il convient de noter que les diverses caractéristiques qui caractérisent les sexes chez les animaux sexuellement dimorphes ne sont associées à aucun organe ou partie du corps particulier, et n'affectent pas non plus nécessairement la même partie chez les espèces alliées. « Nous ne pouvons pas dire », écrit JT Cunningham, « qu'une partie quelconque du soma (*c'est-à-dire* le tissu corporel) est spécialement sexuelle plus qu'une autre partie, sauf que de telles différences entre les sexes sont généralement externes. Elles affectent généralement la peau, et notamment les appendices épidermiques, et les parties superficielles du squelette, ou des membres et appendices entiers ; ou la différence peut être une différence de taille de l'ensemble du soma. Chez les mammifères et les oiseaux, le mâle est souvent le plus grand, parfois beaucoup, mais il existe des cas où la femelle est plus grande. Il n'y a pas de règle générale.

Un autre point important est que les femelles, bien qu'elles ne présentent elles-mêmes aucune trace du caractère mâle, sont capables de le transmettre à leur progéniture. On peut le prouver en croisant une poule faisane avec un coq. les descendants mâles de l'union présentent les panaches si caractéristiques du faisan coq. Ceux-ci ne peuvent pas provenir du père des poules de grange ; ils doivent provenir de la poule faisane de couleur terne.

A ce propos, nous pouvons mentionner le fait curieux rapporté par Bonhote, à la page 245 des *Actes du Quatrième Congrès Ornithologique International* , que dans le cas des canards issus de croisements entre le canard pilet, le canard colvert et le bec tacheté, les drakes au complet le plumage nuptial présentait un mélange de caractéristiques de canard pilet et de canard colvert, tandis que, dans leur plumage non nuptial, la coloration du bec tacheté est prédominante.

Couleur des yeux, peigne et éperons

Un point important, et qui ne semble avoir été souligné par aucun zoologiste, est que la couleur des yeux, la crête et les éperons des oiseaux et les cornes des mammifères n'ont pas la même relation avec les organes sexuels que les autres. caractéristiques externes. Par exemple, le Nilgai castré (*Boselaphus tragocamelus*) acquiert des cornes, mais pas la couleur caractéristique du mâle. Chez la perdrix francoline indienne commune (*Francolinus pondicerianius*), le coq ne diffère de la poule que par la possession d'éperons. Il en va de même pour les différentes espèces de Coq des neiges (*Tetraogallus*). Il existe une race de coqs de chasse qui présentent un plumage semblable à celui de la poule, mais ces oiseaux ont une crête et des éperons développés comme chez les coqs normalement emplumés.

L'œil blanc du Fuligule aux yeux blancs (*Nyroca africana*) et l'œil jaune du Coq Faisan doré (*Chrysolophus pictus*), qui sont des caractères purement masculins, se montrent plus tôt que le plumage mâle. Parfois, une poule faisan doré prend le plumage du coq, mais elle n'acquiert jamais l'œil jaune.

De nombreux oiseaux gardés en captivité perdent une partie de la beauté de leur plumage, ce qui est généralement attribué au fait que les organes sexuels sont altérés et réagissent sur le tissu somatique. Mais cette explication ne peut pas être correcte dans tous les cas, car la linotte, bien que perdant son plumage mâle en captivité, vit longtemps et bien en cage et se reproduit facilement avec les canaris poules.

Un autre fait curieux est que le plumage mâle apparaît parfois pathologiquement chez les poules, plus particulièrement chez celles devenues stériles à cause de l'âge ou de la maladie. Ce phénomène se produit relativement fréquemment chez le faisan doré, et plus rarement chez le faisan commun, la poule et le canard.

De tels phénomènes semblent suggérer que, dans certains cas, les couleurs vives du mâle peuvent être pathologiques, que les hormones sécrétées par les cellules sexuelles mâles peuvent exercer un effet nocif sur les tissus somatiques ou corporels. On sait que la pourriture s'accompagne de la production de pigments de couleurs vives dans le cas des feuilles. Finn suggère que le plumage blanc que revêt le moucherolle du paradis au cours de la quatrième année de son existence pourrait être une livrée de pourriture, un signe de sénilité.

Les quatre types de mutations

Nous pensons que le dimorphisme sexuel apparaît fréquemment, voire invariablement, sous la forme d'une mutation. Les mutations peuvent être de quatre types différents.

Celles qui apparaissent seulement, ou surtout, en conjonction avec les organes mâles, par exemple la blancheur des oies domestiques autorisées à se reproduire sans discernement.

Ceux qui apparaissent seulement, ou surtout, en conjonction avec les organes féminins ; les mutations de cette description semblent être très rares, mais on peut noter que chez les poules autorisées à se reproduire sans discernement, comme en Inde, les poules complètement noires sont courantes, mais les coqs complètement noirs sont rarement, voire jamais, observés. Cela indique une association entre la noirceur et la féminité.

Ceux qui apparaissent de la même manière chez les deux sexes. La grande majorité des mutations semblent être de ce type.

Ceux enfin qui apparaissent chez les deux sexes mais prennent une forme différente selon les deux sexes ; ainsi chez le chat une mutation a donné naissance à des mâles sableux et à des femelles écaille de tortue. La mutation qui a donné naissance au paon à ailes noires se manifeste sous la forme d'une aile noire chez le coq, tandis qu'elle donne au plumage de la poule un blanc grizzli.

Nous traiterons assez longuement du phénomène de corrélation dans le chapitre suivant. C'est un sujet auquel on n'a pas prêté suffisamment d'attention. Même si certains caractères sont corrélés chez certaines espèces, dans certains cas, certains caractères sont également corrélés au sexe.

Pourquoi cela devrait-il en être ainsi, nous ne sommes pas en mesure de le dire ; cela n'affecte cependant pas le fait incontestable qu'une telle corrélation existe.

Les médecins, au cours de leur pratique, sont parfois confrontés à des cas très curieux de corrélation chez l'être humain.

Transmission unilatérale

« C'est, écrit Thomson (*Heredity* , p. 290), un fait intéressant qu'un élément anormal dans l'hérédité peut s'exprimer chez les mâles seulement ou chez les femelles seulement. Si nous pouvions comprendre cela, nous devrions mieux comprendre ce que signifie réellement le sexe.

« L'hémophilie, ou tendance aux saignements, est une anomalie héréditaire, en partie associée à une faiblesse des vaisseaux sanguins, qui ne se contractent pas comme ils le devraient et sont susceptibles de se briser, et en partie liée à un manque de pouvoir coagulant du sang. Elle est généralement réservée aux mâles. Mais comme il passe du père au petit-fils en passant par la fille, et ainsi de suite, il doit être une partie latente de l'héritage germinal des femelles, bien que, pour une obscure raison physiologique, il ne trouve pas son expression chez elles, ou ait son expression. assez déguisé. Le daltonisme ou daltonisme a été enregistré (Horner) chez les mâles seulement de sept générations. Dejerine cite un autre cas (*fide* Appenzeller) dans lequel tous les mâles d'une histoire familiale avaient la cataracte sur quatre générations. Il existe d'autres cas de ce qu'on appelle parfois maladroitement la transmission unilatérale de qualités anormales. Edward Lambert, né en 1717, aurait été couvert d'« épines ». Ses enfants présentaient la même particularité, qui commençait à se manifester du sixième au neuvième mois après la naissance. Un de ses enfants a grandi et a transmis la particularité à une autre génération. En effet, on dit qu'elle a persisté pendant cinq générations, et chez les mâles uniquement : transmission unilatérale.

Selon nous, ces anomalies sont telles qu'elles ne sont possibles qu'en relation avec l'organe mâle ; en d'autres termes, ce sont des mutations de la première des quatre espèces citées plus haut, celles qui n'apparaissent qu'en relation avec l'organe mâle.

Il est curieux que la règle générale dans la nature semble être que le mâle soit en avance sur la femelle au cours de l'évolution. Les sexes peuvent être semblables à une période donnée du cycle biologique de l'espèce. Actuellement, une mutation apparaît, limitée au mâle seul ; ainsi surgit le phénomène de dimorphisme sexuel. L'étape suivante dans l'évolution de l'espèce est souvent une mutation de la femelle qui la rapproche à nouveau du mâle, et ainsi le dimorphisme sexuel disparaît, du moins pour un temps. Un bon exemple en est fourni par les moineaux ; chez le moineau commun d'une grande partie de l'Afrique (*Passer swainsoni*), les deux sexes sont très simples, comme la poule du moineau domestique ; chez cette espèce (*P. domesticus*), comme chacun le sait, le coq, quoique nullement brillant, est sensiblement plus beau que son compagnon ; tandis que chez le Moineau arboricole (*P. montanus*), les deux sexes ont un plumage de type masculin, très semblable à celui du Moineau domestique.

Si l'on considère conjointement les différents faits que nous avons cités plus haut, nous commençons à saisir la nature des phénomènes de dimorphisme sexuel.

Considérons le cas imaginaire d'un petit oiseau sans défense qui construit un nid ouvert. Supposons qu'il soit doté d'un plumage discret. Supposons maintenant qu'une mutation du premier type se manifeste, une mutation qui n'affecte que le coq et le rend plus visible. Supposons encore que le coq ne participe pas aux fonctions d'incubation. Il est fort possible que, malgré cette mutation apparemment défavorable, l'espèce survive, car, comme nous l'avons vu, elle n'affecte pas la poule, et c'est elle, puisqu'elle incube seule, qui a le plus besoin d'une coloration protectrice. De plus, comme l'a suggéré Stolzmann, l'espèce peut éventuellement se permettre de perdre quelques mâles. Mais supposons que le coq et la poule partagent les tâches d'incubation, il est alors fort probable que la mutation provoquera l'extinction de l'espèce, par l'élimination de tous les mâles. Ou bien, supposons que la mutation en direction d'un plumage voyant affecte les deux sexes, alors dans un tel cas, l'espèce disparaîtra presque certainement. Toutefois, si l'espèce hypothétique nichait dans des trous dans les arbres, il est fort possible qu'elle survive malgré son plumage voyant.

Plus grande valeur des femmes

Que ce soit, comme le suggère Wallace, que la poule effectue la majeure partie de l'incubation et qu'elle soit exposée à un danger particulier lorsqu'elle pond ses œufs dans un nid ouvert, ou, comme le souligne Stolzmann, qu'il soit avantageux pour l'espèce qu'il n'y ait pas trop d'œufs. chez les mâles, le résultat est le même : l'espèce peut se permettre de permettre au coq d'être plus gaiement vêtu que la poule. Dans les deux cas, la coloration du coq devient une question relativement peu importante pour l'espèce, et ceci, couplé au fait que le mâle a tendance à muter plus facilement que la femelle, expliquera pourquoi, chez la plupart des espèces qui présentent un dimorphisme sexuel, ce sont les coqs qui sont les plus visibles. Chez certaines espèces, les coqs seuls incubent, et ceux-ci deviennent alors plus importants que les femelles pour la race, de sorte qu'il ne leur est pas permis de devenir voyants, tandis que les poules ont eu plus de liberté à cet égard. L'extrême variabilité du plumage nuptial du Ruff (*Pavoncella pugnax*) indique que sa couleur est relativement indifférente à l'espèce ; en conséquence, on laisse une grande latitude à sa tendance à varier.

Notre point de vue est donc que l'évolution se déroule par mutations, qui peuvent être grandes ou petites.

La mutation est le résultat d'un réarrangement d'une ou plusieurs parties de l'œuf fécondé, et ce réarrangement se manifeste dans l'organisme adulte par un changement dans une ou plusieurs de ses caractéristiques. La mutation peut être corrélée à un seul des organes sexuels, et lorsque tel est le cas, elle donne lieu au phénomène de dimorphisme sexuel. L'apparition chez l'adulte de certains, voire de tous, caractères est affectée par d'autres causes que la nature des molécules biologiques dont ils sont issus. La tendance à se développer dans une certaine direction existe, mais quelque chose d'autre, comme la sécrétion d'hormones par les cellules sexuelles, est souvent nécessaire pour permettre à une tendance donnée de se développer pleinement. C'est ainsi que la castration affecte souvent l'apparence corporelle des animaux opérés. Lorsqu'une mutation apparaît, la sélection naturelle décide si elle doit persister ou non.

CHAPITRE VIII

LES FACTEURS D'ÉVOLUTION

La variation selon des lignes définies et la sélection naturelle sont sans aucun doute des facteurs importants de l'évolution. — Que la sélection sexuelle soit ou non un facteur que nous ne sommes pas encore en mesure de décider.— *Modus operandi* de la sélection naturelle.— La corrélation est un facteur important. — La corrélation est un sujet qui nécessite une étude approfondie — L'isolement, un facteur d'évolution — Isolement discriminé — Isolement aveugle — Ce dernier est-il un facteur ? — Points de vue de **Romanes** — Critique à leur égard — L'isolement aveugle s'est révélé être un facteur — Résumé des méthodes par lesquelles de nouvelles espèces apparaissent — La sélection naturelle ne crée pas d'espèces — Elle décide simplement laquelle de certaines formes toutes faites survivra — La sélection naturelle comparée à un concours et à une commission médicale — Nous sommes encore dans l'obscurité quant aux causes fondamentales de l'origine des espèces — C'est dans l'expérience et l'observation plutôt que dans la spéculation que réside l'espoir de découvrir la nature des espèces. ces causes.

Nous avons jusqu'à présent considéré trois facteurs d'évolution. Le premier d'entre eux est la tendance des organismes à varier selon des lignes définies. Il s'agit d'un facteur très important car, à moins qu'une variation ne se produise dans une direction donnée, il ne peut y avoir d'évolution dans cette direction. Les variations sont les matériaux sur lesquels agissent les autres facteurs, ou causes, de l'évolution. Le deuxième grand facteur est la sélection naturelle. La sélection naturelle peut être comparée à un constructeur et les variations à ses matériaux. Le type de bâtiment qu'un constructeur peut construire dépend dans une large mesure des matériaux qui lui sont fournis. Le pont du Forth n'aurait pas pu être construit si ceux qui l'ont construit n'avaient reçu que des briques et du mortier. Les Wallaciens considèrent la sélection naturelle comme un constructeur qui reçoit toutes sortes de matériaux de construction : pierre, briques, bois, fer, aluminium, dans toutes les quantités qu'il désire. Ils considèrent donc la sélection naturelle comme la seule et unique cause qui détermine l'évolution. Mais c'est une fausse idée. La sélection naturelle devrait plutôt être comparée à un constructeur qui dispose d'une variété limitée de matériaux de construction, de sorte que des restrictions considérables sont imposées à ses opérations de construction. Les portes, fenêtres, cheminées, etc., lui sont fournies toutes faites. Il sélectionne simplement lesquels d'entre eux il utilisera pour chaque bâtiment.

Le troisième facteur d'évolution que nous avons considéré est la sélection sexuelle. Comme nous l'avons vu, ce sujet n'a pas reçu une attention suffisante, de sorte que nous ne sommes pas encore en mesure de dire quelle influence, le cas échéant, il a exercée sur le cours de l'évolution.

La lutte pour l'existence

À ces trois facteurs s'ajoutent, selon nous, quelques autres facteurs. Avant de procéder à leur examen, il est important d'étudier attentivement le *modus operandi* de la sélection naturelle, ou, en d'autres termes, la nature de la lutte pour l'existence, comme nous semblent le démontrer de nombreuses affirmations contenues dans des livres récents sur l'évolution. reposer sur une conception erronée de ce facteur important.

Comme d'habitude, les disciples de Darwin n'ont pas réussi à améliorer la description qu'il a donnée de la nature de la lutte pour l'existence. Ceci est exposé au chapitre III. de l' *origine des espèces* .

« Les causes, écrit Darwin (nouvelle édition, p. 83), qui freinent la tendance naturelle de chaque espèce à augmenter en nombre, sont très obscures. Regardez les espèces les plus vigoureuses ; d'autant plus qu'elle pullule en nombre, d'autant plus elle tendra à s'accroître encore. Nous ne savons pas exactement quels sont les contrôles, même dans un seul cas. C'est parfaitement vrai. Néanmoins, des théories élaborées sur la coloration protectrice et d'avertissement et le mimétisme ont été construites sur l'hypothèse tacite que les obstacles à la multiplication de toutes, ou presque toutes, les espèces sont les créatures qui s'en nourrissent. Il est possible qu'aucun Wallaceien ne l'affirme en autant de termes, mais c'est une déduction logique de l'importance excessive que chacun accorde aux diverses théories de la coloration animale ; car, si les principaux ennemis d'un organisme ne sont pas les créatures qui s'en nourrissent, comment la teinte particulière et le motif de son pelage peuvent-ils avoir pour lui une importance aussi primordiale ?

Contrôles d'augmentation

Nous nous efforcerons de montrer qu'il existe des freins à la croissance d'une espèce bien plus puissants que la dévastation causée par les créatures qui s'en nourrissent. Commençons cependant par exposer brièvement quelques-uns des contrôles sur la multiplication des organismes mentionnés par Darwin dans l' *Origine des espèces* .

"Les œufs, ou les très jeunes animaux", dit-il, "semblent généralement souffrir le plus, mais ce n'est pas toujours le cas". C'est, comme nous l'avons déjà souligné, un point très important à garder à l'esprit, surtout lorsqu'on considère les différentes théories actuelles sur la coloration animale. Lorsqu'un animal moyen est devenu adulte, ses chances de survie augmentent considérablement.

Un deuxième frein mentionné par Darwin est la limitation de l'approvisionnement alimentaire. « La quantité de nourriture pour chaque espèce, écrit-il (p. 84), donne bien sûr la limite extrême jusqu'à laquelle chacune peut augmenter ; mais très souvent, ce n'est pas le fait d'obtenir de la nourriture, mais le fait de servir de proie à d'autres animaux, qui détermine le nombre moyen d'une espèce. Ainsi, il semble y avoir peu de doute que le cheptel de perdrix, de tétras et de lièvres dans n'importe quelle grande propriété dépend principalement de la destruction de la vermine. . . . En revanche, dans certains cas, comme pour l'éléphant et le rhinocéros, aucun n'est détruit par des bêtes de proie.

Nous sommes enclins à penser que ni la limite alimentaire ni les bêtes de proie ne constituent un frein très important à la multiplication des organismes. Le lion, par exemple, n'a jamais été assez nombreux pour atteindre la limite de ses réserves alimentaires. Avant que l'homme blanc ne prenne pied en Afrique, on voyait de vastes troupeaux d'herbivores dans les régions où les lions étaient les plus nombreux. C'est un fait des plus importants, car si le nombre d'une espèce n'est pas déterminé par celui des animaux qui s'en nourrissent, la couleur particulière d'un organisme n'a probablement pas d'importance directe pour lui. Cela détruit les fondements de certaines des théories généralement acceptées sur la coloration animale.

« Le climat », écrit Darwin (p. 84), « joue un rôle important dans la détermination du nombre moyen d'une espèce, et les saisons périodiques de froid extrême ou de sécheresse semblent être le contrôle le plus efficace de tous. J'ai estimé (principalement d'après le nombre considérablement réduit de nids au printemps) que l'hiver 1854-1855 avait détruit les quatre cinquièmes des oiseaux de mon propre territoire, et c'est une destruction énorme quand on pense à ces 10 pour cent. Il y a une mortalité extraordinairement grave due aux épidémies chez l'homme.

À notre avis, Darwin n'a pas suffisamment insisté sur l'importance du climat comme frein à la croissance des espèces. Nous avons vu qu'il a exprimé sa conviction que c'est le contrôle le plus efficace de tous. Mais même cela ne constitue pas une affirmation suffisamment solide. Il nous semble qu'avant ce contrôle, tous les autres contrôles paraissent insignifiants.

Darwin n'a pas remarqué les effets puissants de l'humidité. L'humidité est plus nuisible à la plupart des espèces que le froid ou la sécheresse, comme le savent tous ceux qui ont essayé d'élever des oiseaux en Angleterre. Tous les entomologistes savent à quel point l'humidité est nocive pour les insectes. Les chenilles semblent se cacher sous les feuilles pour éviter l'humidité plutôt que pour se cacher des oiseaux, car celles-ci mettent un point d'honneur, lorsqu'elles recherchent des insectes, à regarder invariablement attentivement sous les feuilles.

C'est un fait bien connu qu'un hiver humide en Angleterre entraîne une forte mortalité chez les lapins. L'augmentation du nombre de lapins en Australie est généralement attribuée au fait que le petit rongeur n'a pas à affronter autant de créatures prédatrices qu'en Europe. Ce n'est pas le cas. En Australie, le lapin doit lutter contre les aigles, d'autres grands oiseaux de proie, des marsupiaux carnivores, des chats sauvages, des varans et de grands serpents, sans parler des attaques bien organisées et persistantes de l'homme.

Si les créatures prédatrices étaient les ennemis les plus importants du lapin, celui-ci n'aurait jamais pris pied en Australie. L'humidité semble être son principal ennemi. En Australie, cela n'existe pas. D'où l'augmentation remarquable de l'espèce. Il ne serait pas possible d'avancer des preuves plus solides de la puissance de l'humidité comme frein à la croissance d'une espèce et de l'impuissance relative des attaques des créatures rapaces.

L'échec du ganga des sables à s'implanter en Angleterre est, pensons-nous, dû au fait qu'il est constitutionnellement inapte à résister à notre climat humide.

Le chameau est un animal qui se délecte des habitats secs, d'où la difficulté de garder des chameaux dans le Bengale humide, bien qu'ils semblent s'épanouir assez bien dans les régions les plus sèches de l'Inde.

« Lorsqu'une espèce », écrit Darwin (p. 86), « en raison de circonstances très favorables, augmente démesurément en nombre dans une petite étendue, des épidémies — du moins, cela semble se produire généralement avec notre gibier — s'ensuivent souvent ; et nous avons ici un frein limitant, indépendant de la lutte pour la vie. Mais même certaines de ces soi-disant épidémies semblent être dues à des vers parasites qui, pour une raison quelconque, peut-être en partie à cause de la facilité de leur diffusion parmi les animaux rassemblés, ont été favorisés de manière disproportionnée : et c'est là qu'intervient une sorte de lutte entre le parasite. et sa proie.

Darwin ne s'attaque donc pas de manière adéquate à cet obstacle à la croissance des organismes, qui n'est que le deuxième en importance après l'effet du climat. L'échec provoqué par les maladies et les parasites est un problème auquel les naturalistes n'ont jusqu'ici prêté que peu d'attention. Il en résulte une incompréhension très générale de la véritable nature de la lutte pour l'existence, en d'autres termes du *mode opératoire* de la sélection naturelle.

En Afrique, la mouche tsé-tsé constitue un frein bien plus important à la croissance de certains animaux que les lions et autres bêtes de proie. Il existe sur ce continent de vastes étendues de pays, connues sous le nom de ceintures à mouches tsé-tsé, dans lesquelles ni cheval, ni bœuf, ni chien ne peuvent exister. Si des races de ces animaux devaient apparaître qui pourraient résister à la piqûre de la mouche tsé-tsé, ces espèces pourraient croître plus rapidement que le lapin en Australie ne l'a fait, et il n'aurait pas d'importance si les créatures en question étaient d'un pourpre brillant ou de toute autre autre espèce visible. couleur.

Prenons le cas du lion en Afrique. Le principal obstacle à l'augmentation du nombre de cette espèce semble être les problèmes de dentition auxquels les petits sont sujets. Supposons maintenant qu'une mutation se produise chez le lion. Supposons que plusieurs membres d'une portée soient tous bleu vif et qu'ils ne souffrent d'aucun problème de poussée dentaire. Ils grandiraient probablement tous, et bien qu'ils soient quelque peu désavantagés en tant que chasseurs en raison de leur coloration remarquable, ils augmenteraient néanmoins probablement aux dépens des lions normalement colorés, en raison de l'immunité de leur progéniture contre la mort due à des problèmes de dentition. Les zoologistes seraient alors incapables d'expliquer leur coloration vive. Nous devrions avoir toutes sortes de suggestions ingénieuses, à savoir qu'au clair de lune ces créatures n'étaient en réalité pas du tout visibles, et même qu'elles étaient colorées de manière oblitérante. En d'autres termes, une explication totalement erronée de leur coloration serait donnée et acceptée. Nous pensons que bon nombre des explications avancées et acceptées concernant la coloration des espèces existantes sont loin de la vérité.

Comme tous les apiculteurs le savent, la maladie connue sous le nom de loque fait plus de ravages chez les abeilles que chez toutes les créatures insectivores réunies.

De même, les maladies de la gorge chez les pigeons ramiers contribuent davantage à réduire leur nombre que tous les efforts des oiseaux prédateurs.

Un contrôle de la multiplication non mentionné par Darwin est celui que les individus de l'espèce s'imposent parfois les uns aux autres. Ainsi, chez certains animaux, comme par exemple la hyène, le mâle dévore parfois ses propres petits.

Un échec de même nature résulte de l'habitude qu'a la Corneille domestique (*Corvus splendens*) d'interrompre les opérations d'accouplement de ses voisins.

Attributs des espèces à succès

Nous sommes maintenant en mesure de résumer brièvement les conditions les plus importantes pour réussir dans la lutte pour l'existence.

Il ne s'agit pas tant d'une structure spécialisée que du courage, d'une bonne constitution, de la capacité mentale et de la prolificité.

Peu d'animaux possèdent toutes ces caractéristiques à un degré prééminent, car, pour reprendre les mots de M. Thompson Seton, « Chaque animal a un point fort, sinon il ne pourrait pas vivre, et un point faible, ou les autres animaux ne pourraient pas vivre. » Le courage peut être de deux sortes : le courage actif, comme celui de l'Anglais, ou le courage passif, comme celui du Juif.

Comme l'a dit D. Dewar : Dans la lutte pour l'existence, « une once de bonne pugnacité vaut plusieurs kilos de coloration protectrice. »

Il est bien sûr possible qu'un animal ait trop de courage. Un courage excessif amènera souvent une créature à mener des batailles inutiles, ce qui peut conduire à sa mort prématurée. C'est peut-être la raison pour laquelle la forme noire pugnace du léopard n'est pas plus nombreuse.

Sous une bonne constitution, nous devons inclure la capacité de résister aux rigueurs du climat, plus particulièrement à l'humidité, la capacité de résister aux maladies et la jouissance d'une bonne digestion. Lorsque, pour une raison quelconque, la nourriture normale d'une espèce devient rare, les membres de cette espèce seront obligés de mourir de faim ou de compléter leur alimentation normale avec des aliments de nature inhabituelle ; et ceux qui sont dotés d'une bonne digestion seront capables de digérer la nouvelle nourriture et ainsi survivre, tandis que ceux qui ne peuvent pas assimiler la nourriture à laquelle ils ne sont pas habitués deviendront émaciés et périront. Nous le constatons lors de chaque hiver rigoureux en Angleterre, lorsque l'aile rouge, qui, contrairement aux autres grives, ne peut pas prospérer sur les baies, est la première à mourir. La plupart des oiseaux qui réussissent le mieux – les corbeaux et les mouettes, par exemple – sont omnivores, c'est-à-dire qu'ils sont capables de digérer toutes sortes de nourriture.

Sous capacité mentale, nous inclurions la ruse et une intelligence suffisante pour s'adapter aux conditions changeantes. C'est en grande partie grâce aux capacités mentales supérieures de l'homme qu'il est devenu l'espèce dominante. Il est vrai qu'il fait preuve aussi de courage et d'une bonne constitution, étant capable de s'adapter à la vie dans les conditions les plus diverses ; mais cela est bien sûr dû en partie à ses capacités mentales, qui lui permettent dans une certaine mesure d'adapter son environnement à lui-même.

Les avantages de la prolificité sont si évidents qu'il est inutile de s'y attarder. La capacité des parents à s'occuper de leurs petits est presque aussi importante qu'une fécondité excessive.

Chaque espèce qui réussit possède, à un degré particulier, au moins un des attributs ci-dessus. Il est intéressant de prendre tour à tour les différentes espèces les plus largement répandues et de considérer dans quelle mesure elles possèdent ces diverses qualités.

Considérons maintenant un facteur d'évolution presque aussi important que la sélection naturelle elle-même : nous faisons allusion au phénomène de corrélation.

CORRÉLATION

Nous pouvons définir la corrélation comme l'interdépendance de deux ou plusieurs caractères. Ce phénomène est bien plus fréquent que ne semble le penser la majorité des naturalistes. Il arrive très fréquemment qu'un caractère particulier n'apparaisse jamais dans un organisme sans être accompagné d'un autre caractère dont on ne devrait pas s'attendre à ce qu'il lui soit lié d'une manière ou d'une autre.

Darwin a attiré l'attention sur ce phénomène. « Dans les monstruosités, écrit-il à la page 13 de l' *Origine des espèces* (nouvelle édition), les corrélations entre des parties très différentes sont très curieuses, et de nombreux exemples intéressants sont donnés dans le grand ouvrage d'Isidore Geoffroy St Hilaire sur ce sujet. Les éleveurs pensent que les membres longs sont presque toujours accompagnés d'une tête allongée. Certains exemples de corrélation sont assez fantaisistes : ainsi les chats entièrement blancs et aux yeux bleus sont généralement sourds ; mais M. Tait a récemment déclaré que cela se limitait aux mâles.

« La couleur et les particularités constitutionnelles vont de pair, dont de nombreux cas remarquables pourraient être cités chez les animaux et les plantes. D'après les faits recueillis par Heusinger, il ressort que les moutons et les porcs blancs sont blessés par certaines plantes, tandis que les individus de couleur foncée s'échappent. Le professeur Wyman m'a récemment communiqué une bonne illustration de ce fait : en demandant à quelques fermiers de Virginie comment il se faisait que tous leurs porcs étaient noirs, ils lui ont répondu que les porcs mangeaient la racine de peinture (Lachnanthes), qui colorait leurs os en *rose* . , et qui a fait tomber les sabots de toutes les variétés sauf celles noires ; et l'un des « crackers » (*c'est-à-dire* les squatters de Virginie) a ajouté : « nous sélectionnons les membres noirs d'une portée pour les élever, car eux seuls ont de bonnes chances de vivre.

« Les chiens sans poils ont des dents imparfaites ; les animaux à poil long et à poil grossier ont tendance à avoir, comme on l'affirme, des cornes longues ou nombreuses ; les pigeons aux pattes emplumées ont de la peau entre les orteils externes ; les pigeons au bec court ont de petits pieds et ceux au bec long de grands pieds.

« Par conséquent, si l'homme continue à sélectionner, et ainsi à augmenter, une particularité, il modifiera presque certainement involontairement d'autres parties de la structure, en raison des lois mystérieuses de la corrélation de croissance. »

La grande importance du principe de la corrélation des organes est que *la sélection naturelle peut indirectement faire survivre des variations défavorables, ou des variations qui ne sont d'aucune utilité à l'organisme, parce qu'elles se produisent. être corrélé avec des organes ou des structures utiles* .

Les physiologistes insistent de plus en plus sur l'étroite interdépendance des diverses parties de l'organisme. Toutes les recherches récentes tendent à montrer que chacun des organes a, outre sa fonction première, un certain nombre de tâches subordonnées à accomplir, et que l'ablation d'un organe réagit sur tous les autres.

Face à ces faits, nous aurions dû nous attendre à ce que les zoologistes qui ont suivi Darwin aient accordé une attention très particulière au sujet de la corrélation. En réalité, le phénomène semble avoir été presque totalement négligé. C'est là un exemple de la manière dont les théories superficielles, aujourd'hui largement acceptées, ont eu tendance à barrer la route à la recherche.

Il semble y avoir, en tout cas, dans le cas de certains organismes, une corrélation nette entre leur coloration et leur constitution ou leurs caractères mentaux. Par exemple, les formes noires du cobra, du léopard et du jaguar sont notoirement de mauvaise humeur.

«Il y en a», écrit le colonel Cunningham, à la p. 344 de *Some Indian Friends and Conquaintances* , « de grandes variations dans le caractère des différentes variétés de cobras et, comme c'est souvent si visible chez d'autres espèces d'animaux, il semblerait y avoir une corrélation nette entre la couleur foncée et la mauvaise humeur. C'est probablement en partie grâce à cette reconnaissance que les cobras que l'on voit habituellement dans les mains de ceux qu'on appelle les charmeurs de serpents sont d'une couleur très claire, bien que le choix puisse aussi être dans une certaine mesure d'origine esthétique, étant donné que la couleur plus pâle les variétés sont spécialement ornementales, en raison de l'éclat de leurs dessins et du grand développement de leurs capuchons. Il semblerait donc qu'il existe également une corrélation entre la couleur du cobra et la taille de sa capuche.

Hesketh Pritchard nous apprend, dans *Au cœur de la Patagonie* , que les Gauchos affirment qu'un poulain « picaso », c'est-à-dire noir à pointes blanches, est l'inverse de docile. De même, les souris noires seraient très difficiles à apprivoiser.

Nous avons déjà attiré l'attention sur l'importance du courage et sur la capacité de résister aux rigueurs du climat dans la lutte pour l'existence. C'est apparemment parce que le noir est si souvent associé au courage qu'on le voit relativement souvent dans la nature, bien qu'il s'agisse d'une très mauvaise couleur en termes de protection contre les ennemis. Les oiseaux et les bêtes noires sont généralement des espèces prospères. La domination de la tribu des corbeaux en est un bon exemple. Les corbeaux, il est vrai, ne sont pas vraiment courageux, mais ils sont dangereux à cause de leurs habitudes grégaires et sont redoutés des autres créatures à cause de leur pouvoir de combinaison. Dans *Oiseaux du Plains* , D. Dewar rapporte un exemple d'un certain nombre de corbeaux tuant pour se venger un oiseau aussi puissant que le cerf-volant.

Étant donné que de très nombreuses espèces semblent émettre des variations mélaniques, on peut peut-être se demander : Comment se fait-il qu'il n'existe pas davantage d'espèces noires ?

La réponse est double. En premier lieu, il est fort probable que chez certains organismes, les variations noires ne soient pas corrélées au courage ou à une combativité extrême, et lorsque tel est le cas, les variétés mélaniques seront plus susceptibles d'être exterminées par les ennemis, en raison de leur caractère visible. Il ne faut pas oublier que, toutes choses étant égales par ailleurs, l'organisme aux couleurs discrètes a de meilleures chances de survie que l'organisme aux couleurs voyantes. Il s'agit bien entendu d'une attitude très différente de celle qui insiste sur l'importance capitale de la coloration protectrice pour les animaux. Deuxièmement, il n'est pas difficile de voir combien trop de courage peut être fatal à un animal en le conduisant à prendre des risques qu'un être plus timide s'abstiendrait de prendre. Ceci, comme nous l'avons déjà suggéré, est probablement la raison pour laquelle la panthère noire est si rare.

La couleur noire est facilement héritée, il doit donc y avoir une cause qui tend à tuer les variétés noires de la panthère.

De peur que l'idée selon laquelle un courage et une pugnacité excessifs sont nuisibles n'est qu'une simple fantaisie, citons le récit des habitudes de nidification de l'hirondelle rousseline (Tachycineta leucorrhoa) *donné* par M. WH Hudson à la p. 32 de *l'ornithologie argentine* . Il dit que peu importe le nombre de sites de nidification disponibles, il y a toujours de nombreux combats entre ces oiseaux pour les meilleurs endroits. « De manière très vindicative, écrit-il, les petites choses s'agrippent les unes aux autres et tombent vingt fois par heure à terre, où elles restent souvent longtemps à lutter, sans se soucier des cris d'alarme que leurs semblables poussent au-dessus d'elles ; car souvent, pendant qu'ils se punissent ainsi, ils deviennent une proie facile pour quelque chatte rusée qui s'est familiarisée avec leurs habitudes.

Nous avons déjà souligné l'importance, pour beaucoup d'espèces, de posséder la faculté de résister aux effets de l'humidité. Dans le cas de certains organismes, des variations favorables dans cette direction peuvent avoir une plus grande valeur de survie que celles se traduisant par une plus grande vitesse ou une plus grande force physique.

Or, s'il existe une corrélation entre le pouvoir de résister à l'humidité et la couleur que porte un animal, il est fort probable que les animaux de cette couleur, qu'elle soit ou non visible, sont susceptibles de survivre de préférence à ceux dont la couleur est plus protectrice. . Il existe des preuves selon lesquelles, dans certains cas, la résistance au climat est corrélée à des particularités de couleur. Par exemple, certains amateurs affirment que les volailles à pattes jaunes résistent mieux au froid et à l'humidité que celles dont les pattes ne sont pas jaunes. Les poules qui ont les pattes jaunes ont aussi la peau jaune. A cet égard, l'hypothèse presque universelle des pattes oranges chez les pintades domestiques est significative. Normalement, les pattes de ces oiseaux sont noires et leur habitat naturel africain est sec.

Une couleur grise ou blanche semble être corrélée à la résistance au froid. Chez les oiseaux, cela s'explique peut-être par le fait que les plumes de certaines variétés claires sont plus longues que celles de celles de couleur normale. Ainsi, les canaris de couleur farineuse ont des plumes plus longues que celles de couleur vive.

Le Labbe arctique, n'ayant aucun ennemi à craindre, n'a pas besoin de coloration protectrice. Il semblerait donc que les formes à poitrine blanche de cet oiseau deviennent plus nombreuses à mesure qu'il se rapproche du pôle nord, non pas en raison de l'assimilation plus étroite de son plumage à la couleur des environs enneigés, mais parce que l'oiseau doit résister d'autant plus. de froid à mesure qu'on se trouve plus au nord. De même, dans la région du pôle sud, la forme albinos du pétrel géant (*Ossifraga gigantea*) devient courante. Ces deux oiseaux sont eux-mêmes prédateurs et ne sont pas susceptibles d'être une proie.

Les curieuses pattes d'un blanc de porcelaine de certains oiseaux du désert, comme par exemple les coursiers et les alouettes, semblent indiquer une capacité de résistance aux rayons chauds rayonnant du sable sur lequel ces créatures habitent.

Les piquants blancs ne se portent pas bien ni chez les oiseaux domestiques ni chez les albinos sauvages. Cela peut expliquer pourquoi lorsqu'une espèce d'oiseau sauvage blanc a du noir dans son plumage, le noir est presque invariablement sur le bout des ailes.

Les plumes blanches sont l'une des variations les plus courantes observées chez les oiseaux domestiques, néanmoins elles sont aussi rares que la blancheur complète chez les oiseaux à l'état naturel.

Une couleur alezan ou bai chez les mammifères semble être corrélée à une vitesse élevée, comme chez le cheval pur-sang. Cela explique peut-être pourquoi tant d'espèces d'antilopes parmi les plus rapides, telles que les bubales et les sassaby (*Damaliscus lunatus*), sont de couleur bai marron. C'est encore un fait remarquable que chez le Buck noir (*Antilope cervicapra*) et le Nilgai (*Boselaphus tragocamelus*), les femelles, qui sont plus rapides que les mâles, ne sont pas noires ou grises comme leurs mâles respectifs, mais rougeâtres.

Les dindes sauvages sont en bronze ; les plus apprivoisés sont noirs plus souvent que toute autre couleur. Cela peut être dû au fait que chez eux la nigritude est corrélée au pouvoir de résister à l'humidité. Parmi les êtres humains, les races qui vivent dans des régions très marécageuses sont souvent d'un noir intense.

Il est significatif que les animaux domestiques élevés pour la vitesse ou pour le combat ne revêtent pas toutes les couleurs variées qui caractérisent ceux qui sont autorisés à se reproduire sans discernement. Les chevaux de course, les lévriers et les pigeons voyageurs en fournissent des exemples. Le cas de l'Aseel indien ou coq de chasse est encore plus remarquable. Cet animal est élevé uniquement à des fins de combat et doit faire preuve d'une endurance extraordinaire, car les éperons sont coupés afin de prolonger le combat. C'est ainsi que cette race indienne de coqs de chasse présente peu de variations, si on la compare à la race anglaise, qui combat d' une manière plus naturelle. Les poules de forme indienne ne semblent jamais présenter la coloration des oiseaux sauvages de la jungle, bien que les coqs puissent le faire. Il semblerait que les poules ayant la coloration de leurs ancêtres sauvages ne puissent pas engendrer des coqs possédant le courage requis. On dit que l'Aseel est du plus grand courage seulement lorsque les pattes, le bec et l'iris sont blancs.

Il ne fait aucun doute, à notre avis, que de nombreux autres liens entre la couleur et diverses caractéristiques restent encore à découvrir. Il est grand temps que des naturalistes compétents s'intéressent à ce sujet. Une étude de cette question jettera presque certainement beaucoup de lumière sur de nombreux phénomènes de coloration animale qui n'ont pas encore été expliqués de manière satisfaisante. Il est fort probable que la teinte sableuse affichée par les oiseaux et les bêtes qui fréquentent les régions désertiques soit due à une corrélation avec la capacité de résister à une chaleur sèche intense plutôt qu'au fait qu'elle les rend invisibles à leurs ennemis.

Comme autres exemples de corrélation, nous pouvons citer la corrélation qui semble s'établir entre les canines courtes et l'absence de couverture velue du corps. Ce phénomène s'observe aussi bien chez l'homme que chez le porc. Les chiens sans poils ont presque toujours des dents mais peu développées.

Darwin a attiré l'attention sur le lien entre un bec court et de petites pattes chez les pigeons ; nous observons le même phénomène chez la race naine de canards appelés canards d'appel.

Il existe une curieuse corrélation entre les œufs de poule à coquille brune et l'habitude d'incuber. Les amateurs ont longtemps tenté en vain de produire une poule qui pond des œufs bruns sans devenir « couveuse » à certaines saisons.

Chez les volailles, les longues pattes sont invariablement corrélées à une queue courte, comme on le voit bien chez la race malaise. Cette corrélation peut expliquer les queues courtes des échassiers. Les poules à pattes courtes, comme les nains japonais, ont de longues queues, et il est significatif que les Râles Weka (*Ocydromus*) à pattes courtes de Nouvelle-Zélande aient une queue inhabituellement longue pour la famille. A ce propos, nous pouvons dire que les plumes caudales des grues ne sont pas des plumes de la queue, mais les plumes tertiaires des ailes. Comme les aigrettes ont également de longues traînées de panaches qui poussent sur le dos, on ne peut pas dire que la queue courte de la grande majorité des échassiers soit due au fait que ces oiseaux seraient désavantagés si leurs plumes caudales étaient longues.

ISOLEMENT

L'isolement est un facteur très important dans la création des espèces. C'est un facteur auquel Darwin n'a pas attaché suffisamment d'importance et qui a été dans une large mesure négligé par les Wallaceiens.

Divergence de caractère

Nous avons vu comment une espèce peut être améliorée ou modifiée par la sélection naturelle. Tous les individus qui ont varié dans une direction favorable ont été conservés et ont pu laisser derrière eux une descendance qui hérite de leurs particularités, tandis que ceux qui n'ont pas tant varié ont péri sans laisser de descendance. La nature de l'espèce a donc changé. L'ancien type a cédé la place à un nouveau. Au lieu de l'espèce A, l'espèce B existe. C'est ce que Romanes a appelé l'évolution *monotypique* : la transformation d'une espèce en une autre espèce. Mais toute théorie sur l'origine des espèces doit pouvoir répondre à la question : pourquoi les espèces se sont-elles multipliées ? Comment se fait-il que l'espèce A ait donné naissance aux espèces B, C et D, ou, tout en continuant à exister, ait rejeté les espèces sœurs B et C ? Comment se fait-il qu'au cours de l'évolution, les espèces n'aient pas été transmuées en séries linéaires au lieu de se ramifier en branches ? Cette ramification d'une espèce en branches a été qualifiée par Romane d'évolution *polytypique* . Il est facile de voir comment la sélection naturelle peut provoquer une évolution monotypique, mais comment a-t-elle pu affecter une évolution polytypique ? Pour reprendre la phraséologie de Darwin, comment se fait-il que la divergence de caractère se soit produite ? La réponse de Darwin à cette question est (*Origin of Species* , p. 136) : « Du simple fait que plus les descendants d'une espèce se diversifient en termes de structure, de constitution et d'habitudes, d'autant plus ils seront mieux en mesure de saisir sur des endroits nombreux et très diversifiés dans le système politique de la nature, et ainsi pouvoir croître en nombre.

« Nous pouvons clairement le constater dans le cas d'animaux aux habitudes simples. Prenons le cas d'un quadrupède carnivore, dont le nombre pouvant être entretenu dans n'importe quel pays a depuis longtemps atteint sa moyenne maximale. Si l'on laisse agir sa puissance naturelle d'accroissement, il ne pourra réussir à croître (le pays ne subissant aucun changement dans ses conditions) que par ses divers descendants s'emparant des places actuellement occupées par d'autres animaux : certains d'entre eux, par exemple, étant capable de se nourrir de nouveaux types de proies, mortes ou vivantes; certains habitent de nouvelles stations, grimpent aux arbres, fréquentent l'eau et certains deviennent peut-être moins carnivores. Plus les descendants de notre animal carnivore se diversifieront dans leurs habitudes et leur structure, plus ils pourront occuper de places. Ce qui s'applique à un animal s'appliquera à tout moment à tous les animaux – c'est-à-dire s'ils varient – car sinon la sélection naturelle ne peut rien faire. Darwin pensait donc que la sélection naturelle est capable de provoquer une évolution polytypique. Darwin suppose tacitement, dans l'illustration qu'il donne, que les diverses races de l'animal carnivore sont d'une manière ou d'une autre empêchées de se croiser ; car si elles se croisent sans discernement, ces races tendront à disparaître.

Isolement

« Ce croisement parfaitement libre », écrit le professeur Lloyd Morgan (à la p. 98 de *Animal Life and Intelligence*), « entre l'un ou l'ensemble des individus d'un groupe d'animaux donné est, aussi longtemps que les caractères des parents sont mélangés dans la descendance, fatale aux divergences de caractère, est indéniable. Grâce à l'élimination des variations moins favorables, la rapidité, la force et la ruse d'une race peuvent être progressivement améliorées. Mais aucune forme d'élimination ne peut différencier le groupe en variétés rapides, fortes et rusées, distinctes les unes des autres, tant que les trois variétés se croisent librement et que les caractères des parents se mélangent à la progéniture. L'élimination peut donner lieu et donne effectivement lieu à des progrès dans un groupe donné, *en tant que groupe* ; il ne donne pas et ne peut pas donner lieu à une différenciation et à une divergence, aussi longtemps que le métissage, avec pour conséquence un mélange de caractères, est librement permis. D'où il s'ensuit inévitablement, par simple logique, que là où une divergence s'est produite, les croisements et les croisements ont dû, d'une manière ou d'une autre, être atténués ou empêchés.

« Ainsi un nouveau facteur est introduit, celui de *l'isolement* ou *de la ségrégation* . Et il ne fait aucun doute que cela revêt une grande importance. En effet, son importance ne peut être niée qu'en niant les effets submergés des croisements, et un tel déni implique l'hypothèse tacite que le métissage et le mélange sont contrôlés par une certaine forme de ségrégation. L'isolement explicitement nié est implicitement assumé.

Il s'agit là d'une critique très fondée, qui n'est pas très sensiblement affectée par le fait que le croisement des variétés n'implique pas nécessairement un mélange de leurs caractères dans la descendance ; car, comme nous l'avons vu, certains personnages ne se mélangent pas. Quelle que soit la forme que prend l'héritage, pour que la sélection naturelle puisse provoquer une évolution polytypique, elle doit être assistée par l'isolement sous une forme ou une autre.

L'isolement est donc un facteur important de l'évolution, même s'il n'est probablement pas aussi important que ses défenseurs les plus extrémistes voudraient nous le faire croire. Wagner, Romanes et Gulick ont, en insistant sur l'importance du principe d'isolement, rendu de précieux services à la science biologique, mais, comme la plupart des hommes ayant une nouvelle théorie, ils ont poussé leurs conclusions jusqu'à l'absurde.

Comme Romanes l'a souligné, l'isolement peut être discriminatoire ou aveugle. « Si », écrit-il, à la p. 5 du tome. iii. de *Darwin et après Darwin* , « un berger divise un troupeau de moutons sans égard à leurs caractères, il isole indistinctement une section de l'autre ; mais s'il place tous les moutons blancs dans un champ et tous les moutons noirs dans un autre champ, il isole discriminatoirement une section de l'autre. Ou encore, si l'affaissement géologique divise une espèce en deux parties, l'isolement se fera sans discrimination ; mais si la séparation est due au fait que l'une des sections développe, par exemple, un changement d'instinct déterminant la migration vers une autre zone, ou l'occupation d'un habitat différent sur la même zone, alors l'isolement sera discriminant, dans la mesure où la ressemblance l'instinct est concerné.

Isolement discriminatoire

D'autres noms pour l'isolement aveugle sont l'élevage séparé et l'apogamie. L'isolement discriminatoire est également appelé élevage séparé et homogamie. L'éleveur humain recourt à l'isolement discriminatoire en ce sens qu'il sépare toutes les créatures à partir desquelles il cherche à se reproduire, de celles à partir desquelles il ne souhaite pas se reproduire. La sélection naturelle elle-même est donc une sorte d'isolateur discriminant, puisqu'elle isole ceux qui conviennent en détruisant tous ceux qui ne conviennent pas, et dans la mesure où elle tue toutes les créatures qu'elle ne parvient pas à isoler, elle diffère des autres formes d'isolement en empêchant la croisement de formes non isolées et leur donnant naissance à une race différente. Il est donc clair que la sélection naturelle, à moins qu'elle ne soit aidée par une autre forme d'isolement, ne peut donner effet qu'à une évolution monotypique. C'est un point sur lequel Romanes insiste, à juste titre, avec force.

Il existe plusieurs autres formes d'isolement discriminatoire. La sélection sexuelle en serait une. Supposons, par exemple, que dans n'importe quelle espèce, il se forme des variétés grandes et petites, et que les espèces semblables tendent à se reproduire entre elles, alors les petits individus se reproduiront avec d'autres petits individus, tandis que les grands s'accoupleront avec les grands ; ainsi, deux races – une grande et une petite – évolueront côte à côte, à condition, bien entendu, que la sélection naturelle n'intervienne pas et ne détruise pas l'une d'elles.

Un autre type d'isolement discriminant peut être dû au fait qu'une variété est prête à s'accoupler avant l'autre ; il est donc probable qu'il y ait deux races qui se reproduisent à des saisons différentes. Il n'est pas nécessaire que nous discutions davantage du sujet de l'isolement discriminatoire ; ceux que le sujet intéresse devraient lire le vol. iii. de *Darwin et après Darwin*, par Romanes.

Isolement aveugle

Il est impossible de nier l'importance de l'isolement discriminatoire en tant que facteur d'évolution. Il ne peut y avoir de désaccord entre biologistes sur ce point. C'est lorsque nous abordons le sujet de l'isolement aveugle que nous entrons dans une région de conflits zoologiques.

L'isolement aveugle est- *il en soi* un facteur d'évolution ? Romanes, Gulick et Wagner affirment que oui, Wallace et ses partisans affirment que non.

La charge de la preuve incombant aux premiers, ils ont droit à la première audience.

« Nous pourrions bien être disposés, à première vue, écrit Romanes (*Darwin et après Darwin* , p. 10), à conclure que ce genre d'isolement ne peut compter pour rien dans le processus d'évolution. Car si l'importance fondamentale de l'isolement dans la production de formes organiques est due à sa ségrégation du semblable avec le semblable, ne s'ensuit-il pas que toute forme d'isolement sans discrimination ne doit pas remplir la condition même dans laquelle toutes les formes d'isolement discriminatoire dépendent de leur efficacité à provoquer l'évolution organique ? Ou, pour revenir à un exemple concret, n'est-il pas évident que le fermier qui séparerait indistinctement son troupeau en deux ou plusieurs parties, n'effectuerait pas plus de changement dans son cheptel que s'il les avait tous laissés se reproduire ensemble ? Eh bien, même si à première vue cela semble évident, c'est en fait faux. Car, à moins que les individus isolés sans discernement ne soient un très grand nombre, tôt ou tard leur descendance en viendra à différer de celle du type parental, ou de la partie non isolée de la souche parentale. Et bien sûr, dès que ce changement de type commence, l'isolement cesse d'être aveugle ; l'apogamie précédente s'est transformée en homogamie, avec pour résultat habituel une divergence de type. La raison pour laquelle la progéniture d'une section isolée sans discernement d'un stock initialement uniforme - *par exemple* d'une espèce - finira par s'écarter du type original est, pour citer M. Gulick, la suivante : « Il n'y a pas deux parties d'une espèce qui possèdent exactement la même moyenne. caractère, et les différences initiales réagissent sans cesse sur le milieu et les unes sur les autres, de manière à assurer une divergence croissante tant que les individus des deux groupes sont empêchés de s'intergénérer.

Les propos de M. Gulick nécessitent un examen attentif. Nous pouvons admettre qu'« aucune partie d'une espèce ne possède exactement le même caractère moyen », mais pourquoi les deux, si elles sont empêchées de se croiser tout en étant soumises à des conditions climatiques et autres similaires, présenteraient-elles le phénomène de « divergence croissante » ? La raison invoquée par Romanes est la « loi » de Delbœuf, qui dit : « *Une cause constante de variation* , si insignifiante soit-elle, change peu à peu l'uniformité des caractères et la diversifie *à l'infini* . » De cette « Loi », il résulte, dit Romanes, à la p. 13 du tome. iii. *Darwin et après Darwin* , que « si infinitésimale que puisse être la différence entre les qualités moyennes d'une section isolée d'une espèce comparées aux qualités moyennes du reste de cette espèce, si l'isolement dure suffisamment longtemps, une différenciation de type spécifique est nécessairement inévitable.

Cette déduction implique deux hypothèses importantes. La première est que dans chacune des parties séparées d'une espèce donnée, il existe une cause constante de variation agissant dans un sens pour une partie et dans une autre direction pour l'autre. Cette hypothèse n'est malheureusement pas fondée sur des faits. Si nous devions prendre cent chevaux de course et les enfermer dans un parc et cent chevaux de trait et les enfermer dans un autre parc, et empêcher le croisement des deux races, nous devrions, si l'hypothèse tacite de Romanes est vraie, on voit les deux types s'écarter de plus en plus l'un de l'autre. Nous savons qu'en fait, ils auront tendance, génération après génération, à se ressembler davantage. La loi de régression de Galton, dont nous avons déjà parlé et qui est étayée par de nombreuses preuves, contredit clairement cette hypothèse tacite formulée par Romanes et Gulick. La deuxième hypothèse sur laquelle repose leur raisonnement est qu'il n'y a aucune limite à l'ampleur des changements qui peuvent être effectués par l'accumulation de variations fluctuantes ; mais, comme nous l'avons déjà vu (p. 70), il existe une limite bien définie et cette limite est vite atteinte.

Les arguments de Romanes et Gulick sont donc fondamentalement erronés.

Mollusques des îles Sandwich

Mais le fait demeure, et il faut en tenir compte, qu'en règle générale, lorsque deux parties d'une espèce sont séparées, de telle sorte qu'elles sont empêchées de se croiser, elles commencent à diverger dans leurs caractères, et plus longtemps elles restent ainsi séparées. plus cette divergence devient grande. C'est un fait observé qui ne peut être nié.

C'est l'observation de ce fait qui a amené Gulick à insister avec autant d'insistance sur l'importance de l'isolement géographique comme facteur d'évolution. Il a découvert que les mollusques terrestres des îles Sandwich se répartissent en un grand nombre de variétés.

Ces îles sont très vallonnées, et Gulick a constaté que chacune des variétés est confinée non seulement à une île, mais à une seule vallée. « De plus, écrit Romanes, p. 16 de *Darwin et après Darwin* , « en traçant cette faune de vallée en vallée, il apparaît qu'une légère variation dans les occupants de la vallée 2, par rapport à ceux de la vallée 1 adjacente, devient plus prononcée dans la vallée suivante, la vallée 3. , encore plus en 4, etc., etc. Ainsi, il était possible, comme le dit M. Gulick, d'estimer grossièrement l'ampleur de la divergence entre les occupants de deux vallées données en mesurant le nombre de kilomètres qui les séparent. . . . Les variations qui affectent des dizaines d'espèces, et qui finissent elles-mêmes par aboutir à des distinctions tout à fait spécifiques, sont toutes plus ou moins finement graduées à mesure qu'elles passent d'une région isolée à l'autre ; et ils font référence à des changements de forme ou de couleur, qui dans aucun cas ne présentent aucune apparence d'utilité.

Jusqu'à présent, trois tentatives différentes ont été faites pour expliquer ce phénomène et les phénomènes connexes :

1. Que c'est le résultat de l'isolement.

2. Que c'est le résultat de la sélection naturelle.

3. Qu'il est le résultat de l'action du milieu sur l'organisme.

Considérons-les dans l'ordre inverse.

Espèces locales

Pour certains organismes, notamment les plantes, les invertébrés et les poissons, l'environnement exerce une influence directe sur leur coloration. Mais, comme nous l'avons vu, les changements de couleur, etc., ainsi induits semblent ne jamais être transmis à la progéniture des organismes ainsi affectés. Ils disparaissent lorsque la progéniture est déplacée vers un autre environnement.

D'un autre côté, les races ou espèces locales, comme par exemple la variété de moineau à joues blanches que l'on trouve en Inde, conservent généralement leur apparence extérieure lorsque l'environnement est modifié. Dans le premier cas, la particularité n'est pas héritée ; dans l'autre, il est hérité.

L'explication wallace est bien entendu que le phénomène est le résultat de la sélection naturelle. Il doit y avoir, disent Wallace et ses disciples, des différences dans l'environnement, des différences que nous, pauvres êtres humains, ne pouvons pas percevoir, qui ont causé la divergence entre les diverses sections isolées de l'espèce. Dans le cas de certaines espèces locales, cette explication est probablement la bonne, mais nous n'hésitons pas à dire que la sélection naturelle est incapable d'offrir une explication satisfaisante dans un nombre considérable de cas. Prenons par exemple le cas des mollusques terrestres des îles Sandwich. M. Gulick y a travaillé pendant quinze ans et déclare que, pour autant qu'il puisse en être sûr, l'environnement dans les quinze vallées est essentiellement le même. « Argumenter », écrit

Romanes, p. 17 du tome. iii. de *Darwin et après Darwin* , "chacune des quelque vingt vallées contiguës dans la région d'une même petite île doit nécessairement présenter de telles différences de milieu que toutes les coquilles de chacune en sont différemment modifiées, tandis que dans aucune des centaines d'îles Dans des cas de modifications infimes de la forme et de la couleur, tout être humain peut-il suggérer une raison adaptative – argumenter ainsi revient simplement à affirmer un dogme intrinsèquement improbable en présence d'un éventail vaste et cohérent de faits opposés.

Il n'est pas rare que les hommes de science accusent le clergé d'adhérer au dogme face à des faits contradictoires ; il nous semble que beaucoup d'apôtres de la science sont, à cet égard, de pires délinquants que les hommes d'Église les plus orthodoxes.

L'exemple des mollusques des îles Sandwich n'est en aucun cas solitaire. D. Dewar a cité quelques cas intéressants dans un article récemment lu devant la Royal Society of Arts (p. 103 du vol. lvii. du Journal de la Société) :

« Les merles indiens présentent des difficultés encore plus grandes à ceux qui prétendent attacher leur foi à la toute-suffisance de la sélection naturelle. Les merles se trouvent dans presque toutes les régions de l'Inde et se répartissent en deux espèces, le merle à dos brun (*Thamnobia cambaiensis*) et le merle indien à dos noir (*Thamnobia fulicata*). Le premier ne se produit que dans le nord de l'Inde et le second est confiné à la partie sud de la péninsule. La poule de chaque espèce est un oiseau brun sable avec une tache de plumes rouge brique sous la queue, de sorte que nous ne pouvons pas dire en regardant simplement une poule à laquelle des deux espèces elle appartient. Le coq de forme sud-indienne est, en hiver, un oiseau noir brillant, avec une barre blanche dans l'aile, et la tache rouge caractéristique sous la queue. Le coq de l'espèce nordique, comme son nom l'indique, a un dos brun sable qui contraste fortement avec le noir brillant de sa tête, de son cou et de ses parties inférieures. En été, les coqs des deux espèces se ressemblent davantage en raison de l'usure des bords extérieurs de leurs plumes ; mais il est toujours possible de les distinguer d'un seul coup d'œil. Les deux espèces se rencontrent à peu près à la latitude de Bombay. Oates déclare que dans une certaine zone, d'Ahmednagar à l'embouchure de la vallée de Godaveri, les deux espèces sont présentes et ne semblent pas se croiser.

« Il semble impossible de soutenir que la sélection naturelle, agissant sur d'infimes variations, ait provoqué la divergence entre ces deux espèces. Même si l'on affirme que la différence de couleur des plumes du dos des deux coqs est en quelque sorte corrélée à l'adaptabilité à leur environnement particulier, comment expliquer que dans une certaine zone les deux espèces prospèrent ?

« Un phénomène similaire est fourni par le bulbul à ventilation rouge. Ce genre se divise en plusieurs espèces, chacune correspondant à une localité définie et ne différant que par des détails des espèces alliées, comme, par exemple, la distance le long du cou jusqu'à laquelle s'étend le noir de la tête. Il existe une espèce de Bulbul à ventre rouge du Pendjab (*Molpastes intermedius*), une espèce du Bengale (*Molpastes bengalensis*), une birmane (*Molpastes burmanicus*) et une espèce de Madras (*Molpastes hæmorrhous*).

"Il ne semble pas possible de maintenir l'affirmation selon laquelle ces diverses espèces sont le produit de la sélection naturelle, car cela signifierait que si le noir de la tête des espèces du Pendjab s'étendait plus loin dans le cou, l'oiseau ne pourrait pas vivre dans ce pays."

Ainsi, la sélection naturelle est clairement incapable d'expliquer certains cas de divergence de caractère dus à l'isolement géographique.

Reste la troisième explication, à savoir que la divergence résulte du simple fait de l'isolement.

Nous avons déjà montré combien les objections à l'opinion de Romanes et de Gulick sont insurmontables.

Il nous semble que l'explication doit résider dans le fait que des mutations se produisent de temps en temps chez certaines espèces. Si deux portions d'une espèce sont séparées et qu'une mutation se produit dans une portion et non dans l'autre, et si la forme mutante réussit à supplanter la forme parentale dans la portion isolée de l'espèce dans laquelle elle est apparue, nous aurions le phénomène de deux races ou espèces d'apparence différente bien que soumises à ce qui semble être un environnement identique.

Bien entendu, ce n'est qu'une pure conjecture. Tout ce qu'on peut en dire à l'heure actuelle, c'est qu'il ne s'oppose pas aux faits observés. Il faut admettre que des mutations se produisent. À l'heure actuelle, nous sommes totalement dans l'ignorance quant à leurs causes. Ils surviennent aux moments les plus inattendus.

En faveur de l'explication basée sur la « mutation », il y a le fait intéressant que l'isolement géographique ne provoque pas toujours des divergences de caractère. Ce Romanes, avec une grande honnêteté, l'admet librement. «Il y en a», écrit-il à la p. 133 du tome. iii. de *Darwin et après Darwin* , « quatre espèces de papillons, appartenant à trois genres (*Lycæna donzelii* , *L. pheretes* , *Argynnis pales* , *Erebia manto*), identiques dans les régions polaires et dans les Alpes, bien que les rares populations alpines aient été vraisemblablement séparés de leurs souches parentales depuis la période glaciaire. Il existe encore « certaines espèces de crustacés d'eau douce (*Apus*) dont les représentants sont habituellement contraints de former de petites colonies isolées dans des étangs largement séparés, et ne présentent néanmoins aucune divergence de caractère, bien que l'apogamie dure probablement depuis des siècles ».

Cormorans

A ces exemples on peut ajouter celui des cormorans. Ces oiseaux ont une aire de répartition presque mondiale. Une espèce, notre cormoran (*Phalacrocorax carbo*), est présente dans tous les types d'environnements imaginables. L'isolement n'a entraîné aucun changement dans l'apparence de cette espèce. Pourtant en Nouvelle-Zélande il n'existe pas moins de quatorze autres espèces de cormorans. La Nouvelle-Zélande est un pays où les conditions climatiques sont relativement uniformes, mais elle ne compte pas moins de quinze des trente-sept espèces connues de cormorans. Une explication possible de ce phénomène réside peut-être dans les conditions relativement faciles dans lesquelles vivent les cormorans en Nouvelle-Zélande. [10] Dans de telles circonstances, la sélection naturelle peut permettre aux mutants de survivre, alors que dans d'autres parties du monde, ces mutants n'ont pas été capables de se maintenir.

Le professeur Bateson a comparé la sélection naturelle à un concours auquel chaque organisme doit se soumettre. La pénalité en cas d'échec est la mort immédiate. La qualité de l'examen peut varier selon la localité.

L'isolement est donc un facteur très important dans la création des espèces, car sans lui, sous une forme ou une autre, la multiplication des espèces est impossible.

En conclusion, résumons brièvement ce que nous savons maintenant de la méthode de création de nouvelles espèces. Nous avons étudié les différents facteurs de l'évolution : variation et corrélation, hérédité, sélection naturelle, sélection sexuelle et autres types d'isolement. Comment se combinent-ils pour donner naissance à de nouvelles espèces et établir les mêmes ?

Sélection naturelle

Considérons d'abord le facteur connu sous le nom de sélection naturelle, puisque c'est celui sur lequel Darwin a tant insisté. La sélection naturelle, bien qu'elle soit un facteur très important dans l'évolution, n'est pas indispensable. L'évolution est possible sans sélection naturelle.

Supposons qu'il n'existe pas de sélection naturelle ; que le nombre des espèces existantes est maintenu constant par l'élimination de tous les individus nés en excédent du nombre requis pour maintenir l'espèce au chiffre existant, et que l'élimination du surplus s'effectue, non par sélection naturelle, mais par hasard, par tirage au sort. Dans de telles circonstances, il peut y avoir une évolution, les espèces existantes peuvent subir des changements, mais l'évolution sera déterminée uniquement par les lignes selon lesquelles les variations se produisent.

Si les mutations se produisent selon certaines lignes fixes et tendent à s'accumuler dans les directions données, l'évolution se poursuivra selon ces lignes tout à fait indépendamment de l'utilité pour l'organisme des mutations qui se produisent. Une mutation défavorable aura exactement les mêmes chances de survie qu'une mutation favorable.

Si, au contraire, les mutations se produisent sans discernement de tous les côtés de la moyenne, alors les mutations qui se produisent le plus fréquemment auront les meilleures chances de survie et marqueront les lignes de l'évolution. Mais supposons qu'aucune mutation ne se produise plus fréquemment que les autres. Dans de telles circonstances, il n'y aura pas d'évolution, à moins que, pour une cause ou une autre, des portions de l'espèce ne soient isolées, car à la longue les mutations se neutraliseront.

Supposons maintenant que la sélection naturelle entre en jeu. L'ancienne méthode consistant à déterminer par tirage au sort quelles formes persisteront est remplacée par une sélection basée sur le principe fixe selon lequel les plus aptes survivront. Les mutations apparaissent comme avant, et parmi le grand nombre qui se produisent, seules quelques-unes peuvent survivre. Mais désormais, les survivants, au lieu d'être une foule hétéroclite, forment une bande sélectionnée, composée d'individus ayant de nombreuses caractéristiques en commun : une société homogène. Ainsi, l'un des résultats de la sélection naturelle est d'accélérer l'évolution, en éliminant certaines classes d'individus et en les empêchant de se reproduire avec ceux qu'elle a sélectionnés. D'un autre côté, la sélection naturelle tendra à diminuer le nombre d'espèces issues de mutations, dans la mesure où elle élimine de nombreux mutants qui auraient péri si leur survie avait été déterminée par tirage au sort.

Origine du plus apte

De là, le type de travail accompli par la sélection naturelle devrait être évident. La sélection naturelle ne crée pas de nouvelles espèces. Ceux-ci se créent eux-mêmes, ou plutôt naissent selon les lois de la variation.

« Vous pouvez, dit un vieux proverbe, amener un cheval à la fontaine, mais vous ne pouvez pas le faire boire. » Vous pouvez peut-être mettre un enfant au monde, mais vous ne pouvez pas assurer sa survie. La variation donne naissance à des mutants, qui sont des espèces naissantes, mais la variation ne peut pas déterminer leur survie. C'est à ce stade qu'intervient la sélection naturelle.

Mais comme la sélection naturelle permet à certaines mutations de persister, il n'est pas exact de dire que la sélection naturelle a provoqué ces mutations ou qu'elle a créé ou donné naissance aux espèces auxquelles elles donnent naissance.

Les commissaires de la fonction publique ne font pas de fonctionnaires indiens : ils déterminent simplement lesquels, parmi un certain nombre d'hommes prêts à l'emploi, deviendront fonctionnaires. De même, la sélection naturelle ne crée pas de nouvelles espèces, elle décide simplement lesquels, parmi un certain nombre d'organismes prêts à l'emploi, survivront et s'établiront en tant que nouvelles espèces. Et la sélection naturelle n'en fait pas toujours autant ; car ce n'est pas le seul déterminant de la survie. Sa position est parfois comparable à celle de la Commission Médicale qui inspecte et rejette les candidats physiquement inaptes qui ont déjà été sélectionnés par une autre autorité.

L'examen mené par sélection naturelle peut être comparé à un concours. Un examen distinct et indépendant est organisé pour chaque localité particulière ; par conséquent, la sévérité de la concurrence variera selon la localité.

À chaque concours, certains candidats réussissent facilement : ils obtiennent un total de notes inutilement élevé. Ainsi, dans la nature, certains organismes, comme par exemple les papillons-feuilles (*Kallimas*), semblent suradaptés à leur environnement. D'autres candidats ne réussissent à passer que par une marge très étroite : ils sont parallèles dans la nature aux espèces qui sont à peine capables de se maintenir, et qui s'éteignent au moment où la compétition s'intensifie.

La grande majorité des candidats n'obtiennent pas suffisamment de notes pour se faire une place parmi les quelques élus ; ces candidats non retenus correspondent aux formes mutantes qui périssent dans la lutte pour l'existence, aux individus qui ont muté dans des directions défavorables.

De même que de nombreux candidats ont acquis des connaissances sur des sujets dans lesquels ils ne sont pas examinés, de nombreux organismes possèdent des caractéristiques qui ne leur sont d'aucune utilité dans la lutte pour l'existence.

Les Wallaceiens consacrent beaucoup de temps et d'énergie à des tentatives malavisées pour expliquer l'existence de tels caractères en termes de sélection naturelle.

L'examen Nature, comme celui organisé pour l'entrée dans la fonction publique indienne, est un examen libéral, de sorte que les qualifications des candidats retenus varient considérablement. Dans la mesure où un candidat est en mesure d'obtenir plus de notes que les autres candidats à un poste vacant, peu importe dans quelles matières les notes sont obtenues. Il en va de même dans la nature. La sélection naturelle prend un organisme dans son ensemble. Une espèce peut s'être établie grâce à sa rapidité, une seconde grâce à son courage, une troisième parce qu'elle a une constitution forte, une quatrième parce qu'elle est colorée de manière protectrice, une cinquième parce qu'elle a de bonnes capacités digestives, et ainsi de suite.

On perçoit ainsi le rôle joué par la sélection naturelle et d'autres formes d'isolement dans la constitution des espèces. Il est évident que ceux-ci ne font pas plus d'espèces que les commissaires de la fonction publique ne fabriquent des fonctionnaires indiens.

Les véritables créateurs des espèces sont les propriétés inhérentes du protoplasme et les lois de la variation et de l'hérédité. Ceux-ci déterminent la nature de l'organisme ; la sélection naturelle et d'autres facteurs similaires décident simplement pour chaque organisme particulier s'il doit survivre et donner naissance à une espèce.

La manière dont la sélection naturelle accomplit son travail est relativement facile à comprendre. Mais ce n'est là qu'une frange du territoire que nous appelons évolution.

Nous semblons être assez proches d'une solution au problème des causes de la *survie* d'une mutation particulière. Il ne s'agit cependant là que d'une question secondaire. Le vrai problème est la cause des variations et des mutations, ou, en d'autres termes, la manière dont les espèces *naissent* . À l'heure actuelle, notre connaissance des causes des variations et des mutations est pratiquement *nulle* . Nous ne savons même pas dans quel sens particulier les mutations se produisent.

Nous devons encore découvrir si une mutation en entraîne invariablement une autre dans le même sens – en d'autres termes, si les organismes en mutation se comportent comme s'ils étaient soutenus par une force agissant dans une direction définie. La solution à ces problèmes semble lointaine. L'espoir de les résoudre ne réside pas dans les spéculations auxquelles les biologistes d'aujourd'hui aiment tant se livrer, mais dans l'observation et l'expérimentation, surtout dans ce dernier cas.

L'avenir de la biologie est en grande partie entre les mains des sélectionneurs pratiques.

NOTES DE BAS DE PAGE

[1] Les individus blancs, pies et « Japon » ne sont pas plus différents du type que certaines variations observées chez les oiseaux sauvages.

[2] Ce type de chien aux pattes courtes est parfois observé parmi les chiens parias sans propriétaire et non sélectionnés des villes indiennes ; et une variété de volaille à pattes courtes peut être présente sporadiquement à Zanzibar, où le Malais à longues pattes est la race prédominante.

[3] « Effectué » apparaît dans les éditions antérieures, mais dans les éditions ultérieures a cédé la place à « affecté », probablement une erreur de l'imprimeur.

[4] Certaines aigrettes, comme les aigrettes (*Demiegretta*) des côtes tropicales orientales, sont normalement grises, mais peuvent être blanches, et cette blancheur peut être confinée chez les individus aux états jeunes ou adultes.

[5] Après des années d'observation de ces oies indiennes, Finn est convaincu qu'elles sont désormais, en tout cas, de pures Chinoises ; il est possible qu'il s'agisse en réalité d'hybrides à l'époque de Blyth, mais que de nouvelles importations d'oies de Chine, comme on en trouve encore, aient finalement inondé le sang de l'oie commune. La fertilité des oies hybrides était cependant connue des premiers écrivains tels que Pallas et Linné. Darwin lui-même, plus tard, a élevé cinq petits à partir d'une paire de ces hybrides (*Nature* , 1er janvier 1880, p. 207).

[6] Dans ce chapitre, nous utilisons le mot néo-darwinisme dans son sens habituellement accepté, *c'est-* à-dire comme nom pour ce qu'il faudrait appeler wallacéisme, pour la doctrine de la toute-suffisance de la sélection naturelle.

[7] *Coloration animale* , p. 125. Un livre plein de faits et d'idées précieux sur ce sujet des plus intéressants.

[8] Même ces œufs, bien qu'ils ressemblent beaucoup par la coloration aux bardeaux, etc., sur lesquels ils sont pondus, sont découverts et mangés par les mouettes, comme le souligne M. AJR Roberts dans The Bird *Book* .

[9] *Journal de la Bombay Natural History Society* , Vol xv. (1903-4), p. 454.

[10] Hutton et Drummond en rapportent d'autres exemples dans le précieux ouvrage intitulé *The Animals of New Zealand* .